普通高等教育"十三五"规划教材

数据库原理与应用
（SQL Server 2012）

主　编　吴　蓓
副主编　徐　梅　廖璐莎　高翠芬　郑立平
主　审　周　斌

中国·武汉

内 容 简 介

本书以 SQL Server 2012 为载体，全面系统地阐述了数据库技术的基本原理、应用技术和设计方法。

本书以数据库系统的基本原理为基础，以“后勤宿舍报修系统”为案例，重点介绍数据库系统开发的全过程，从数据库系统的需求分析，到数据库系统的概念设计、逻辑设计，再到数据库设计规范化、数据库系统的物理设计，最后详细介绍数据库的实施与运行，包括数据库和数据表的创建与使用、数据查询、视图与索引等内容。全书循序渐进，深入浅出，条理性强，内容取舍合理，着重培养学生的数据库设计和开发能力，重点突出。

本书充分展现了“理论引导、项目指导”的教学理念和方法，以技能培养为首要任务，可作为各类本科院校、高职高专院校、成人教育学院和计算机培训学校数据库相关课程的教材，也可供从事计算机软件工作的科研人员、工程技术人员或者数据库爱好者参考。

为了方便教学，本书还配有电子课件等教学资源包，任课教师和学生可以登录“我们爱读书”网（www.ibook4us.com）注册并浏览，任课教师还可以发邮件至 hustpeiit@163.com 索取。

图书在版编目(CIP)数据

数据库原理与应用：SQL Server 2012/吴蓓主编. —武汉：华中科技大学出版社，2019.9
普通高等教育“十三五”规划教材
ISBN 978-7-5680-5560-4

Ⅰ.①数… Ⅱ.①吴… Ⅲ.①关系数据库系统-高等学校-教材 Ⅳ.①TP311.132.3

中国版本图书馆 CIP 数据核字(2019)第 213034 号

数据库原理与应用(SQL Server 2012)
Shujuku Yuanli yu Yingyong

吴 蓓 主编

策划编辑：康 序
责任编辑：康 序
责任监印：朱 玢
出版发行：华中科技大学出版社(中国·武汉)　电话：(027)81321913
武汉市东湖新技术开发区华工科技园　邮编：430223
录　排：武汉三月禾文化传播有限公司
印　刷：武汉华工鑫宏印务有限公司
开　本：787mm×1092mm 1/16
印　张：12.5
字　数：320 千字
版　次：2019 年 9 月第 1 版第 1 次印刷
定　价：38.00 元

前言

PREFACE

数据库技术自 20 世纪 60 年代中期诞生到现在，虽然只有几十年的历史，但其发展速度之快、使用范围之广是其他技术望尘莫及的。在此几十年期间，无论在理论研究还是在技术应用方面，数据库技术一直是计算机领域的热门话题，它已经成为计算机科学的一个重要分支。

本书以满足学生对数据库实用技术的学习需求为目的，服从创新教育和素质教育的教学理念。本书共分为五章，其中：第 1 章数据库系统概论主要介绍数据库的基本概念、产生、发展、体系结构及新技术；第 2 章关系数据库主要介绍关系数据库的基础理论知识，包括关系代数、关系演算和域关系演算语言；第 3 章到第 5 章以实际项目"后勤宿舍报修系统"为例，讲解一个数据库系统开发的全过程，包括需求分析、概念设计、逻辑设计、数据库设计规范化、数据库系统的物理结构设计以及数据库的实施与运行等。

本书包含两条主线：数据库系统的基础理论和数据库的实用技术。数据库系统的基础理论包括第 1 章、第 2 章，以及第 3 到 5 章都穿插有数据库系统的相关理论介绍；数据库的实用技术包括第 3 章后勤宿舍报修系统的数据库系统设计、第 4 章后勤宿舍报修系统数据库的实施和第 5 章后勤宿舍报修系统数据库的运行。这两条主线相互呼应，相互渗透，完美结合。

本书与同类教科书相比，有以下两大特色。

特色之一在于逻辑结构的安排以"理论引导、项目指导"为原则。第 1、2 章主要介绍数据库系统和关系数据库的基础理论知识，第 3 章到第 5 章以一个实际项目"后勤宿舍报修系统"贯穿始终，每一章分为任务描述与分析、相关知识与技能和项目实施与拓展三大模块，其中"任务描述与分析"模块以任务启动的方式引入知识点，"相关知识与技能"模块是"理论引导"部分，"项目实施与拓展"是"项目指导"部分，在项目实践中先讲授理论，再根据理论进行实践；而同样一个实际项目又贯穿在每一个数据库设计的知识点中。理论与实践相互渗透，平滑过渡，完美结合，符合"理论→实践→提高"这一认识和理解问题的自然规律，使学生易掌握、教师易讲解。

特色之二在于内容结构的安排。作者在多年的教学过程中发现学生往往具备数据库操作能力，数据库设计能力却比较薄弱，而在实际的数据库系统开发过程中，数据库设计却是最为重要的一个环节，直接决定数据库的优劣。所以本书通过一个实际项目详细介绍了数据库系统开发的全过程，从该项目的需求分析开始，到该项目的概念设计、逻辑设计，再到数据库设计规范化、数据库系统的物理设计。最后选择一种数据库管理软件（本书选用 SQL Server 2012）部署数据库的实施与运行，包括数据库和数据表的创建与使用、数据查询、视图与索引等。全书通过对该实例的讲解，重点在于培养学生的数据库设计能力。

本书内容全面、深入浅出、概念清晰、条理清楚，不仅可作为各类本科院校、高职高专院校、成人教育学院和计算机培训学校数据库相关课程的教材，也可供从事计算机软件工作的科研人员、工程技术人员或者数据库爱好者参考。如果作为教材，建议总学时 48 学时，其中主讲学时 32 学时。由于课程学时的限制，实验学时各学校可以适当调整，一般为 16 学时左右。另外，还可安排 20 学时左右的课程设计来设计一个完整的小型数据库。除实验学时外，最好安排学生自由上机的时间，以加强学生的实际动手能力。

由于本书侧重培养学生数据库开发和设计的能力，也由于授课课时的限制，本书没有加入数据库的高级应用（如游标、存储过程和触发器）的内容，这一部分内容教师可在数据库的课程设计中进行讲解，也可由读者自行参阅相关参考书籍。

本书由武汉工程科技学院吴蓓担任主编，由武汉工程科技学院徐梅和廖璐莎、武昌理工学院高翠芬、哈尔滨远东理工学院郑立平担任副主编，由武汉工程科技学院周斌副教授担任主审。全书由吴蓓修改定稿。其中，第 1 章由廖璐莎编写，第 2 章由高翠芬编写，第 3 章由吴蓓编写，第 4 章由郑立平编写，第 5 章由徐梅编写。编者在编写过程中使用的例题、习题均来自课堂的讲稿，参考了相关书籍并在参考文献中一一列出，再次对相关作者表示最诚挚的谢意。由于编者水平有限，书中难免存在疏漏之处，敬请同行专家批评指正。

为了方便教学，本书还配有电子课件等教学资源包，任课教师和学生可以登录“我们爱读书”网（www. ibook4us. com）注册并浏览，任课教师还可以发邮件至 hustpeiit@163. com 索取。

编　者

2019 年 8 月

目录

CONTENTS

第 1 章　数据库系统概论

内容概要

数据库(database)简单来说就是数据的仓库,即数据存放的地方。数据库技术是计算机学科中的一个重要分支,它的应用非常广泛,几乎涉及所有的应用领域。它是专门研究如何科学组织和存储数据,如何高效获取和处理数据的技术。在计算机三大主要应用领域(科学计算、过程控制和数据处理)中,数据处理所占的比例约为 70%。

本章从信息、数据、数据处理和数据管理这四个数据库中的基本概念入手,阐述了数据管理技术的产生和三个发展阶段。详细介绍了数据库系统的组成和数据库的体系结构。重点介绍数据库管理系统的功能和组成。最后介绍了新兴信息技术的快速发展给数据库领域带来的新技术、新手段和新兴的研究领域。

1.1　信息、数据、数据处理与数据管理

1.1.1　信息与数据

在数据处理中,最常用到的两个基本概念就是信息和数据,二者既相互区别又相互联系。

1. 信息

1) 信息的含义

信息是人脑对现实世界事物的存在方式、运动状态以及事物之间联系的抽象反映。信息是客观存在的,人类有意识地对信息进行采集并加工、传递,从而形成了各种消息、情报、指令、数据及信号等。例如,某学生的学号是“3401170201”,姓名是“朱启凡”,性别是“男”,年龄是“20 岁”,所在系是“软件工程”等,这些都是关于这个学生的具体信息,是该学生当前

状态的反映。

2) 信息的特征

(1) 信息源于物质和能量。信息不可能脱离物质而存在,信息的传递需要物质载体,信息的获取和传递需要消耗能量。例如,信息可以通过报纸、电视、电台和计算机网络进行传输。

(2) 信息是可以感知的。人类对客观事物的感知,可以通过感觉器官,也可以通过各种仪器仪表和传感器,不同的信息有不同的感知形式。例如,报纸上刊登的信息通过视觉器官感知,电台中的广播信息通过听觉器官感知。

(3) 信息是可以存储、加工、传递和再生的。人类用大脑存储信息,计算机用存储器等设备进一步扩大了信息存储的范围。借助计算机,还可以对收集到的信息进行整理。

2. 数据

1) 数据的定义

数据是对客观事物的一种反映或描述,它是用一定方式记录下来的客观事物的特征。数据是数据库中存储的基本对象。例如,"学生基本情况表"中存放着所有学生的相关信息,里面存放了若干数据。对于其中两个数据:(朱启凡,计算机),本身的语义是不确定的,可能"朱启凡"学习的课程是"计算机",可能"朱启凡"所在系是"计算机",还有可能"朱启凡"喜欢"计算机"。但当我们赋予它相关的语义,即学生"朱启凡"属于"计算机"系,就能对这两个数据进行正确的解释。

可见,数据和它的语义是不可分割的,当给数据赋予特定的语义后,它们就转换成了可传递的信息。

2) 数据的表现形式

可用多种不同的数据形式表示同一信息,而信息不会随数据的表现形式的不同而改变。例如,"2018 届计算机毕业生有 500 人",其中的数据可以改成"二零一八"和"五百",但两种表现形式表达的信息是一致的。

由于早期的计算机系统主要用于科学计算,因此计算机中处理的数据主要是整数、浮点数等传统数学中的数字。但是,在现代计算机系统中,数据的概念已被大大拓宽了,其表现形式不仅包含数字,还包括文字、图形、声音和视频等,它们都可以经过数字化后存储到计算机中。

◆ 1.1.2 数据处理与数据管理

数据处理是将数据转换成信息的过程,包括对数据的收集、管理、加工和输出等一系列活动。数据处理的主要目标就是从大量的原始数据中抽取和推导出有价值的信息,作为决策的依据;另外,借助计算机存储和管理大量复杂的数据,能帮助人们充分利用这些资源。

在数据处理的过程中,数据是原料,是输入;信息是产出,是输出结果。"数据处理"的真正含义就是为了产生信息而处理数据。

数据管理是数据处理中最基本的工作。数据管理的过程包括数据的分类、组织、编码、存储、维护和检索等操作。对于这些数据管理的操作,应研制一个通用、高效而又使用方便的管理软件(即数据库管理系统),将数据有效地管理起来,以便最大限度地减轻程序员管理数据的负担。至于处理业务中的加工计算,因不同业务而存在实现上的差异,要靠程序员根据实际业务情况编写相关应用程序加以解决。所以,数据管理是数据处理必不可少的环节,其技术的优劣直接影响数据处理的效果。数据库技术正是瞄准这一目标而研究、发展并完善的。

1.2 数据库技术的产生与发展

数据处理的核心问题就是数据管理。数据管理技术经历了手工管理、文件管理和数据库管理三个发展阶段。

1. 人工管理阶段

在20世纪50年代中期以前,计算机主要用于科学计算,当时只有卡片、纸带和磁带,没有磁盘等直接存取设备,机器通过指定位置是否存在空洞确定该位置的二进制数值,如图1-1所示。使用的计算机软件只有汇编语言,没有操作系统和数据管理软件。所以,为了给程序提供科学计算和数据处理的数据,必须手工制作穿孔纸带。这样的数据管理方式称为人工管理数据。

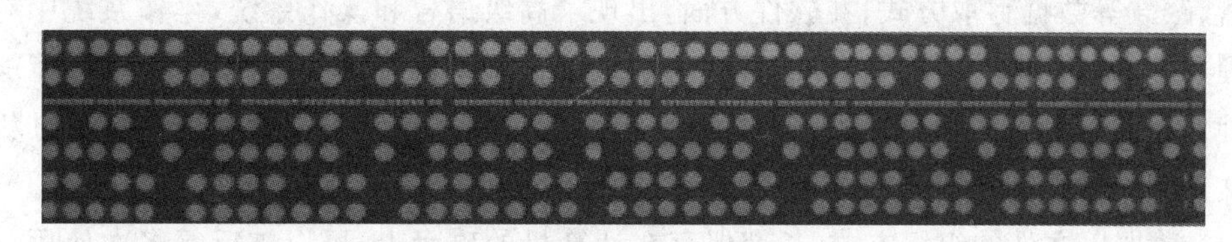

图 1-1 人工管理阶段数据的穿孔纸带

人工管理数据有如下几个特点。

(1) 数据不能保存。由于当时计算机主要用于科学计算,对于数据保存的需求尚不迫切。只有在计算某一课题时才将原始数据随程序一起输入内存,运算结束后将结果数据输出。随着计算任务的完成,数据和程序一起从内存中释放;若再计算同一课题,还需要再次输入原始数据和程序。可见,由于缺少磁盘这样的可直接存取数据的存储设备,不仅参加运算的原始数据不保存,运算的结果也不保存。

(2) 数据没有专门的管理软件。数据需要由应用程序自己管理,没有相应的软件系统负责数据的管理工作。每个应用程序不仅要规定数据的逻辑结构,还要设计数据的物理结构,包括输入数据的物理结构、对应物理结构的计算方法和输出数据的物理结构等。因此,程序员的负担很重。

(3) 数据不能共享。数据是面向程序的,一组数据只能对应一个程序。即使多个应用程序涉及某些相同的数据,也必须各自定义,无法相互利用、相互参照。因此,程序之间存在大量的冗余数据。

(4) 数据不具有独立性。由于以上几个特点,以及没有专门对数据进行管理的软件系统,这个时期的每个程序都要包括数据存取方法、输入/输出方式和数据组织方法等。因此,程序是直接面向存储结构的。如果数据的类型、格式或输入/输出方式等逻辑结构或物理结构发生变化,则必须对应用程序、进行相应的修改。因此,数据和程序不具有独立性,这也进一步加重了程序员的负担。

在人工管理阶段,程序与数据之间的对应关系可用图1-2来表示。

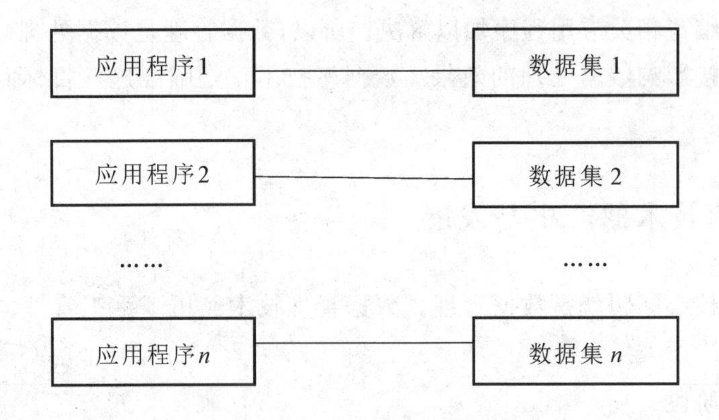

图 1-2　人工管理阶段应用程序与数据之间的对应关系

2. 文件系统阶段

20 世纪 50 年代后期到 60 年代中期，计算机应用领域逐渐拓宽，不仅用于科学计算，还大量用于数据管理。这一阶段的数据管理水平进入到文件系统阶段。此时，在硬件方面，有了磁盘、磁鼓等数据存取方式；在软件方面，出现了高级语言和操作系统，操作系统中有了专门管理数据的软件，即文件系统。文件系统的处理方式不仅有文件批处理，而且还能够联机实时处理。在这种背景下，数据管理的系统规模、管理技术和水平都有了较大幅度的发展。

文件系统阶段数据管理有如下特点。

(1) 数据以文件的组织方式，长期保存在计算机的磁盘上，可以被反复多次使用。应用程序可对文件进行查询、修改和增删等操作。

(2) 由文件系统管理数据。文件系统提供了文件管理功能和文件的存取方法。文件系统把数据组织成具有一定结构的记录，并以文件的形式存储在存储设备上，这样，程序只与存储设备上的文件名打交道，不必关心数据的物理存储(如存储位置、物理结构等)，而由文件系统提供的存取方法实现数据的存取，从而实现"按文件名访问，按记录进行存取"的数据管理技术。

(3) 程序和数据间有一定的独立性。由于文件系统在程序和数据文件之间的存取转换作用，使得程序和数据之间具有"设备独立性"，即当改变存储设备时，不必改变应用程序。程序员也不必过多地考虑数据存储的物理细节，而将精力集中在算法设计上，从而大大减少了维护程序的工作量。

(4) 文件的形式已经多样化。由于有了磁盘这样的数据存取设备，文件也就不再局限于顺序文件，还有索引文件、链表文件等。因此，对文件的访问方式既可以是顺序访问，也可以是直接访问。但文件之间是独立的，它们之间的联系需要通过程序去构造。因此，对文件的访问方式既可以是顺序访问，也可以是直接访问。单文件之间是独立的，它们之间的联系需要通过程序去构造，文件的共享性也比较差。

(5) 数据具有一定的共享性。有了文件以后，数据就不再仅仅属于某个特定的程序，而可以由多个程序反复使用。但文件结构仍然是基于特定用途的，程序仍然是基于特定用途的，程序仍然是基于特定的物理结构和存取方法编制的。因此，数据的存储结构和程序之间的依赖关系并未发生根本改变。

在文件系统阶段，程序与数据之间的对应关系如图 1-3 所示。

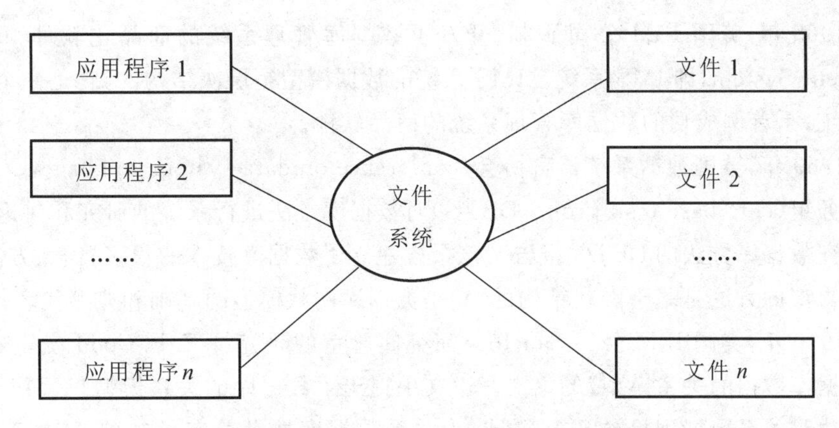

图1-3　文件系统阶段应用程序与数据之间的对应关系

与人工管理阶段相比，文件系统阶段有了很大进步，但一些根本性问题仍没有彻底解决，主要表现在以下几个方面。

(1) 数据共享性差，冗余度大。一个文件基本上对应一个应用程序，即文件仍然是面向应用的。当不同的应用程序所使用的数据具有共同部分时，也必须分别建立自己的数据文件，文件不能共享。

(2) 数据不一致。这通常是由数据冗余造成的。由于相同数据在不同文件中重复存储、各自管理，导致在对数据进行更新操作时，不仅会造成磁盘空间的浪费，也会造成数据的不一致。

(3) 数据独立性差。在文件系统阶段，尽管程序与数据之间有一定的独立性，但这种独立性主要是指设备的独立性，还未能彻底体现用户观点下的数据逻辑结构独立于数据在外部存储器的物理结构要求。因此，在文件系统中，一旦改变数据的逻辑结构，必须修改相应的应用程序，修改文件结构的定义。而应用程序发生变化，如改用另一种程序设计语言来编写程序，也将引起文件的数据结构的改变。

(4) 数据间的联系弱。文件与文件之间是独立的，文件间的联系必须通过程序来构造。因此，文件系统只是一个没有弹性的、无结构的数据集合，不能反映现实世界事物之间的内在联系。

3. 数据库系统阶段

从20世纪60年代后期开始，计算机用于管理的规模更加庞大，应用也越来越广泛，数据量急剧增加，同时多种应用、多种语言互相覆盖地共享数据集合的要求也越来越强烈。

在这种情况下，为了提高数据管理的效率，人们开始对文件系统进行扩充，但这样做还能解决根本问题。而此时，硬件方面出现了容量大、存取速度快的磁盘，使计算机联机存取大量数据成为可能，也为数据库技术的产生和发展提供了物质条件。同时，硬件价格的下降和软件价格的上升，使开发和维护系统软件的成本相对增加。因此文件系统的数据管理方法已无法适应各种应用的需求。于是，未解决多用户、多个应用程序共享数据的需求，数据库技术应运而生，出现了统一管理数据的专门软件系统，即数据库管理系统(database management system，简称DBMS)。

20世纪60年代末期出现的对数据库技术起奠基作用的三件大事，标志着以数据库管理系统为基本手段的数据管理新阶段的开始。

(1) 1968年,美国IBM公司研制、开发了数据库管理系统的商品化软件Information Management System,即IMS系统。IMS系统的数据模型是层次结构的,它是一个层次数据库管理系统,是首例成功的数据库管理系统的商品软件。

(2) 1969年,美国数据系统语言协会(conference on data system language,CODASYL)下属的任务组(data base task group,DBTG)对数据库方法进行系统的研究和讨论后发布了一系列研究数据库方法的DBTG报告。该报告建立了数据库技术的很多概念、方法和技术。DBTG所提议的方法是基于网状结构的,它是数据库网状模型的基础和典型代表。

(3) 1970年,美国IBM公司San Jose研究实验室的研究员E. F. Codd发表了题为《大型共享数据库数据的关系模型》的论文。论文中提出了数据库的关系模型,从而开创了数据库关系方法和关系数据理论的研究领域,为关系数据库技术奠定了基础,该模型一直沿用至今。

20世纪70年代以来,数据库技术得到迅速发展,开发出了许多产品,并投入运行。数据库系统克服了文件系统的缺陷,提供了对数据更高级、更有效的管理,与人工管理和文件系统相比,数据库系统阶段的特点有如下几个方面。

(1) 结构化的数据及其联系的集合。在数据库系统中,将各种应用的数据按一定的结构形式(即数据模型)组织到一个结构化的数据库中,不仅考虑了某个应用的数据结构,而且考虑了整个组织(即多个应用)的数据结构,也就是说,数据库中的数据不再仅仅针对某个应用,而是面向全组织,不仅数据内部是结构化的,整体也是结构化的;不仅描述了数据本身,也描述了数据间的有机联系,从而较好地反映了现实世界事物间的自然联系。

例如,在关系型数据库中,要建立学生成绩管理系统,需要包含三个关系(表),分别是学生表(包括学号、姓名、年龄、性别、所在系)、课程表(包括课程号、课程名、学分)、成绩表(包括学号、课程号、成绩)。因为文件系统中只记录内部的联系,而不涉及不同文件记录之间的联系,要想查找某个学生的学号、姓名、所选课程的名称和成绩,必须编写一段比较复杂的程序来实现,即不同文件记录间的联系只能写在程序中。而采用数据库方式,由于数据库系统不仅描述数据本身,还描述数据之间的联系,故上述查询可以非常容易地联机查到。

此外,在数据库系统中,不仅数据是结构化的,而且存取数据的方式也很灵活,可以存取数据库中的某一个数据项、某一组数据项、某一个记录或者某一组记录。而在文件系统中,数据的最小存取单位是记录,不能细化到数据项。

(2) 数据共享性高、冗余度低。所谓数据共享是指数据库中的一组数据集合可为多个应用和多个用户共同使用。

由于数据库是从整体角度看待和描述数据,因此数据不再面向某个或某些应用,而是全盘考虑所有用户的需求,即面向整个应用系统,所有用户的数据都包含在数据库中。因此,不同用户、不同应用可同时存取数据库中的数据,每个用户或应用只使用数据库中的一部分数据,同一数据可供多个用户或应用共享,从而减少了不必要的数据冗余,节约了存储空间,同时也避免了数据之间发生不相容与不一致的问题,即避免了同一数据在数据库中重复出现且有不同值的现象。

同时,在数据库系统中,用户和程序不像在文件系统中那样各自建立自己对应的数据文件,而是从数据库中存取其中的数据子集。该数据子集是通过数据库管理系统从数据库中经过映射而形成的逻辑文件。同一个数据可能在物理存储上只存一次,但可以把它映射到不同的逻辑文件里，这就是数据库系统提高数据共享，减少数据冗余的根本所在，如图 1-4 所示。

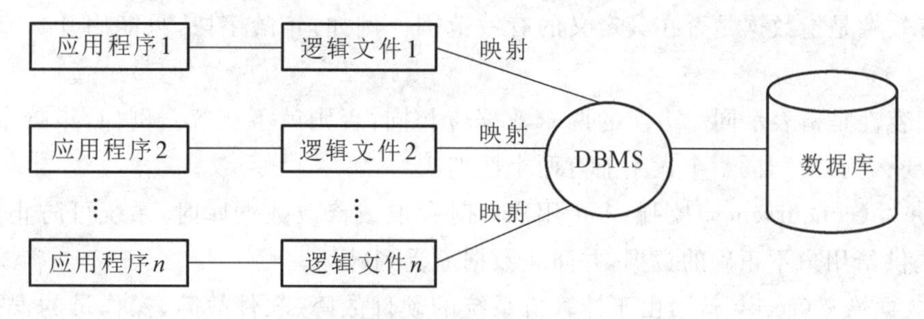

图 1-4　数据库系统中的数据共享机制示意图

(3) 数据独立性高。所谓数据的独立性是指数据库中的数据与应用程序间相互独立，即数据的逻辑结构、存储结构以及存取方式的改变不影响应用程序。

在数据库系统中，整个数据库的结构可分为三级：用户逻辑结构、数据库逻辑结构和物理结构。数据独立性分为两级：物理独立性和逻辑独立性。

数据的物理独立性是指当数据库物理结构（如存储结构、存取方式、外部存储设备等）改变时，通过修改映射，使数据库逻辑结构不受影响，进而用户逻辑结构以及应用程序不用改变。例如，在更换程序运行的硬盘时，数据库管理系统会根据不同的硬件，调整数据库逻辑结构到数据库物理结构的映射，保持数据库逻辑结构不发生改变，因此用户逻辑结构无须改变。

数据的逻辑独立性是指当数据库逻辑结构（如修改数据定义、增加新的数据类型、改变数据间的关系等）发生改变时，通过修改映射，用户逻辑结构以及应用程序不用改变。例如，在修改数据库中数据的内容时，数据库管理系统会根据调整后的数据库逻辑结构，调整用户逻辑结构到数据库逻辑结构的映射，保持用户逻辑结构访问的数据逻辑不改变，因此用户的逻辑结构无须改变。

数据独立性把数据的定义从程序中分离出去，加上数据的存取是由 DBMS 负责，从而简化了应用程序的编写，大大减轻了应用程序的维护和修改的代价。

(4) 有统一的数据管理和控制功能。在数据库系统中，数据由数据库管理系统（DBMS）进行统一管理和控制。数据库可为多个用户和应用程序所共享，不同的应用需求可以从整个数据库中选取所需要的数据子集。另外，对数据库中数据的存取往往是并发的，即多个用户可以同时存取数据库中的数据，甚至可以同时存取数据库中的同一数据。为确保数据库数据的正确、有效和数据库系统的有效运行，数据库管理系统提供了下述 4 个方面的数据控制功能。

① 数据的安全性（security）控制：防止不合法使用数据库造成数据的泄露和破坏，使每个用户只能按规定对某些数据进行某种或某些操作和处理，保证数据的安全。例如，系统提供口令检查用户的身份或用其他手段来验证用户身份，以防止非法用户使用系统；也可以对数据的存取权限进行限制，用户只能按所具有的权限对制定的数据进行相应的操作。

② 数据的完整性（integrity）控制：系统通过设置一些完整性规则等约束条件，确保数据的正确性、有效性和相容性。例如，学生基本情况表中有学号、姓名、年龄、性别、所在系等字段。

● 正确性是指数据的合法性。例如，学号字段，只能包含0～9十个数字字符，不能含有字母或其他特殊字符。

● 有效性是指数据是否在其定义的有效范围。例如，年龄字段，只能用0～100的正整数表示。

● 相容性是指表示同一事实的两个数据应相同，否则就不相容。例如，年龄字段，要么为“男”，要么为“女”，同一个人不能有两个性别。

③ 并发(concurrency)控制：多个用户同时存取或修改数据库时，系统可防止由于相互干扰而提供给用户不正确的数据，并防止数据库受到破坏。

④ 数据恢复(recovery)：由于计算机系统的硬件故障、软件故障、操作员的误操作及其他故意破坏等原因，造成数据库中的数据不正确或数据丢失时，系统有能力将数据库从错误状态恢复到最近某一时刻的正确状态。

从文件系统管理发展到数据库系统管理是信息处理领域的一个重大变化。在文件系统阶段，人们关注的是系统功能的设计，因此，程序设计处于主导地位，数据服从于程序设计；而在数据库系统阶段，数据则占据了中心位置，数据的结构设计成为信息系统首先关心的问题。

1.3 数据库系统的组成

数据库系统(database system，DBS)是指带有数据库并利用数据库技术进行数据管理的计算机系统。它是一个集合的概念，它主要由数据库、计算机硬件系统、计算机软件系统、数据库管理员和数据库用户等几部分组成。简单来说，凡是与数据库相关的硬件、软件和人员统统属于数据库系统的范畴。数据库系统的组成部分如图1-5所示。

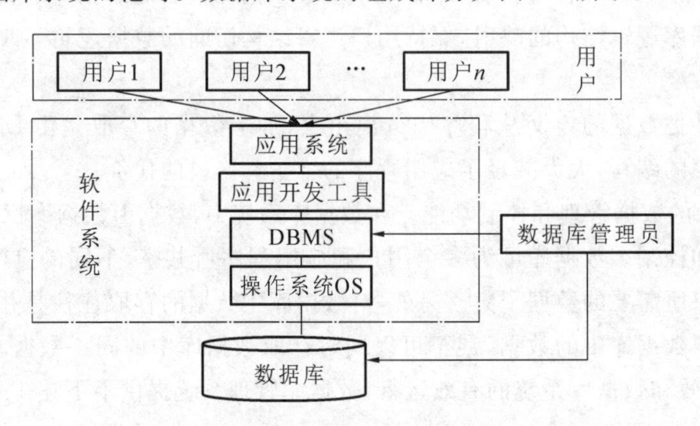

图1-5 数据库系统的组成

1. 数据库

数据库(database，DB)是存储在计算机内、有组织的、可共享的数据和数据对象(如表、视图、存储过程和触发器等)的集合，这种结合按一定的数据模型(或结构)组织、描述并长期存储，同时能以安全和可靠的方法进行数据的检索和存储。数据库有如下两个特点。

(1) 集成性。将某特定应用环境的各种应用相关的数据及其数据之间的联系全部集中并按照一定的结构形式进行存储，或者说，把数据库看成若干个性质不同的数据文件的联合和统一的数据整体。

(2) 共享性。数据库中的数据可为多个不同的用户所共享,即多个不同的用户可以使用多种不同的语言,为了不同的应用目的,同时存取数据库,甚至同时存取数据库中的同一数据。

2. 硬件系统

由于数据库系统建立在计算机硬件基础之上,它只能在必需的硬件资源支持下才能工作。因而系统的计算机设备配置情况是影响数据库运行的重要因素。支持数据库系统的计算机硬件资源包括计算机(服务器及客户机)、数据通信设备(计算机网络和多用户数据传输设备)以及其他外围设备(特殊的数据输入输出设备,如图形扫描仪、大屏幕的显示器及激光打印机)。

数据库系统数据量大、数据结构复杂、软件内容多,因而要求其硬件设备能够快速处理它的数据。这就需要硬件的数据存储容量大、数据处理速度和数据输入输出速度快。在进行数据库系统的硬件配置时,应注意以下三个方面的问题。

1) 计算机内存要尽量大

由于数据库系统的软件构成复杂,它包括操作系统、数据库管理系统、应用程序及数据库,工作时它们都需要一定的内存作为程序工作区或数据缓冲区。所以,数据库系统与其他计算机系统相比需要更多的内存支持。计算机内存的大小对数据库系统性能的影响是非常明显的。内存大就可以建立较多较大的程序工作区或数据缓冲区,以管理更多的数据文件和控制更多的程序过程,进行比较复杂的数据管理和更快地进行数据操作。每种数据库系统对计算机的内存都有最低要求,如果计算机内存达不到其最低要求,系统将不能正常工作。

2) 计算机外存也要尽量大

由于数据库中的数据量大、软件种类多,它必然需要较大的外存空间来存储其数据文件和程序文件。计算机外存主要有软磁盘、磁带和硬盘,其中硬盘是最主要的外存设备。硬盘容量大有以下三个优点:①可以为数据文件和数据库软件提供足够的空间,满足数据和程序的存储需求;②可以为系统的临时文件提供存储空间,保证系统的正常运行;③数据搜索的时间会缩短,从而加快数据存取的速度。

3) 计算机的数据传输速度要求要快

由于数据库的数据量较大而操作复杂程度不大,数据库工作时需要经常进行内、外存的数据交换,这就要求计算机不仅应具有较强的通道能力,还要求数据存取和数据交换的速度要快。虽然计算机的运行速度由 CPU 的计算速度和数据 I/O 的传输速度二者来决定,但对于数据库系统来说,加快数据 I/O 的传输速度是提高运行速度的关键,数据传输速度是数据库系统效率的重要指标。

3. 软件系统

软件系统主要包括操作系统、数据库管理系统、数据库应用开发工具和数据库应用系统等。

1) 操作系统

操作系统是所有计算机软件的基础,在数据库系统中它起着支持 DBMS 及主语言编译系统工作的作用。如果管理的信息中有汉字,则需要中文操作系统的支持,以提供汉字的输入、输出方法和汉字信息的处理方法。

2) 数据库管理系统和主语言编译系统

数据库管理系统(DBMS)是为定义、建立、维护、使用及控制数据库而提供的有关数据管理的系统软件。主语言编译系统是为应用程序提供诸如程序控制、数据输入输出、功能函数、图形处理、计算方法等数据处理功能的系统软件。由于数据库的应用广泛,它涉及的领域很多,其功能 DBMS 不可能全部提供,因而,应用系统的设计与实现,需要 DBMS 和主语言编译系统配合才能完成。

这样做有以下三个方面的好处:① 可使 DBMS 只需要考虑如何把有关数据管理和控制的功能做好而不需要考虑其他功能,可使其操作便利、功能更好;② 可使应用系统根据使用要求自由选择主语言(常用的主语言有 C、COBOL、PL/I、FORTRAN 等),给用户带来了极大的灵活性;③ 由于 DBMS 可以与多种语言配合使用,等于使这些主语言都具有了数据库管理功能,或使 DBMS 具有其主语言的功能,这显然拓宽了数据库及主语言的应用领域,使它们能够发挥更大的作用。

3) 数据库应用开发工具软件

数据库应用开发工具是 DBMS 系统为应用开发人员和最终用户提供的高效率、多功能的应用生成器、第四代计算机语言等各种软件工具,如报表生成器、表单生成器、查询和视图设计器等,它们为数据库系统的开发和使用提供了良好的环境和帮助。

4) 数据库应用系统

数据库应用系统包括为特定应用环境建立的数据库、开发的各类应用程序及编写的文档资料,它们是一个有机整体。数据库应用系统涉及各个方面,如信息管理系统、人工智能、计算机控制和计算机图形处理等。通过运行数据库应用系统,可以实现对数据库中数据的维护、查询、管理和处理等操作。

4. 人员

数据库系统的人员是指使用数据库的人,它们可对数据库进行存储、维护和检索等操作。人员分为以下三类。

(1) 第一类人员:最终用户(end user)。最终用户主要是使用数据库的各级管理人员、工程技术人员和科研人员,一般为非计算机专业人员。他们主要利用已编写好的应用程序接口使用数据库。

(2) 第二类人员:应用程序员(application programmer)。应用程序员负责为最终用户设计和编写应用程序,并进行调试和安装,以便最终用户利用应用程序对数据库进行存取操作。

(3) 第三类人员:数据库管理员(database administrator,DBA)。数据库管理员是负责设计、建立、管理和维护数据库以及协调用户对数据库要求的个人或工作团队。DBA 应熟悉计算机的软硬件系统,具有较全面的数据处理知识,熟悉最终用户的业务、数据及其流程。

可见,DBA 不仅要有较高的技术水平和较深的资历,并应具有了解和阐明管理要求的能力。特别对于大型数据库系统,DBA 极其重要。常见的小型数据库系统只有一个用户,常常不设 DBA,DBA 的职责由应用程序员或最终用户代替。而对于大型数据库系统,DBA

常常是一个团队。DBA的主要职责如下。

① 参与数据库设计的全过程,决定整个数据库的结构和信息内容。

② 决定数据库的存储结构和存取策略,以获得较高的存取效率和存储空间利用率。

③ 帮助应用程序员使用数据库系统,如培训、解答应用程序员日常使用的数据库系统时遇到的问题等。

④ 定义数据的安全性和完整性约束条件,负责分配各个应用程序对数据库的存取权限,确保数据的安全性和完整性。

⑤ 监控数据库的使用和运行,DBA负责定义和实施适当的数据库备份和恢复策略,当数据库受到破坏时,在最短时间内将数据库恢复到正确状态;当数据库的结构需要改变时,完成对数据结构的修改。

⑥ 改进和重构数据库,DBA负责监视数据库系统运行期间的空间利用率、处理效率等性能指标,利用数据库管理系统提供的监视和分析程序对数据库的运行情况进行记录、统计分析,并根据实际情况不断改进数据库的设计,不断提高系统的性能;另外,还要不断根据用户需求情况的变化,对数据库进行重新构造。

DBA负责监视和分析系统的性能,使系统的空间利用率和处理效率总是处于较高的水平。当发现系统出现问题或由于长期的数据插入、删除操作造成系统性能下降时,DBA要按一定策略对数据库进行改造或重组的工作。当数据库的数据模型发生变化时,系统的改造工作也由DBA负责进行。

数据库在计算机系统中的地位如图1-6所示。

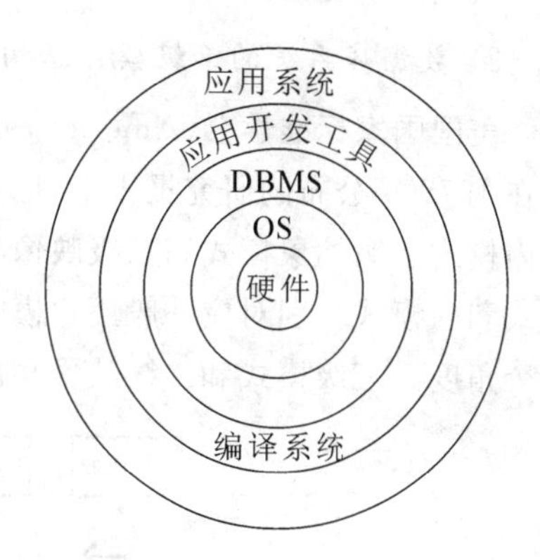

图1-6 数据库在计算机系统中的地位示意图

1.4 数据库系统体系结构

从数据管理系统的角度来看,虽然不同的数据库系统的实现方式存在差异,但它们在体系结构上均可表示为三级模式结构,这是数据库系统内部的体系结构。从用户的角度来看,数据库系统分为单用户结构、主从式结构、分布式结构、B/S结构和C/S结构,这是数据库系统的外部体系结构。

1.4.1 数据库系统内部体系结构

从数据管理系统的角度来看,虽然不同的数据库系统的实现方式存在差异,但它们在体系结构上均可表示为三级模式结构,这是数据库系统内部的体系结构。

1. 数据库系统的三级模式结构

1) 数据库系统模式的概念

数据库中的数据是按一定的数据模型(结构)组织起来的,而在数据模型中有"型"(type)和"值"(value)的概念。"型"是指对某一类数据的结构和属性的说明,而"值"是"型"

的一个具体赋值。例如，在描述学生基本情况的信息时，学生的基本情况可以定义为(学号、姓名、性别、年龄、所在系)，称为学生的型，而(3401170201，朱启凡，男，20，软件工程)则是某一学生的具体数据。

模式(schema)是数据库中全体数据的逻辑结构和特征的描述，它仅涉及型的描述，而不涉及具体的值，数据模式是数据库的框架。模式的一个具体值称为模式的一个实例(instance)。同一个模式可以有很多个实例。

对于数据库描述的业务，模式相对稳定，由于数据库中数据的不断更新变化，实例频繁改变。模式反映的是数据的结构，而实例反映的是数据库某一时刻的状态。

例如，在描述学生基本情况的数据库中，2017 级和 2018 级的所有学生的基本情况就形成了两个年级学生基本情况的数据库实例。显然，这两个实例的模式是相同的，都是学生的基本情况，相关的型都是(学号、姓名、性别、年龄、所在系)，但这两个实例的数据是不同的。同时，当学生在学习过程中出现转系、退学等情况时，以上两个实例可能随时发生变化，但它们的模式是不变的。

2) 数据库系统的三级模式结构

美国国家标准学会(American national standards institute，ANSI)所属计划和要求委员会在 1975 年公布的研究报告中，把数据库系统内部的体系结构从逻辑上分为外模式、模式和内模式三级抽象模式和二级映像功能，即 ANSI/SPARC 体系结构。对用户而言，外模式、模式和内模式分别对应一般用户模式、概念模式和物理模式，它们分别反映了看待数据库的三个角度。三级模式和二级映像功能如图 1-7 所示。

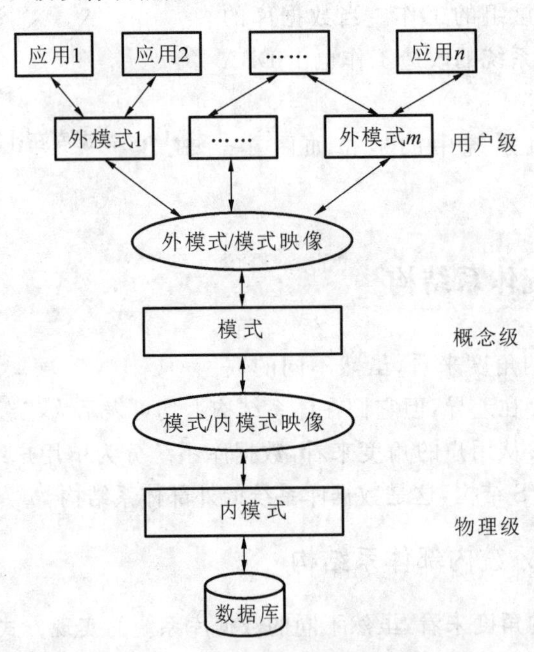

图 1-7 数据库系统的三级模式结构和二级映像功能示意图

(1) 模式。模式也称为概念模式，是数据库中全体数据的逻辑结构和特征的描述，处于三级模式结构的中间层，不涉及数据的物理存储细节和硬件环境，与具体的应用程序、所使用的应用开发工具及高级程序设计语言无关。

一个数据只有一个模式，因为它是整个数据库数据在逻辑上的视图，即是数据库的整体逻辑。也可以认为，模式是对现实世界的抽象，是将现实世界某个应用环境（企业或单位）的所有信息按用户需求而形成的一个逻辑整体。

（2）外模式。外模式（external schema）又称子模式（subschema）或用户模式（user schema），外模式是三级结构的最外层，是数据库用户能看到并允许使用的那部分数据的逻辑结构和特征的描述，是与某一应用有关的数据的逻辑表示，也是数据库用户的数据视图，即用户视图。

可见，外模式一般是模式的子集，一个数据库可以有多个外模式。由于不同用户的需求可能不同，因此，不同用户对应的外模式的描述也可能不同。另外，同一外模式也可以为多个应用系统所使用。

因此，各个用户可根据系统所给的外模式，用查询语言或应用程序去操作数据库中所需要的部分数据，这样每个用户只能看到和访问所对应的外模式中的数据，数据库中的其余数据对它们来说是不可见的。所以，外模式是保证数据安全性的一个有力措施。

（3）内模式。内模式（internal schema）又称存储模式（storage schema）或物理模式（physical schema），是三级结构中的最内层，也是靠近物理存储的一层，即与实际存储数据方式有关的一层。它是对数据存储结构的描述，是数据在数据库内部的表示方式。例如，记录以什么存储方式存储（顺序存储、B+树存储等）、索引按照什么方式组织、数据是否压缩、是否加密等，它不涉及任何存储设备的特定约束，如磁盘磁道容量和物理块大小等。

通过对数据库三级模式结构的分析可以看出，一个数据库系统，实际存在的只是物理级数据库，即内模式，它是数据访问的基础。概念数据库只不过是物理级数据库的一种抽象描述，用户级数据库是用户与数据的接口。用户根据外模式进行操作，通过外模式到模式的映射与概念机数据库联系起来，又通过模式到内模式的映射与物理级数据库联系起来。事实上，DBMS的中心工作之一就是完成三级数据库模式间的转换，把用户对数据库的操作转化到物理级去执行。

在数据库系统中，外模式可以有多个，而模式、内模式只能各有一个。内模式是整个数据库实际存储的表示，而模式是整个数据库实际存储的抽象表示，外模式是逻辑模式的某一部分的抽象表示。

2. 数据库系统的二级映像与数据独立性

数据库系统的三级模式是数据的三个抽象级别，它使用户能逻辑地处理数据，而不必关心数据在计算机内部的存储方式，把数据的具体组织交给DBMS管理。为了能够在内部实现这三个抽象层次的联系和转换，DBMS在三级模式之间提供了二级映像功能。正是这两级映像保证了数据库系统中较高的数据独立性，即逻辑独立性和物理独立性。

（1）外模式/模式映像。模式描述的是数据的全局逻辑结构，外模式描述的是数据的局部逻辑结构。数据库中的同一模式可以有任意多个外模式，对于每一个外模式，都存在一个外模式/模式映像。它确定了数据的局部逻辑结构与全局逻辑结构之间的对应关系。例如，在学生的逻辑结构（学号、姓名、性别）中添加新的属性“出生日期”时，学生的逻辑结构变为（学号、姓名、性别、出生日期），由数据库管理员（DBA）对各个外模式/模式映像做相应改变，这一映像功能保证了数据的局部逻辑结构不变，即外模式保持不变。由于应用程序是依据数据的局部逻辑结构编写的，所以应用程序不必修改，从而保证了数据与程序之间的逻辑独立性。

(2) 模式/内模式映像。数据库中的模式和内模式只有一个，所以模式/内模式映像是唯一的。它确定了数据的全局逻辑结构与存储结构之间的对应关系。存储结构变化时，若采用了更先进的存储结构，则由 DBA 对模式/内模式映像做相应变化，使其模式仍保持不变，即把存储结构的变化影响限制在模式之下，这使得数据的存储结构和存储方法较高的独立于应用程序，通过映像功能保证数据存储结构的变化不影响数据的全局逻辑结构的改变，从而不必修改应用程序，即确保了数据的物理独立性。

3. 数据库系统的三级模式与二级映像的优点

数据库系统的三级模式与二级映像具有如下优点。

(1) 保证数据的独立性。将模式和内模式分开，保证的数据的物理独立性；将外模式和模式分开，保证了数据的逻辑独立性。

(2) 简化了用户接口。按照外模式编写应用程序在输入命令时，不需要了解数据库内部的存储结构，方便用户使用系统。

(3) 有利于数据共享。在不同的外模式下可由多个用户共享系统中的数据，减少数据冗余。

(4) 有利于数据的安全保密。在外模式下根据要求进行操作，只能对限定的数据操作，保证了其他数据的安全。

1.4.2 数据库系统外部体系结构

从最终用户的角度来看，数据库系统分为单用户结构、主从式结构、分布式结构以及建立在主从式和分布式结构基础上的客户机/服务器结构和浏览器/服务器结构。这是数据库系统的外部体系结构。

1. 单用户结构的数据库系统

单用户结构的数据库系统又称桌面型数据库系统，其主要特点是将应用程序、DBMS 和数据库都装在一台计算机上，由一个用户独占使用，不同计算机间不能共享数据。

DBMS 提供较弱的数据库管理和较强的应用程序和界面开发工具，开发工具与数据库集成为一体，既是数据库管理工具，同时又是数据库应用程序和界面的前端工具。例如：在 Visual FoxPro 6.0 中就集成了开发工具，在 Access 2000 中集成了支持脚本语言的开发工具等。

因此，桌面型数据库工作在单机环境，用于实现业务流程简单的应用程序，适用于未联网用户、个人用户等。

2. 主从式结构的数据库系统

主从式结构的数据库系统是一个大型主机带多终端的多用户结构的系统。在这种结构中，将应用程序、DBMS 和数据库都集中存放在一个大型主机上，所有处理任务由这个大型主机来完成，而连于主机上的终端，只是作为主机的输入/输出设备，各个用户通过主机的终端并发地存取和共享数据资源。而主机则通过分时的方式轮流为每个终端用户服务。在每个时刻，每个用户都感觉自己独占主机的全部资源。

主从式结构的主要优点是结构简单、易于管理与维护。其缺点是所有处理任务由主机完成，对主机的性能要求较高。当终端数量太多时，主机的处理任务和数据吞吐任务过重，易形成瓶颈，使系统性能下降；另外，当主机遭受攻击而出现故障时，整个系统无法使用。因此，对主机的可靠性要求较高。

3. 分布式结构的数据库系统

分布式结构的数据库系统是指数据库中的数据在逻辑上是一个整体，但在物理上却分布在计算机网络的不同结点上。它有以下主要特点。

(1) 数据在物理上是分布的。数据库中的数据不集中存放在一台服务器上，而是分布在不同地域的服务器上，每台服务器被称为结点。

(2) 所有数据在逻辑上是一个整体。数据库中的数据在物理上是分布的，但在逻辑上却互相关联，是相互联系的整体。

(3) 结点上根部存储的数据相对独立。在普通用户看来，整个数据库系统仍然是集中的整体，用户不关心数据的分片存储，也不关心物理数据的具体分布，完全由网络数据库在分布式文件系统的支持下完成。

分布式数据库系统是分布式网络技术与数据库技术相结合的产物，是分布在计算机网络上的多个逻辑相关的数据库的集合。

这种数据库系统的优点是可以利用多台服务器并发地处理数据，从而提高计算型数据处理任务的效率。其缺点是数据的分布式存储给数据处理任务的协调与维护带来困难。同时，当用户需要经常访问过程数据时，系统的效率明显会受到网络流量的制约。

4. 客户机/服务器结构的数据库系统

主从式结构的数据库系统中的主机和分布式结构的数据库系统中的结点机，既执行DBMS功能，又执行应用程序。随着工作站功能的增强和广泛使用，人们在主从式和分布式结构的基础上，开始把DBMS的功能与应用程序分开，网络上某个(些)结点机专门用于执行DBMS的功能，完成数据的管理工作，称为数据库服务器；其他结点上的计算机安装DBMS的应用开发工具和相关数据库应用程序，称为客户机。这就是客户机/服务器结构(client/server，简称C/S模式)的数据库系统，如图1-8所示。

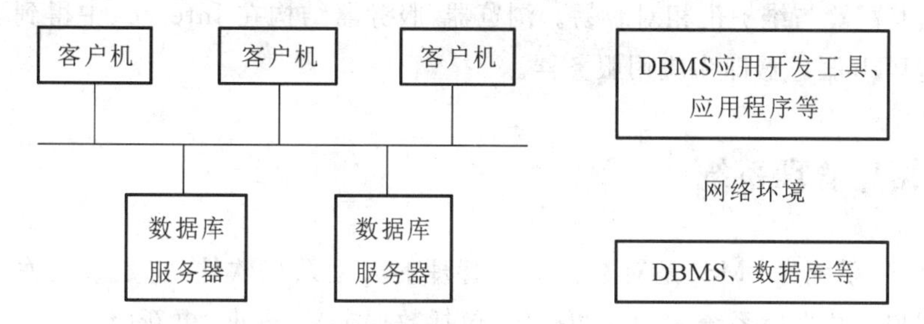

图1-8 客户机/服务器结构的数据库系统示意图

在客户机/服务器结构中，DBMS和数据库存放在数据库服务器上，应用程序和相关开发工具存放于客户机上。客户机负责管理用户界面、接收用户数据、处理应用逻辑、生成数据库服务请求，将该请求发送给服务器，数据库服务器进行处理后，将处理结果返回给客户机，并将结构按一定格式显示给用户。因此，这种客户机/服务器模式，又称为富客户机(rich client)模式，是一种两层结构。

客户机/服务器结构的数据库系统的主要优点如下。

(1) 网络运行效率大大提高。这是因为服务器只将处理的结果返回客户机,从而大大降低了网络上的数据传输量。

(2) 应用程序的运行和计算处理工作由客户机完成。这样,既减少了与服务器不必要的通信开销,也减轻了服务器的处理工作,从而减轻了服务器的负载。

客户机/服务器结构的主要缺点是维护升级很不方便,需要在每个客户机上安装客户机程序,而且当应用程序修改后,就必须在所有安装应用程序的客户机上升级此应用程序。

5. 浏览器/服务器结构的数据库系统

浏览器/服务器(browser/server,简称B/S结构)是针对C/S结构的不足而提出的。

在浏览器/服务器结构中,客户机端仅安装通用的浏览器软件,实现用户的输入/输出,而应用程序不安装在客户机端,而是安装在介于客户机和数据服务器之间的另外一个称为应用服务器的服务器端,即将客户端运行的应用程序转移到应用服务器上,这样,应用服务器充当了客户机和数据库服务器的中介,架起了用户界面与数据库之间的桥梁。因此,浏览器/服务器模式是瘦客户机(thin client)模式,是一种三层结构,如图1-9所示。

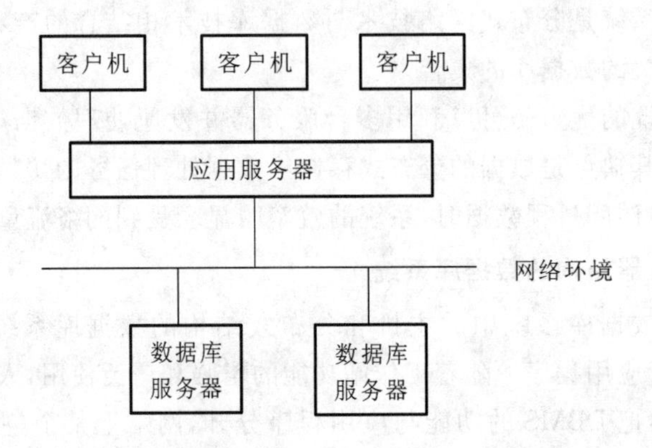

图1-9 浏览器/服务器结构的数据库系统示意图

可见,浏览器/服务器结构有效地克服了客户机/服务器结构的不足,客户机只要能运行浏览器即可,其配置与维护也相对容易。浏览器/服务器结构在Internet中得到了最广泛的应用。此时,Web服务器即为应用服务器。

1.5 数据库管理系统

数据库管理系统(DBMS)是对数据进行管理的大型系统软件,它是数据库系统的核心组成部分,用户在数据库系统中的一切操作,包括数据定义、查询、更新(包括数据的插入、修改和删除)及各种控制,都是通过DBMS进行的。DBMS就是把抽象逻辑数据处理转换成计算机中的具体的物理数据的处理软件,这给用户带来了极大的方便。

1.5.1 DBMS的主要功能

数据库管理系统的主要功能包括数据定义功能、数据操纵功能、数据库运行管理功能、数据库的建立和维护功能、数据通信接口及数据组织、存储和管理功能。DBMS的主要功能如图1-10所示。

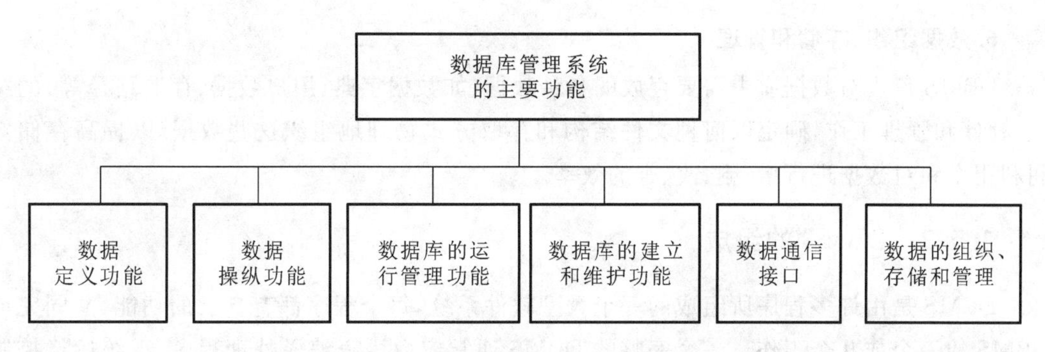

图1-10 数据库管理系统的主要功能

1. 数据定义功能

DBMS提供数据定义语言(data define language,DDL),定义数据的模式、外模式和内模式三级模式结构,定义模式/内模式和外模式/模式二级映像,定义有关的约束条件等。例如,为保证数据库安全而定义用户口令和存取权限,为保证正确语义而定义完整性规则等。再如,DBMS提供的结构化查询语言(SQL)提供Create、Drop、Alter等语句可分别用来建立、删除和修改数据库。

用DDL定义的各种模式需要通过相应的模式翻译程序转换为机器内部代码表现形式,保存在数据字典(data dictionary,DD)中。数据字典也称为系统目录,是DBMS存取数据的基本依据。因此,DBMS中应包括DDL的编译程序。

2. 数据操纵功能

DBMS提供数据库操纵语言(data manipulation language,DML)实现对数据库的基本操作,包括检索、更新(包括插入、修改和删除)等。因此,DBMS也应包括DML的编译程序或解释程序。DML有两类:一类是自主型的或自含型的,这一类属于交互式命令语言,语法简单,可独立使用;另一类是宿主型的,它把对数据库的存取语句嵌入高级语言中,不能单独使用。SQL就是DML的一种。

3. 数据库运行管理功能

对数据库的运行进行管理是DBMS运行的核心功能。DBMS通过对数据库的控制以确保数据正确有效和数据库系统的正常运行。DBMS对数据库的控制主要通过四个方面实现:数据的安全性控制、数据的完整性控制、多用户环境下的数据并发性控制和数据库的恢复等。

4. 数据库的建立和维护功能

数据库的建立包括数据库的初始数据的装入与数据转换等,数据库的维护包括数据库的转储、恢复、重组织与重构造、系统性能监视与分析等。这些功能分别由DBMS的各个实用程序来完成。

5. 数据通信接口

DBMS提供与其他软件系统进行通信的功能。一般情况下,DBMS提供了与其他DBMS或文件系统的接口,从而使该DBMS能够将数据转换成另一个DBMS或文件系统能够接受的格式,或者可接收其他DBMS或文件系统的数据,实现用户程序与DBMS、DBMS与DBMS、DBMS与文件系统之间的通信。通常这些功能要与操作系统协调完成。

6. 数据组织、存储和管理

DBMS负责对数据库中需要存放的各种数据(如数据字典、用户数据、存取路径等)的组织、存储和管理工作,确定以何种文件结构和存取方式物理地组织这些数据,以提高存储空间利用率和对数据进行增、删、改、查的效率。

1.5.2 DBMS的组成

DBMS是由许多程序所组成的一个大型软件系统,每个程序都有自己的功能,共同完成DBMS的一个或几个工作。一个完整的DBMS通常应由语言编译处理程序、系统运行控制程序及系统建立、维护程序和数据字典等几部分构成。如图1-11所示。

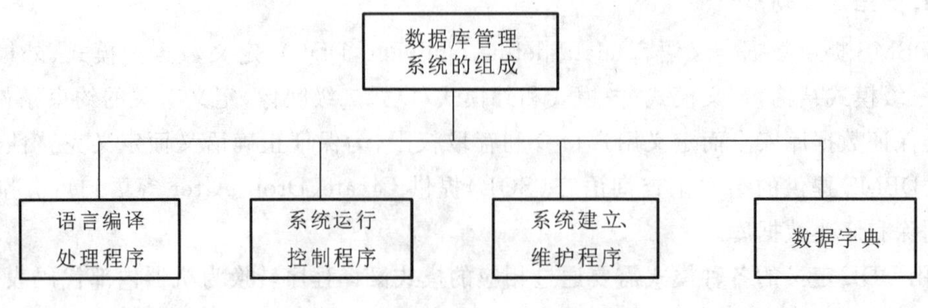

图1-11 数据库管理系统的组成

1. 语言编译处理程序

语言编译处理程序包括以下两个程序。

(1) 数据定义语言(DDL)编译程序。它把用DDL编写的各种源模式编译成各级目标模式。这些目标模式是对数据库结构信息的描述,它们被保存在数据字典中,供以后数据操纵或数据控制时使用。

(2) 数据操纵语言(DML)编译程序。它将应用程序中的DML语句转换成可执行程序,实现对数据库的插入、检索、修改和删除等基本操作。

2. 系统运行控制程序

DBMS提供了一系列的运行控制程序,负责数据库系统运行过程中的控制与管理,主要包括以下几部分。

(1) 系统总控程序:用于控制和协调各程序的活动,它是DBMS运行程序的核心。

(2) 安全性控制程序:防止未授权用户存取数据库中的数据。

(3) 完整性控制程序:检查完整性约束条件,确保进入数据库中的数据的正确性、有效性和相容性。

(4) 并发控制程序:协调多用户、多任务环境下各应用程序对数据库的并发操作,保证数据的一致性。

(5) 通信控制程序:实现用户程序与DBMS间的通信。

此外,DBMS还有文件读写与维护程序、缓冲区管理程序、存取路径管理程序、事务管理程序、运行日志管理程序等。所有这些程序在数据库系统运行过程中协同操作,监视着对数据库的所有操作,控制、管理数据库资源等。

3. 系统建立、维护程序

系统建立、维护程序主要包括以下几部分。

(1) 装配程序:完成初始数据库的数据装入。

(2) 重组程序:当数据库系统性能下降时(如查询速度变慢),需要重新组织数据库,重新装入数据。

(3) 系统恢复程序:当数据库系统遭到破坏时,将数据库系统恢复到以前某个正确的状态。

4. 数据字典

数据字典(data dictionary,DD)用来描述数据库中有关信息的数据目录,包括数据库的三级模式、数据类型、用户名和用户权限等有关数据库系统的信息,起到了系统状态的目录表的作用,帮助用户、DBA 和 DBMS 本身使用和管理数据库。

1.5.3 DBMS 的数据存取过程

在数据库系统中,DBMS 与操作系统、应用程序、硬件等协调工作,共同进行数据的各种存取操作,其中 DBMS 起着关键的作用,对数据库的一切操作,都要通过 DBMS 完成。

DBMS 对数据的存取通常包括以下几个步骤。

(1) 用户使用某种特定的数据操作语言向 DBMS 发出存取请求。

(2) DBMS 接受请求并将该请求解释转换成机器代码指令。

(3) DBMS 依次检查外模式、外模式/模式映像、模式、模式/内模式映像及存储结构定义。

(4) DBMS 对存储数据库执行必要的存取操作。

(5) 从对数据库的存取操作中接收结果。

(6) 对得到的结果进行必要的处理,如格式转换等。

(7) 将处理的结果返回给用户。

上述存取过程还包括安全性控制、完整性控制等,以确保数据的正确性、有效性和一致性。DBMS 的工作方式如图 1-12 所示。

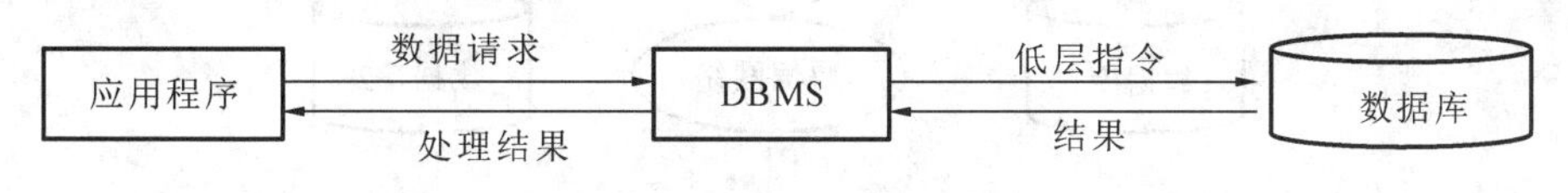

图 1-12 DBMS 的工作方式

1.6 数据库领域的新技术

数据库技术自 20 世纪 60 年代中期产生到今天,虽然仅仅只有几十年的历史,但其发展速度之快、使用范围之广是其他技术望尘莫及的。在此几十年期间,无论在理论还是应用方面,数据库技术一直是计算机领域的热门话题。数据库技术已经成为计算机科学的一个重要分支,数据库系统也在不断地更替、发展和完善。

本节将介绍几种新型数据库系统,分别为分布式数据库、数据仓库与数据挖掘技术、多媒体数据库、主动数据库系统和大数据技术等。

1.6.1 分布式数据库

1. 集中式系统和分布式系统

集中式数据库是指数据库中的数据集中存储在一台计算机上,数据的处理集中在一台计算机上完成。这类数据库无论是逻辑上还是物理上都是集中存储在一个容量足够大的外存储器上,其基本特点如下。

(1) 集中控制处理效率高,可靠性好。

(2) 数据冗余少,数据独立性高。

(3) 易于支持复杂的物理结构去获得对数据的有效访问。

但是随着数据库应用的不断发展,人们逐渐感觉到过分集中化的系统在处理数据时有有许多局限性。例如,不在同一地点的数据无法共享;系统过于庞大、复杂,显得不灵活且安全性较差;存储容量有限,不能完全适应信息资源存储要求等。正是为了克服这种系统的缺点,人们采用数据分散的方法,即把数据库分成多个,建立在多台计算机上,这种系统称为分散式数据库系统。

由于计算机网络技术的发展,使得有可能把并排分散在各处的数据库系统通过网络通信技术连接起来,这样形成的系统称为分布式数据库(distributed database)。近年来,分布式数据库已经成为信息处理中的一个重要领域,它的重要性还将迅速增加。

2. 分布式数据库的定义

分布式数据库是一组结构化的数据集合,它们在逻辑上属于同一系统,而在物理上分布在计算机网络的不同结点上。网络中的各个结点(也称为"场地")一般都是集中式数据库系统,由计算机、数据库和若干终端组成。在分布式数据库系统中,大多数处理任务由本地计算机访问本地数据库来完成,对于少量本地计算机不能胜任的处理任务通过数据通信网络与其他计算机相联系,并获得其他数据库中的数据。分布式数据库系统的示意图如图 1-13 所示。

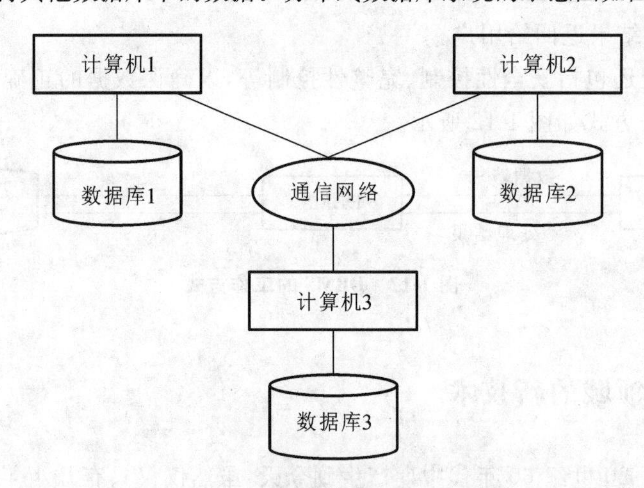

图 1-13 分布式数据库系统示意图

从表面上看,分布式数据库的数据分散在各个场地,但这些数据在逻辑上却是一个整体,如同一个集中式的数据库。因而,在分布式数据库中有全局数据库和局部数据库两个概念。所谓全局数据库就是从系统的角度出发,逻辑上的一组结构化的数据库集合或逻辑项集;而局部数据库是从各个场地的角度出发，物理结点上的各个数据库，即子集或物理项集。

3. 分布式数据库的特点

分布式数据库可以建立在以局域网连接的一组工作站上，也可以建立在广域网的环境中。但分布式数据库系统并不是简单地把集中式数据库安装在不同的场地，而是具有自己的性质和特点。

(1) 自治与共享。分布式数据库有集中式数据库的共享性与集成性，但它更强调自治及可控制的共享。这里的自治是指局部数据库可以是专用资源，也可以是共享资源。这种共享资源体现了物理地分散性，这是由一定的约束条件划分而形成的。因此，要由一定的协调机制来控制以实现共享。

(2) 冗余的控制。在研究集中式数据库技术时强调减少冗余，但在研究分布式数据库时允许冗余，即物理上的重复。这种冗余(多副本)增加了自治性，即数据可以重复地驻留在常用的结点上以减少通信代价，提供自治基础上的共享。冗余不仅改善系统性能，同时也增加了副本更新时的一致性代价，特别当有故障时，结点重新恢复后保持多个副本一致性的代价。

(3) 分布事务执行时的复杂性。逻辑数据项集实际上是由分布在各个结点上的多个关系片段(子集)组成的。一个逻辑数据项集可以在物理上被划分为不相交或相交的片段，也可以有多个相同的副本且存储在不同结点上。所以分布式数据库存取的事务是一种全局性事务，它是由许多在不同结点上执行对各局部数据库存取的局部子事务组成的。如果仍保持事务执行的原子性，则必须保证全局事务的原子性。

(4) 数据的独立性。数据库技术的一个目标是使数据与应用程序尽量独立，相互之间的影响最小，也就是数据的逻辑和物理存储对用户是透明的。在分布式数据库中，数据的独立性有更丰富的内容。使用分布式数据库时，应像使用集中式数据库一样，即系统要提供一种完全透明的性能，具体包括以下内容。

① 逻辑数据透明性。某些用户的逻辑数据文件改变时，或者增加新的应用使全局逻辑结构改变时，对其他用户的应用程序应没有或者尽可能少的影响。

② 物理数据透明性。数据在结点上的存储格式或组织方式改变时，数据的全局结构与应用程序无须改变。

③ 数据分布透明性。用户不必知道全局数据如何划分。

④ 数据冗余的透明性。用户无须知道数据重复，即数据子集在不同结点上冗余存储的情况。

4. 分布式数据库的应用及展望

一个完全分布式数据库系统在实现共享时，其利用率高、有站点自治性、能随意扩充、可靠性和可用性好，有效且灵活，就像使用本地的集中式数据库一样。分布式数据库已广泛应用于企业人事、财务和库存管理系统，百货公司、销售店的经营信息系统，电子银行、民航订票、铁路订票等在线处理系统，国家政府部门的经济信息系统，大规模数据资源等信息系统等中。

此外，随着数据库技术逐渐深入各应用领域，除了商业性、事务性应用以外，在以计算机作为辅助工具的各个信息领域，如计算机辅助技术(computer aided design，CAD)、计算机辅助制造(computer aided manufacturing，CAM)、计算机辅助软件工程(computer aided software engineering，CASE)、办公自动化(office automation，OA)、人工智能(artificial intelligence，AI)以及军事科学等，都适用分布式数据库技术，而且对数据库的集成共享、安全可靠等特性有更高的要求。为了适应新的应用,一方面要研究克服关系数据模型的局限性,增加更多面向对象的语义模型,研究基于分布式数据库的知识处理技术;另一方面,要研究如何弱化完全分布、完全透明的概念,组成松散的联邦分布式数据库系统。这种系统不一定要保持全局逻辑一致,而仅提供一种协商谈判机制,使各个数据库维持其独立性,但又能支持部分有控制的数据共享,这对 OA 等信息处理领域是很有吸引力的。

总之,分布式数据库技术有广阔的应用前景。随着计算机软件、硬件技术的不断发展和计算机网络技术的发展,分布式数据库技术也将不断向前发展。

◆ 1.6.2 数据仓库与数据挖掘技术

传统的数据库技术是单一的数据资源,它以数据库为中心,进行从事务处理、批处理到决策分析等各种类型的数据处理工作。然而,不同类型的数据处理有着不同的处理特点,以单一的数据组织方式进行组织的数据库并不能反映这种差别,满足不了数据处理多样化的要求。随着对数据处理认识的逐步加深,人们认识到计算机系统的数据处理应当分成两类,即以操作为主要内容的操作型处理和以分析决策为主要内容的分析型处理。

操作型处理也称为事务处理,它是指对数据库联机的日常操作,通常是对记录的查询、修改、插入、删除等操作。分析型处理主要用于决策分析,为管理人员提供决策信息,如决策支持系统(decision support system,DSS)和多维分析等。分析型处理与事务性处理不同,不但要访问现有的数据,而且要访问大量的历史数据,甚至还需要提供企业外部、竞争对手的相关数据。

显然,传统数据库技术不能反映这种差异,它满足不了数据处理多样化的要求。操作型处理与分析型处理的分离,划清了数据处理的分析环境和操作环境之间的界限,从而由原来的单一数据库为中心的数据环境(即事务处理环境)发展为一种新环境,即体系化环境。体系化环境由操作型环境和分析型环境(包括全局级数据仓库、部门级数据仓库、个人级数据仓库)构成。数据仓库是体系化环境的核心,它是建立决策支持系统(decision support system,DSS)的基础。

1. 事务处理环境不适合运行分析型的应用系统

传统的决策支持系统(decision support system,DSS)一般是建立在事务处理环境上的。虽然数据库技术在事务处理方面的应用是成功的,但它对分析处理的支持一直不能令人满意。特别是当以事务处理为主的联机事务处理(online transaction processing,OLTP)应用与以分析处理为主的 DSS 应用共存于同一个数据库系统中时,这两种类型的处理就发生了明显的冲突。其原因在于事务处理和分析处理具有极不相同的性质,直接使用事务处理环境来支持 DSS 是不合适的。事务处理环境不适用于决策支持系统(DSS)应用的具体原因如下。

1) 事务处理和分析处理的性能特性不同

一般情况下,在事务处理环境中用户的行为主要是数据的存取以及维护操作,其特点是操作频率高且处理时间短,系统允许多个用户同时使用系统资源。由于采用了分时方式,用户操作的响应时间是比较短的。而在分析处理环境中,一个 DSS 应用程序往往会连续运行几个小时甚至更长的时间,占用大量的系统资源。具有如此不同处理性能的两种应用放在同一个环境中运行显然是不合适的。

2) 数据集成问题

决策支持系统(decision support system,DSS)需要集成的数据,全面而正确的数据是进行有效分析和决策的首要前提,相关数据收集得越完整,得到的结果就越可靠。DSS不仅需要企业内部各部门的相关数据,还需要企业外部甚至竞争对手的相关数据。而事务处理一般只需要与本部门业务有关的当前数据即可,对于整个企业范围内的集成应用考虑很少。绝大多数企业内部数据的真正状况是分散的而不是集成的,虽然每个单独的事务处理应用可能是高效的,但这些数据却不能成为一个统一的整体。

决策支持系统需要集成的数据,其必须在自己的应用程序中对这些纷繁的数据进行集成。数据集成是一件非常繁杂的工作,如果由应用程序来完成无疑会大大增加程序员的工作量,而且每一次分析都需要一次集成,会使得处理效率极低。DSS对数据集成的迫切需求也是数据仓库技术出现的最主要的原因。

3) 数据的动态集成问题

如果每次分析都对数据进行集成,这样无疑会使得开销太大。一些应用仅在开始对所需的数据进行集成,以后就一直以这部分集成的数据作为分析的基础,不再与数据源发生联系,这种方式的集成称为静态集成。静态集成的缺点是非常明显的,当数据源中的数据发生了变化,而数据集成一直保持不变,决策者就不能等到更新的数据。虽然决策者并不要求随时准确地掌握数据的任何变化,但也不希望他所分析的是很久以前的数据。因此,集成系统必须以一定的周期(如几天或一周)进行刷新,这种方式称为动态集成。很显然,事务处理系统是不能进行动态集成的。

4) 历史数据问题

事务处理一般只需要当前的数据,数据库中一般也只存放短期的数据,即使存放有历史数据也不经常用到。但对于决策分析来说,历史数据是非常重要的。许多分析方法还必须以大量的历史数据为依据来进行分析,分析历史数据对于把握企业的发展方向是很重要的。事务处理难以满足上述要求。

5) 数据的综合问题

事务处理系统中积累了大量的细节数据,这些细节往往需要综合后才能被决策支持系统(DSS)所利用,而事务处理系统是不具备这种综合能力的。

以上种种问题表明,在事务性环境中直接构造分析型应用是不合适的。建立在事务处理环境上的分析系统并不能有效地进行决策分析。要提高分析和决策的效率,就必须将分析型处理及其数据与操作型处理及其数据分离开来,按照处理的需要重新组织数据,建立单独的分析处理环境。数据仓库技术正是为了构造这种分析处理环境而产生的一种数据存储和数据组织技术。

2. 数据仓库的定义以及特点

数据仓库(data warehouse,DW)是近年来信息领域发展起来的数据库新技术,随着企事业单位信息化建设的逐步完善,各单位信息系统将产生越来越多的历史信息数据,如何将各业务系统及其他档案数据中分析有价值的海量数据集中起来管理,在此基础上,建立分析模型,从中挖掘出符合规律的知识并用于未来的预测与决策中,是非常有意义的,这也是数据仓库技术产生的背景和原因。

数据仓库的定义大多依照著名的数据仓库专家 W. H. Inmon 在其著作 *Building Data Warehouse* 中给出的描述:数据仓库就是一个面向主题的(subject oriented)、集成的(integrate)、相对稳定的(non-volatile)、反映历史变化的(time variant)的数据结合,通常用于辅助决策支持。

从其定义的描述可以看出,数据仓库有以下几个特点。

(1) 面向主题。操作型数据库(如银行柜台存取款、股票交易、商场 POS 系统等)的数据组织是面向事务处理任务,各个业务系统之间各自分离;而数据仓库中的数据是按照一定的主题域进行组织。主题是一个抽象的概念,是指用户使用数据仓库进行决策时所关心的重点领域,一个主题通常与多个操作型业务系统或外部档案数据相关。例如,一个超市的数据仓库所组织的主题可能为供应商、顾客、商品等,而按应用来组织,则可能是一个销售子系统、供应子系统和财务子系统等。可见,基于主题组织的数据被划分为各自独立的领域,每个领域都有自己的逻辑内涵而互不交叉。而基于应用的数据组织则完全不同,它的数据只是为处理具体应用而组织在一起的。

(2) 集成的。面向事务处理的操作型数据库通常与某些特定的应用相关,数据库之间相互独立,并且往往是异构的。而数据仓库中的数据是在对原有分散的数据库数据进行抽取、清理的基础上经过系统加工、汇总和整理得到的,必须消除源数据中的不一致性,以保证数据仓库内的信息是关于整个企事业单位一致的全局信息。也就是说存放在数据仓库中的数据应使用一致的命名规则、格式、编码结构和相关特性来定义。

(3) 相对稳定的。操作型数据库中的数据通常实时更新,数据根据需要及时发生变化。数据仓库的数据主要供单位决策分析之用,对所涉及的数据操作主要是数据查询和加载,一旦某个数据加载到数据仓库以后,一般情况下将作为数据档案长期保存,几乎不再做修改和删除操作,也就是说,针对数据仓库,通常有大量的查询操作及少量定期的加载(或刷新)操作。

(4) 反映历史变化的。操作型数据库主要关系当前某一个时间段内的数据,而数据仓库中的数据通常包含较久远的历史数据,因此总是包括一个时间维,以便可以研究趋势和变化。数据仓库系统通常记录了一个单位从过去某一时点(如开始启用数据仓库系统的时点)到目前的所有时期的信息,通过这些信息,可以对单位的发展历程和未来趋势做出定量分析和预测。

3. 数据仓库的体系结构

数据仓库系统通常是对多个异构数据源的有效集成,集成后按照主题进行重组,包含历史数据。存放在数据仓库中的数据通常不再修改,用于做进一步的分析型数据处理。

数据仓库系统的建立和开发,是以企事业单位的现有业务系统和大量业务数据的积累为基础,数据仓库不是一个静态的概念,只有把信息适时地交给需要这些信息的使用者,供他们做出改善其业务经营的决策,信息才能发挥作用,信息才是有意义的。因此把信息加以整理归纳和重组,并及时提供给相应的管理决策人员,是信息仓库的根本任务,数据仓库的开发是全生命周期的,通常是一个循环迭代开发过程。

一个典型的数据仓库系统通常包含数据源、数据存储与管理、OLAP 服务器以及前端工具与应用四个部分,如图 1-14 所示。

(1) 数据源。它是数据仓库系统的基础,即系统的数据来源。通常包括企事业单位的各种内部信息和外部信息。内部信息,如存于操作型数据库中的各种业务数据和办公自动化系统中包含的各类文档数据;外部信息,如各类法律法规、市场信息、竞争对手的信息,以及各类外部统计数据及其他有关文档等。

(2) 数据的存储和管理。它是整个数据仓库系统的核心。在现有各业务系统的基础上,对数据进行抽取、清理,并有效集成、按照主题进行重新组织,最终确定数据仓库的物理存储结

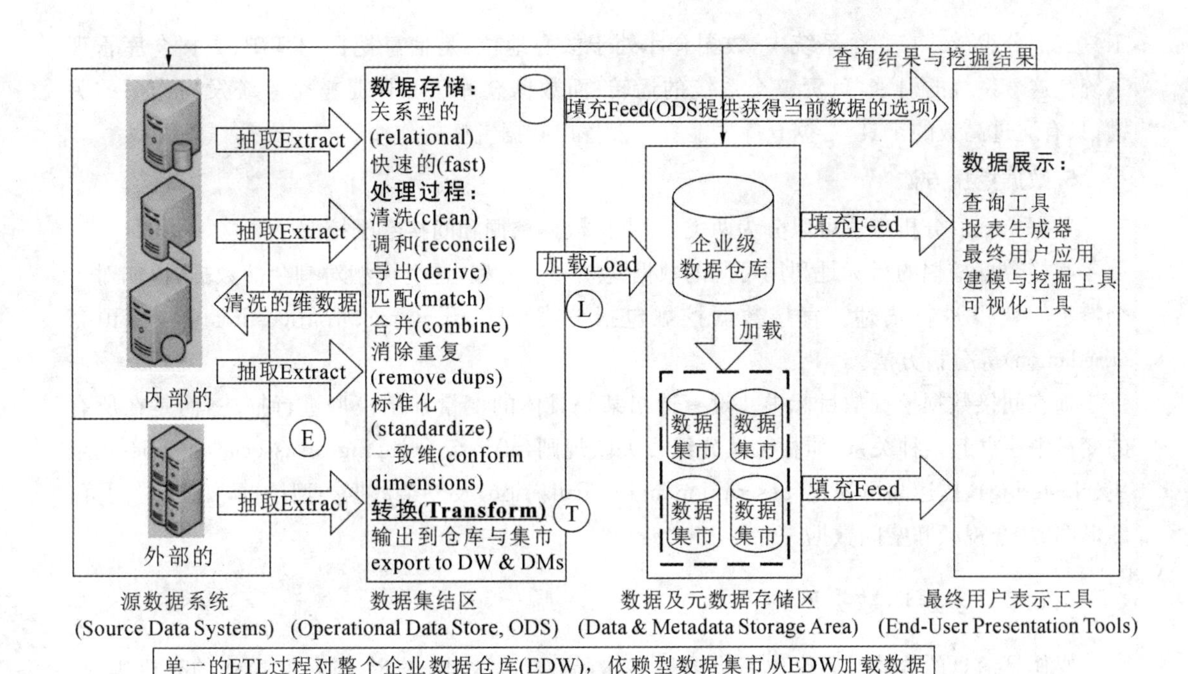

图 1-14　数据仓库系统的体系结构

构。按照数据的覆盖范围和存储规模，数据仓库可以分为企业级数据仓库和部门级数据仓库。

（3）OLAP 服务器。对需要分析的数据按照多维数据模型进行重组，以支持用户随时从多角度、多层次来分析数据，发现数据规律与趋势。

（4）前端工具与应用。前端工具主要包括各种数据分析工具、报表工具、查询工具、数据挖掘工具以及各种基于数据仓库或数据集市开发的应用。其中，数据分析工具主要针对 OLAP 服务器，报表工具、数据挖掘工具既可以针对数据仓库，也可以针对 OLAP 服务器。

4. 数据挖掘技术的定义

数据仓库如同一座巨大的矿藏，有了矿藏而没有高效的开采工具是不能把矿藏充分开采出来的。数据仓库需要高效的数据分析工具来对它进行挖掘。20 世纪 80 年代，数据库技术得到了长足的发展，出现了一整套以数据库管理系统为核心的数据库开发工具，如 FORMS、REPORTS、MENUS、GRAPHICS 等，这些工具有效地帮助数据库应用程序开发人员开发出了一些优秀的数据库应用系统，使数据库技术得到广泛的应用和普及。人们认识到，仅有 DBMS 是不够的，工具同样重要，近年来发展起来的数据库挖掘技术及其产品已经成为数据仓库矿藏开采的有效工具。

数据挖掘(data mining，DM)是从超大型数据库或数据仓库中发现并提取隐藏在内部信息的一种新技术，其目的是帮助决策者寻找数据间潜在的关联，发现被经营者忽略的要素，而这些要素对预测趋势、决策行为可能是非常有用的信息。数据挖掘技术涉及数据库技术、人工智能技术、机器学习、统计分析等多种技术，它使决策支持系统(DSS)跨入了一个新的阶段。传统的 DSS 系统通常是在某个假设的前提下，通过数据查询和分析来验证或否定这个假设。而数据挖掘技术则能够自动分析数据，进行归纳性推理，从中发掘出数据间潜在的模式，数据挖掘技术可以产生联想，建立新的业务模型帮助决策者调整市场策略，找到正确的决策。

总之，数据仓库系统是多种技术的综合体，它由数据仓库、数据仓库管理系统和数据仓库工具三部分组成。在整个系统中，数据仓库处于核心地位，是信息挖掘的基础；数据仓库管理系统是这个系统的引擎，负责整个系统的运转；而数据仓库工具则是整个系统发挥作用的关键，只有通过高效的工具，数据仓库才能真正发挥出数据宝库的作用。

5. 数据挖掘方法

数据挖掘的分析方法可以分为两类，即直接数据挖掘和间接数据挖掘。

直接数据挖掘的目标是利用可用的数据建立一个模型，这个模型对剩余的数据，比如对一个特定的变量进行描述。直接数据挖掘包括分类(classification)、估值(estimation)和预言(prediction)等分析方法。

而在间接数据挖掘的目标中并没有选出某一具体的变量并用模型进行描述，而是在所有的变量中建立起某种关系，如相关性分组或关联规则(affinity grouping or association rules)、聚集(clustering)、描述和可视化(description and visualization)及复杂数据类型挖掘，如文本、网页、图形图像、音视频和空间数据等。

1.6.3 多媒体数据库

媒体是信息的载体。多媒体是指多种媒体，如数字、文本、图形、图像和声音的有机集成，而不是简单的组合。科学技术的突飞猛进使得社会的发展日新月异，人们希望计算机不仅仅能够处理简单的数据，还能够处理多媒体信息。在办公自动化、生产管理和控制等领域，对用户界面、信息载体和存储介质也提出了越来越高的要求。人们不但要求能在计算机内以统一的模式存储图、文、声、像等多种形式的信息，而且要求提供图文并茂、有声有色的用户界面。多媒体数据管理成为现阶段计算机系统的重要特征。

数据根据格式的不同可分为格式化的数据和非格式化的数据。数字、字符等属于格式化的数据，而文本、图形、图像、声音等则属于非格式化的数据。

多媒体数据库(multimedia database system,MDS)用于实现对格式化和非格式化的多媒体数据的存储、管理和查询。多媒体数据库应当能够表示各种媒体的数据，由于非格式化的数据表示起来比较复杂，需要根据多媒体系统的特点来决定表示方法。例如，可以把非格式化的数据按一定算法映射成一张结构表，然后根据它的内部特定成分来检索。多媒体数据库应能够协调处理各种媒体数据，正确识别各种媒体之间在空间或时间上的关联。例如，多媒体对象在表达时就必须保证时间上的同步性。多媒体还应该提供比传统数据库关系更强的适合非格式化数据查询的搜索功能。例如，系统可以对图像等非格式化数据做整体和部分的搜索。

多媒体数据库目前主要有以下三种结构。

(1) 由单独一个多媒体数据库系统来管理不同媒体的数据库以及对象空间。

(2) 采用主 DBMS 和辅 DBMS 相结合的体系结构。每一个媒体数据库由一个辅 DBMS 管理，另外有一个主 DBMS 来一体化所有的辅 DBMS。用户在主 DBMS 上使用多媒体数据库，对象空间也由主 DBMS 管理。

(3) 协作 DBMS 体系结构。每个多媒体数据库对应一个 DBMS，称为成员 DBMS，每个成员放到外部软件模型中，由外部软件模型提供通信、查询和修改界面。用户可以在任一点上使用数据库。

多媒体数据库的研究历史不长，但却是计算机科学技术中方兴未艾的一个重要分支。从理论上来说，它涉及的内容可以把一切对象装进一个数据库系统，因而所遇到的问题极其复杂，不但有技术问题，也有对现实世界的认识和理解问题。随着多媒体数据库系统的进一步研究，不同介质集成的进一步实现，商用多媒体数据库管理系统必将蓬勃发展，多媒体数据库领域必将在高科技方面占据越来越重要的地位。

1.6.4 主动数据库系统

主动数据库(active database，AD)是相对于传统数据库的被动性而言的。传统数据库在数据库的存储与检索方面获得了巨大的成功，人们希望在数据库中查询、修改、插入或删除某些数据时总可以通过一定的命令来实现。但是传统数据库的所有这些功能都有一个重要特征，就是“数据库本身都是被动的”，用户给什么命令，它就做什么动作。而在许多实际的应用领域，如计算机集成制造系统、管理信息系统、办公自动化系统中，常常希望数据库系统在紧急情况下能根据数据库的当前状态，主动、适时地做出反应，执行某些操作，向用户提供有关信息。传统的数据库系统很难充分适应这些应用的主动要求，因此在传统数据库基础上，结合人工智能和面向对象技术提出了主动数据库的构想。主动数据库除了具有一切传统数据库的被动服务功能之外，还具有主动进行服务的功能。

主动数据库的主要目标是提供对紧急情况及时反应的能力，同时提高数据管理系统的模块化程度。主动数据库通常采用的方法是在传统数据库系统中嵌入ECA(即事件—条件—动作)规则，这相当于系统提供了一个“自动监测”机构，它主动地不时地检查着这些规则中包含的各种事件是否已经发生，一旦某事件被发现，就主动触发执行相应的动作。

实现主动数据库的关键技术在于它的条件检测技术，能够有效地对事件进行自动监督，使得各种事件一旦发生就很快被发觉，从而触发执行相应的规则。此外，如何扩充传统的数据系统，使之能够描述、存储、管理ECA规则，适应于主动数据库；如何构造执行模型，也就是说ECA规则的处理和执行方式；如何进行事务调度；如何在传统数据库管理系统的基础上形成主动数据库体系结构；如何提高系统的整体效率等都是主动数据库需要集中研究解决的问题。

1.6.5 大数据技术

1. 大数据技术的产生背景

IBM前首席执行官郭士纳指出，每隔15年IT领域会迎来一次重大变革。截至目前，共发生了三次信息化浪潮。第一次信息化浪潮发生在1980年前后，其标志是个人计算机的产生，当时信息技术所面对的主要问题是实现各类数据的处理。第二次信息化浪潮发生在1995年前后，其标志是互联网的普及，当时信息技术所面对的主要问题是实现数据的互联互通。第三次信息化浪潮发生在2010年前后，随着硬件存储成本的持续下降、互联网技术和物联网技术的高速发展，现代社会每天正以不可想象的速度产生各类数据，如电子商务网站的用户访问日志、微博中评论和转发信息、各类短视频和微电影、各类商品的物流配送信息、手机的通话记录等。这些数据或流入已经运行的数据库系统，或形成具有结构化的各类文件，或形成具有非结构化特征的视频和图像文件。据统计，Google每分钟进行200万次搜索，全球每分钟发送2亿封电子邮件，12306网站春节期间一天的访问量为84亿次。总之，人们已经步入一个以各类数据为中心的全新时代——大数据时代。

从数据库的研究历程来看，大数据并非一个全新的概念，它与数据库技术的研究和发展密切相关。20世纪70至80年代数据库的研究人员就开始着手超大规模数据库(very large database)的探索工作，并于1975年举行了第一届VLDB学术会议，至今该会议仍然是数据库管理领域的顶级学术会议之一。20世纪90年代后期，随着互联网技术的发展、行业信息化建设和水平的不断提高，产生了海量数据(massive data)，于是数据库的研究人员开始从数据管理转向数据挖掘技术，尝试在海量数据上进行有价值数据的提取和预测工作。20年后，数据库的研究人员发现他们所处理的数据不仅在数量上呈现爆炸式增长，种类繁多的数据类型也不断挑战原有数据模型的计算能力和存储能力，因此，学者纷纷使用“大数据”来表达现阶段的数据科研工作，并随之产生了一个新兴领域和职业——数据科学和数据科学家。

2. 大数据的概念

对大数据的概念，尚无明确的定义，但人们普遍采用大数据的4V特性来描述大数据，即“数据量大(volume)”“数据类型繁多(variety)”“数据处理速度快(velocity)”和“数据价值密度低(value)”。

(1)“数据量大”是从数据规模的角度来描述大数据的。大数据的数据量可以从数百TB到数百PB，甚至到EB的规模。

(2)“数据类型繁多”是从数据来源和数据种类的角度来描述大数据的。大数据的数据类型可以宏观分为结构化数据和非结构化数据，其中结构化数据以关系型数据库为主，占大数据的10%左右，非结构化的数据主要包括邮件、音频、视频、微信、位置信息、网络日志等，占大数据的90%左右。

(3)“数据处理速度快”是从数据的产生和处理的角度来描述大数据的。一方面，现阶段每分钟产生大量的社会、经济、政治和人文等领域的相关数据。另一方面，大数据时代的很多应用，效率是核心，需要对数据具有“秒级”响应，从而进行有效的商业指导和生产实践。

(4)“数据价值密度低”是从大数据潜藏的价值分布情况来描述大数据的。虽然大数据中具有很多有价值的潜在信息，但其价值的密度远远低于传统关系型数据库中的数据价值。对于价值密度低，很多学者认为这也体现了解决大数据各类问题的必要性，即通过技术的革新，实现大数据淘金。

3. 大数据的关键技术

目前大数据所涉及的关键技术主要包括数据的采集和迁移、数据的存储和管理、数据的处理和分析、数据安全和隐私保护等。

数据采集技术将分布在异构数据源或异构采集设备上的数据通过清洗、转换和集成技术，存储到分布式文件系统中，成为数据分析、挖掘和应用的基础。数据迁移技术将数据从关系型数据库迁移到分布式文件系统或NoSQL数据库中。NoSQL数据库是一种非结构化的新型分布式数据库，它采用键值对的方式存储数据，支持超大规模数据存储，可灵活地定义不同类型的数据库模式。

数据处理和分析技术利用分布式并行编程模型和计算框架，如Hadoop的Map-Reduce计算框架和Spark的混合计算框架等，结合模式识别、人工智能、机器学习、数据挖掘等算法，实现对大数据的离线分析和大数据流的在线分析。

数据安全和隐私保护是指在确保大数据被良性利用的同时，通过隐私保护策略和数据安全等手段，构建大数据环境下的数据隐私和安全保护。

需要指出的是，上述各类大数据技术多传承自现阶段的关系型数据，如关系数据库上的异构数据集成技术、结构化查询技术、数据半结构化组织技术、数据联系分析技术、数据挖掘技术、数据隐私保护技术等。同时，大数据中的NoSQL数据库本身含义是Not Only SQL，而非Not SQL。它表明大数据的非结构化数据库和关系型数据处理技术在解决问题上各具优势，大数据存储中的数据一致性、数据完整性和复杂查询的效率等方面还需借鉴关系型数据库的一些成熟解决方案。因此，掌握和理解关系型数据库对于日后开展大数据相关技术的学习、实践和创新具有重要的借鉴意义。

4. 大数据技术的应用场景

目前，大数据技术的应用已经非常普遍，涉及的领域包括传统零售业、金融业、医疗业和政府机构等。

在传统零售行业中，用户购物的大数据可用于分析具有潜在购买关系的商品，经销商将分析得到的关联商品以搭配的形式进行销售，从而提高相关商品的销售概率。这类应用的经典案例是“啤酒和尿布”的搭配，两种产品看似是无关的，但是从购买记录中发现，购买啤酒的用户通常会购买尿布，如果将两者就近摆放，则会综合提高两种商品的销售数量。

在金融业中，每日股票交易的数据量具有大数据的特点，很多金融公司纷纷成立金融大数据研发机构，通过大数据技术分析市场的宏观动向并预测某些公司的运行情况。同时，银行可以通过根据区域用户日常交易情况，将常用的业务放置在区域内ATM机器上，方便用户更快捷地使用所需的金融服务。

在医疗行业中，各类患者的诊断信息、检查信息和处方信息可用于预测、辨别和辅助各种医疗活动。代表性的案例如“癌症的预测”，研究发现，很多症状能够用于早期的癌症预测，但由于传统医疗数据量较小，导致预测结构精度不高。随着大数据技术与医疗大数据的深度结合，越拉越多有意义的癌症指征被发现并用于早期的癌症预测中。

在政府机构中，其掌握的大数据对政府的决策具有重要的辅助作用。传统的出租车GPS信息只用于掌握出租车的运行情况，目前这一数据可用于预测各主要街道的拥堵情况，从而对未来的市政建设提供决策依据。另外，药店销售的感冒药数量不仅可用于行业的基本监督，还用于预测当前区域的流感发病情况等。

以上各行业的大数据应用表明，大数据技术已经融入人们日常生活的方方面面，并正在改变人们的生活方式。未来，大数据技术将会与相关应用领域结合得更加紧密，任何决策和研究的成果必须通过数据进行表达，数据将成为驱动行业健康、有序发展的重要动力。

通过上述对数据库系统的介绍，可以得出以下三个结论。

(1) 数据库的发展集中表现在数据模型的发展。从最初的层次、网状数据模型发展到关系数据模型，数据库技术实现了巨大的飞跃。关系模型的提出，是数据库发展史上具有划时代意义的重大事件。然而，随着数据库应用领域对数据库需求的增多，传统的关系数据模型开始暴露出许多弱点，如对复杂对象的表示能力差，语义表达能力较弱，缺乏灵活丰富的建模能力等。因而人们提出并发展了许多新的数据模型。比如，对传统的关系模型进行扩充，引入了少数构造器，使它能表达比较复杂的数据模型，增强其结构建模能力，这样的模型称为复杂数据模型；提出了并发展了相比关系模型来说全新的数据构造器和数据处理原语，以表达复杂的结构和丰富的语义，这类模型比较有代表性的是函数数据模型、语义模型以及E-R模型等，它们称为语义模型；将上述语义数据模型和面向对象程序设计方法结合起来提出了面向对象的数据模型。

(2) 将数据库技术与其他技术相结合，是新一代数据库技术的显著特征。例如，数据库技术与分布式处理技术相结合，出现了分布式数据库系统；数据库处理技术与并行处理技术相结合，出现了并行数据库系统；将数据库技术与人工智能技术相结合，出现了知识库系统和主动数据库系统；将数据库技术与多面体技术相结合，出现了多面体数据库系统；将数据库技术与模糊多面体技术相结合，出现了模糊数据库系统等。

(3) 数据库的许多概念、技术内容、应用领域甚至某些原理都有了重大的发展和变化。新的数据库技术不断涌现，它们提高了数据库的功能和性能，并使数据库的应用领域得到了极大的发展。

本章总结

本章介绍了信息、数据、数据处理和数据管理几个基本概念的含义及区别，讲述了数据库技术产生的背景和发展的三个阶段。

数据库系统主要包括数据库、数据库用户、计算机硬件系统和计算机软件系统等几个组成部分。其中，数据库是存储在计算机内有组织的大量共享数据的集合，可以供用户共享，具有尽可能小的冗余和较高的数据独立性，使得数据存储最优，数据最容易操作，并且具有完善的自我保护能力和数据恢复能力。数据库用户是指使用数据库的人员，包括数据库管理员 DBA、应用程序员和最终用户。计算机硬件系统是数据库系统存在和运行的硬件基础。计算机软件系统包括操作系统、数据库管理系统、数据库应用开发工具和数据库应用系统。其中，数据库管理系统是核心，用户在数据库系统中的一切操作，包括数据定义、查询、更新以及各种控制都是通过 DBMS 进行的。DBMS 用于实现将用户意义下的抽象的逻辑数据处理转换成计算机中的具体的物理数据。

数据库系统内部的体系结构表现为三级模式结构，数据库系统的三级模式和二级映像保证了数据库系统的逻辑独立性和物理独立性。从最终用户的角度来看，数据库系统分为单用户结构、主从式结构、分布式结构以及建立在主从式和分布式结构基础上的客户机/服务器结构和浏览器/服务器结构。这是数据库系统的外部体系结构。

随着新兴信息技术的快速发展，数据库领域的新技术包括分布式数据库、数据仓库与数据挖掘技术、多媒体数据库、主动数据库系统和大数据技术。

习题1

一、选择题

1. 数据库(DB)、数据库系统(DBS)、数据库管理系统(DBMS)之间的关系是(　　)。

A. DB 包含 DBS 和 DBMS　　B. DBMS 包含 DB 和 DBS

C. DBS 包含 DB 和 DBMS　　D. 没有任何关系

2. 在下面所列出的条目中，哪些是数据库管理系统的基本功能(　　)。

A. 数据独立性　　B. 数据安全性　　C. 结构规范化　　D. 操作可行性

3. 下面列出的条目中，哪些是数据库技术的主要特点(　　)。

A. 数据的结构化　　B. 数据的冗余度小

C. 较高的数据独立性　　D. 程序的标准化

4. (　　)是按照一定的数据模型组织的，长期存储在计算机内，可为多个用户共享的数据的聚集。

A. 数据库系统　　B. 数据库　　C. 关系数据库　　D. 数据库管理系统

5. 下面哪个不是数据库系统必须提供的数据控制功能(　　)。

A. 安全性　　B. 可移植性　　C. 完整性　　D. 并发控制

6. 数据库系统的核心是(　　)。

A. 数据库　　B. 数据库管理系统　　C. 数据模型　　D. 软件工具

7. 数据库与文件系统的主要区别是(　　)。

A. 数据库系统复杂,而文件系统简单

B. 文件系统不能解决数据冗余和数据独立性问题,而数据库系统可以解决

C. 文件系统只能管理程序文件,而数据库系统能够管理各种类型的文件

D. 文件系统管理的数据较少,而数据库系统可以管理庞大的数据量

8. 数据库系统中,数据的物理独立性是指(　　)。

A. 数据库与数据库管理系统的相互独立

B. 应用程序与数据库管理系统的相互独立

C. 应用程序与存储在磁盘上数据库的物理模式是相互独立的

D. 应用程序与数据库中数据的逻辑结构相互独立

9. 数据库管理系统中能实现数据查询、插入、更新等操作的数据库语言称为(　　)。

A. 数据定义语言　　B. 数据管理语言　　C. 数据操纵语言　　D. 数据控制语言

10. 在数据库的三级模式结构中,描述数据库中全局逻辑结构和特征的是(　　)。

A. 外模式　　B. 内模式　　C. 存储模式　　D. 模式

11. 数据库三级模式体系结构的划分,有利于保持数据库的(　　)。

A. 数据独立性　　B. 数据安全性　　C. 结构规范化　　D. 操作可行性

12. 数据的完整性是指数据的(　　)。

A. 正确性和相容性　　B. 合法性和不被恶意破坏

C. 正确性和不被破坏　　D. 合法性和相容性

13. (　　)是位于用户与操作系统之间的一层数据管理软件。

A. 数据库　　B. 数据库系统　　C. 数据库管理系统　　D. 数据库应用系统

14. 要保证数据库的数据独立性,需要修改的是(　　)。

A. 三层模式之间的两种映射　　B. 模式与内模式

C. 模式与外模式　　D. 三层模式

15. 要保证数据库的物理独立性,需要修改的是(　　)。

A. 模式　　B. 模式与内模式的映射

C. 模式与外模式的映射　　D. 内模式

16. 一个数据库系统的外模式(　　)。

A. 只能有一个　　B. 最多有一个　　C. 至少两个　　D. 可以有多个

17. 数据库三级模式中,真正存在的是(　　)。

A. 外模式　　B. 子模式　　C. 模式　　D. 内模式

二、填空题

1. 数据管理技术的发展过程经历了人工管理阶段、文件系统阶段和________阶段。

2. 在数据库理论中,数据物理结构的改变,如存储设备的更换、物理存储的更换、存取方式等都不影响数据库的逻辑结构,从而不引起应用程序的改变,称为________。

3. 数据库系统中,实现数据管理功能的核心软件称为________。

4. 数据库三级模式的划分,有利于保持数据的________。

5. 数据保护分为安全性控制、________、并发性控制和数据恢复。

6. 数据库理论中，数据库总体逻辑结构的改变，如修改数据模式、增加新的数据类型、改变数据间联系等，不需要修改相应的应用程序，称为________________。

7. 从最终用户来看，数据库系统的外部体系结构可分为五种类型：__________、__________、__________、__________、__________。

三、简答题

1. 什么是数据？数据有什么特征？数据和信息有什么关系？

2. 什么是数据处理？数据处理的目的是什么？

3. 数据管理的功能和目标是什么？

4. 简述数据库、数据库管理系统、数据库系统三个概念的含义和联系。

5. 数据库系统包括哪几个组成部分？各部分的功能是什么？画出整个数据库系统的层次结构。

6. 什么是DBA？它的主要职责是什么？

7. 试述数据库三级模式结构，说明三级模式结构的优点是什么？

8. 试述传统数据库的局限性。

9. 什么是分布式数据库？其特点是什么？

10. 什么是大数据技术？它有什么优势？

11. 试述新型数据库技术的发展趋势。

第 2 章 关系数据库

内容概要

关系数据库系统是支持关系模型的数据库系统。关系数据库是目前应用最广泛，也是最重要、最流行的数据库。按照数据模型的三个要素，关系模型由关系数据库结构、关系操作集合和完整性约束三部分组成。本章主要从这三个方面来讲述关系数据库的一些基本理论，包括关系模型的数据结构、关系的定义和性质、关系的完整

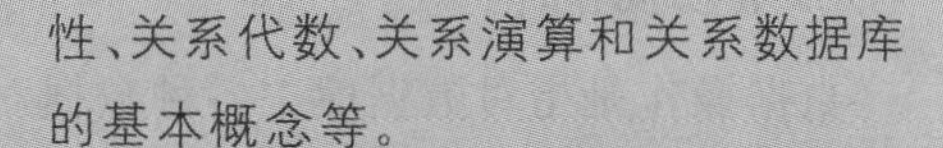

性、关系代数、关系演算和关系数据库的基本概念等。

本章内容是学习关系数据库的基础，其中，关系代数是学习的重点和难点。学习本章后，读者应掌握关系的定义及性质、关系码、外部码等基本概念，掌握关系演算语言的使用方法。重点掌握实体完整性和参照完整性的内容和意义、常用的几种关系代数的基本运算等。

2.1 常见的数据模型

数据库系统中最常使用的数据模型是层次模型、网状模型和关系模型，新兴的数据模型有面向对象数据模型和关系对象关系数据模型。本节详细介绍了常用的三种数据模型的结构特点和完整性约束条件，分析对照它们的性能，指出其优缺点和使用场合。另外，本节也将介绍新兴数据模型的概念和方法。

2.1.1 数据模型概述

数据模型具有数据结构、数据操作和完整性约束三个要素。认识或描述一种数据模型也要从它的三个要素开始。

1. 数据模型三要素

数据模型是一组严格定义的概念集合。这些概念精确描述了系统的数据结构、数据操

作和完整性约束条件。下面介绍这些概念。

1）数据结构

数据结构是所研究的对象类型(object type)的集合。这些对象是数据库的组成部分，它们包括两类：一类是与数据类型、内容、性质有关的对象，如层次模型或网状模型中的数据项和记录，关系模型中的关系和属性等；另一类是与数据之间联系有关的对象，例如，在网状模型中由于记录型之间的复杂联系，为了区分记录型之间不同的联系，对联系进行命名，命名的联系称为系型(set type)。

在数据库系统中，通常按照数据结构的类型来命名数据模型，如层次结构、网状结构和关系结构的数据模型分别被命名为层次模型、网状模型和关系模型。

2）数据操作

数据操作是指对数据库中各种数据对象允许执行的操作集合。数据操作包括操作对象和有关的操作规则两部分。数据库中的数据操作主要有数据检索和数据更新(即插入、删除或修改数据的操作)两大类操作。

数据模型必须对数据库中的全部数据操作进行定义，指明每项数据操作的确切含义、操作对象、操作符号、操作规则以及对操作的语言约束等。数据操作是对系统动态特性的描述。

3）数据约束条件

数据约束条件是一组数据完整性规则的集合。数据完整性规则是指数据模型中的数据及其联系所具有的制约和依存规则。数据约束条件用于限定符合数据模型的数据库状态以及状态的变化，以保证数据库中数据的正确、有效和相容。

每种数据模型都规定有基本的完整性约束条件，这些完整性约束条件要求所属的数据模型都应满足。同理，每个数据模型还规定了特殊的完整性约束条件，以满足具体应用的要求。例如，在关系模型中，基本的完整性约束条件是实体完整性和参照完整性，特殊的完整性条件是用户定义的完整性。

2. 常见的数据类型

当前，数据库领域最常用的数据类型主要有三种，它们是层次模型(hierarchical model)、网状模型(network model)和关系模型(relational model)。

层次模型和网状模型统称为非关系模型。非关系模型的数据库系统在20世纪70年代至80年代初非常流行，在当时的数据库产品中占据了主导地位。关系模型的数据库系统在20世纪70年代开始出现，之后发展迅速，并逐步取代了非关系模型数据库系统的统治地位。现在流行的数据库系统大都是基于关系模型的。

◆ 2.1.2 层次数据模型

层次数据模型是数据库系统中最早出现的数据模型，层次数据库系统采用层次模型作为数据的组织方式。层次数据库系统的典型代表是IBM公司的IMS(information management system)数据库管理系统。层次模型用树型结构来表示各类实体以及实体间的联系。

1. 层次模型的数据结构

1）层次模型的定义

在数据结构中，定义满足下列两个条件的基本层次联系的集合为层次模型。

（1）有且仅有一个结点没有双亲结点，这个结点称为根节点。

（2）除根节点之外的其他结点有且只有一个双亲结点。

2）层次模型的数据表示方法

在层次模型中：实体集使用记录表示；记录型包含若干个字段，字段用于描述实体的属性；记录值表示实体；记录之间的联系使用基本层次联系表示。层次模型中的每个记录可以定义一个排序字段，排序字段也称为码字段，其主要作用是确定记录的顺序。如果排序字段的值是唯一的，则它能唯一地标识一个记录值。

在层次模型中，使用结点标识记录。记录之间的联系用结点之间的连线标识，这种联系是父子之间的一对多的实体联系。层次模型中的同一双亲的子女结点称为兄弟结点（twin 或 sibling），没有子女结点的结点称为叶结点。图 2-1 中，R_1 为根节点，R_2 和 R_3 为兄弟结点；R_4 和 R_5 是 R_3 的子女结点，R_4 和 R_5 也为兄弟结点；R_2、R_4 和 R_5 为叶节点。

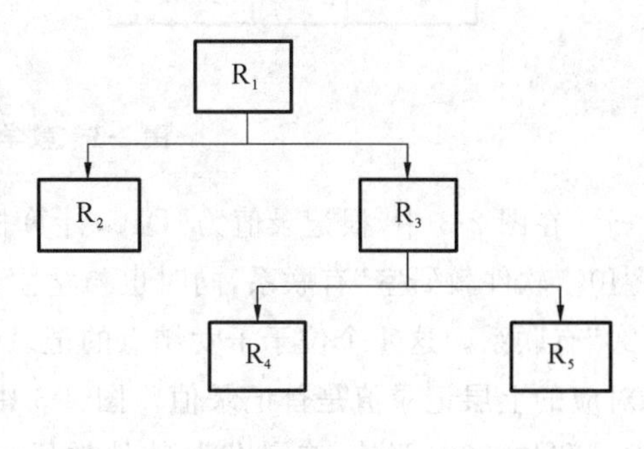

图 2-1　层次模型的一个示例

3）层次模型的特点

层次模型像一棵倒立的树，只有一个根结点，有若干个叶结点，结点的双亲是唯一的。图 2-2 所示的是一个教学院系的数据结构，该层次数据结构中有 4 个记录。

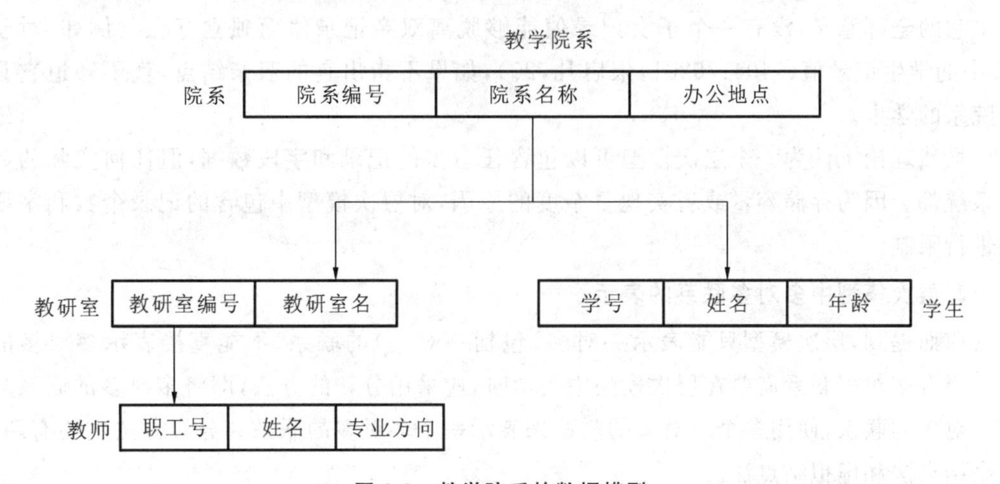

图 2-2　教学院系的数据模型

在图 2-2 中，院系记录是根结点，它有院系编号、院系名称和办公地点三个数据项，其两个子女结点是教研室和学生记录；教研室记录是院系的子女结点，它还是教师的双亲结点，教研室记录由教研室编号、教研室名两个数据项组成；学生记录由学号、姓名、年龄三个数据项组成；教师记录由职工号、姓名和专业方向三个数据项组成。学生与教师是叶结点，它们没有子女结点。在该层次数据结构中，院系与教研室、教研室与教师、院系与学生的联系均是一对多的关系。图 2-3 所示的是教学院系数据库的一个实例。

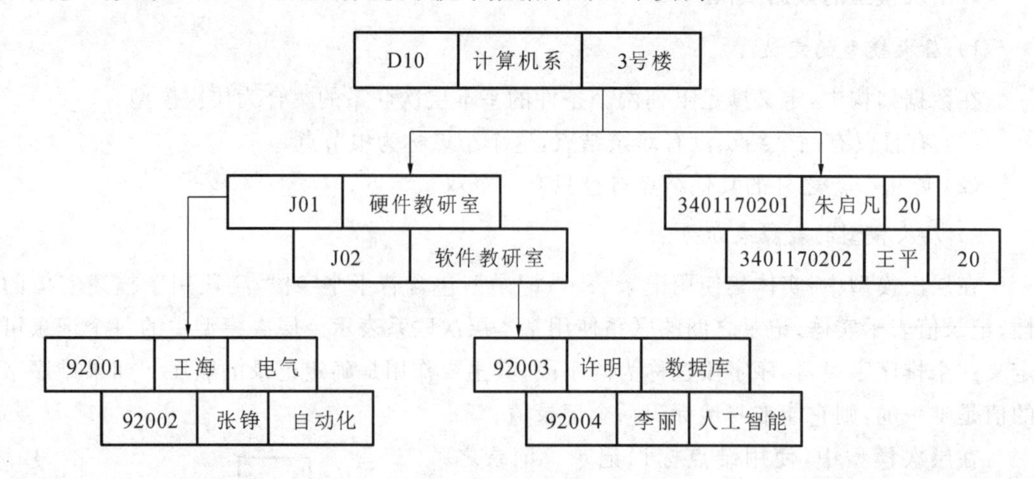

图 2-3　教学院系数据库的一个实例

在图 2-3 中,根记录值为"D10,计算机系,3 号楼",它与教研室的"J01,硬件教研室"和"J02,软件教研室"有联系,同时也与学生的"3404170201,朱启凡,20"和"3404170202,王平,20"有联系。这 4 个位于子女结点的记录值是它对应的上层结点记录值的属记录值,而它们对应的上层记录值是首记录值。图 2-3 中还表示,硬件教研室有属记录值"92001,王海,电器"和"92002,张铮,自动化",软件教研室有"92003,许明,数据库"和"92004,李丽,人工智能"。层次结构数据的一个实例由一个根记录值和它的全部属记录值组成,全部属记录值包括属记录、属记录的属记录……直到位于叶节点的属记录为止。

层次模型具有一个基本特点:对于任何一个给定的记录值,只有按其路径查看,才能显示出它的全部意义,没有一个子女记录值能够脱离双亲记录值而独立存在。例如,对于图 2-3中的学生记录值(3404170201,朱启凡,20),如果不指出它的双亲结点,就不知道它是哪个院系的学生。

虽然理论上认为一个层次模型可以包含任意多的记录和字段数据,但任何实际的数据库系统都会因为存储容量或者实现复杂度的原因,对层次模型中包含的记录个数和字段个数进行限制。

2. 层次模型中多对多联系的表示

前面提到,层次模型只能表示一对多(包括一对一)的联系,不能直接表示多对多的联系。当有多对多联系需要在层次模型中表示时,应采用分解的方法,即将多对多的联系分解成一对多的联系,使用多个一对多的联系来表示一个多对多的联系。分解方法主要有两种:冗余结点法和虚拟结点法。

1) 冗余结点分解法

冗余结点分解法通过增加冗余结点的方法将多对多的联系转换成一对多的联系。例如,图 2-4所示的是一个多对多的联系,一个学生可以选修多门课程,一门课程也可以被多名学生选修。若采用冗余结点分解法,需设计两组学生和课程的记录,如图 2-5 所示,一组表示一个学生选修多门课程,另一组表示一门课程有多个学生选修。显然,使用冗余结点分解法会使数据库中有冗余的学生和课程记录。

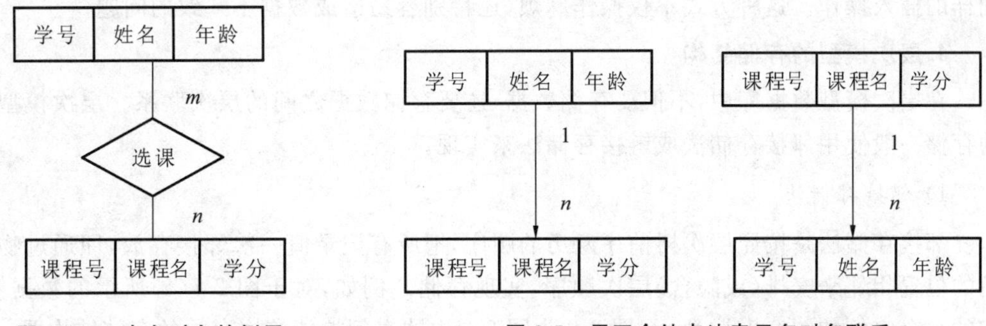

图 2-4　一个多对多的例子　　图 2-5　用冗余结点法表示多对多联系

2）虚拟结点分解法

所谓虚拟结点，就是一个指引元，该指引元指向所代替的结点。虚拟结点分解法通过使用虚拟结点，将实体集的多对多联系分解为多个层次模型，然后用多个层次模型表示一对多联系。将图 2-5 中的冗余结点转换为虚拟结点，可得到具有虚拟结点的基本层次联系，如图 2-6 所示。

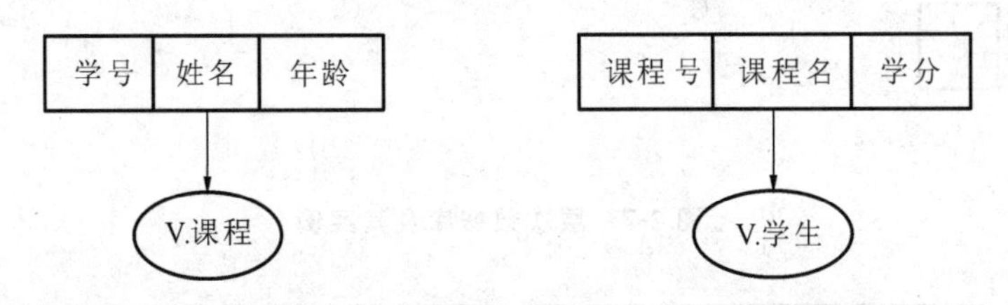

图 2-6　用虚拟结点法表示多对多联系

上面两种方法各有所长。冗余结点法的优点是结构清晰，允许结点改变存储位置；缺点是占用存储空间大，有潜在的数据不一致性。虚拟结点法的优点是占用存储空间小，能够避免潜在的数据不一致问题；缺点是改变存储位置时可能引起虚拟结点指针的改变。

3. 层次模型的数据操作和完整性约束条件

层次模型的数据操作主要包括数据的查询、插入、修改和删除等。层次模型必须满足的完整性约束条件如下。

(1) 在进行插入记录值操作时，如果没有指明相应的双亲记录值（首记录值），则不能插入子女记录值（属记录值）。

例如，在图 2-2 所示的层次数据库中，若转来一个学生，但还没有为该学生指明院系，则不能将该学生的记录插入到数据库中。

(2) 进行删除记录操作时，如果删除双亲记录值（首记录值），则相应的子女结点值（属记录值）也同时被删除。

例如，在图 2-2 所示的层次数据库中，若删除软件教研室，则该教研室的教师数据将全部丢失；若删除计算机系，则计算机系的所有学生和教研室数据将全部被删除，相应的所有教师数据也将全部删除。

(3) 进行修改记录操作时，应修改所有相应记录，以保证数据的一致性。

例如，在图 2-5 所示的层次模型中，若修改一个学生的年龄，则两处学生记录值的年龄字段都要执行修改操作。同样，要增加一个学生记录值时，也要同时对两处的学生记录执行同样的插入操作。这种方式不仅操作麻烦，还特别容易造成数据不一致的问题。

4. 层次模型的存储结构

在层次模型数据库中，不但要存储数据，还要存储数据之间的层次联系。层次模型数据的存储一般使用邻接存储法或链接存储法来实现。

1）邻接存储法

邻接存储法是按照层次树前序遍历的顺序，把所有记录值一次邻接存放，即通过物理空间的位置相邻来安排（或隐含）层次顺序，实现存储。例如，对于图 2-7(a)所示的数据模型，它的一个实例如图 2-7(b)所示；图 2-8 为图 2-6 中的实例按邻接法存放的存储结构图。

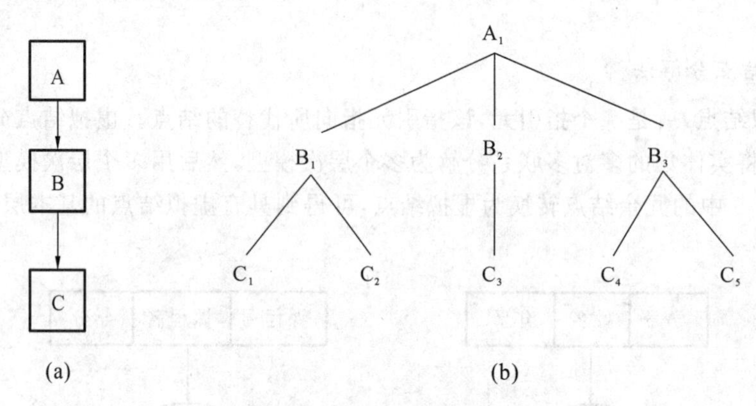

图 2-7　层次数据库及其实例

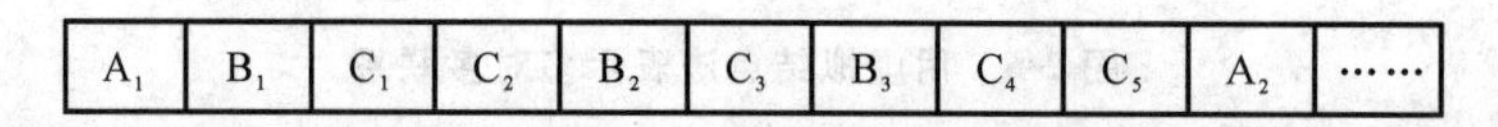

图 2-8　邻接存储法存储结构的实例

2）链接存储法

链接存储法是用指引元来反映数据之间的层次联系，它主要包括子女-兄弟链接法和层次序列链接法两种方法。

(1) 子女-兄弟链接法。子女-兄弟链接法要求每个记录设两个指引元，一个指引元指向它的最左边的子女记录值（属记录值），另一个指引元指向它的最近兄弟记录。图 2-7(b)中所示的实例，如果用子女-兄弟链接法表示，其结构如图 2-9 所示。

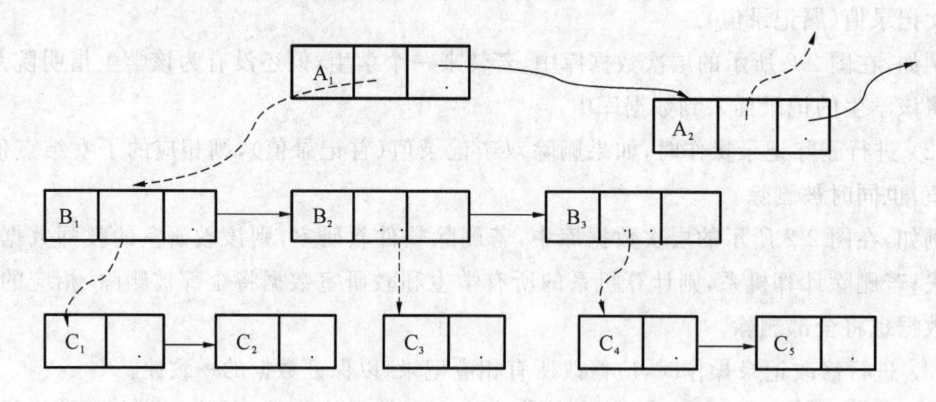

图 2-9　子女-兄弟链接法

(2) 层次序列链接法。层次序列链接法按树的前序遍历顺序，链接各记录值。图 2-7(b)中所示的实例，如果用层次序列链接法表示，其结构如图 2-10 所示。

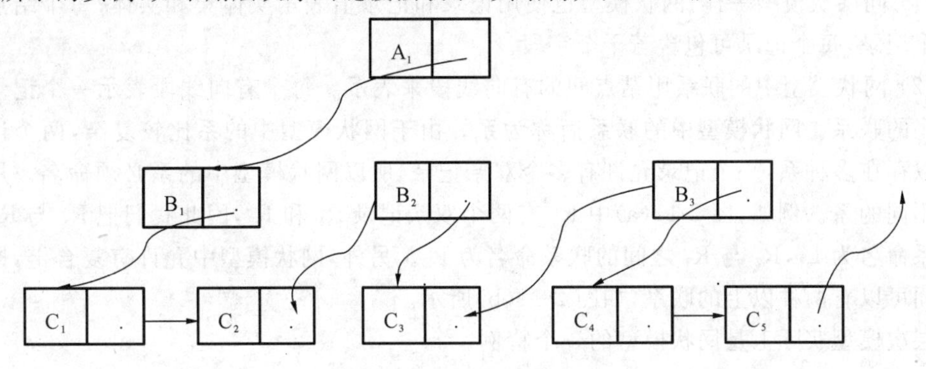

图 2-10　层次序列链接法

2.1.3　网状数据模型

现实世界中，许多事物之间的联系是非层次结构的，它们需要使用网状模型表示。网状数据库系统是采用网状模型作为数据组织方式的数据库系统。网状数据库系统的典型代表是 DBTG 系统，也称 CODASYL 系统。它是 20 世纪 70 年代数据系统语言研究会(conference on data system language，CODASYL)下属的数据库任务组(data base task group，DBTG)提出的一个系统方案。DBTG 系统虽然不是实际的数据库软件系统，但是它提出的基本概念、方法和技术，对于网状数据库系统的研制和发展起了重大的影响，后来很多数据库系统都采用了 DBTG 模型，如 HP 公司的 IMAGE、Univac 公司的 DMS1100、Honeywell 公司的 IDS/2、Cullinet Software 公司的 IDMS 等。

1. 网状模型的数据结构

1) 网状模型的数据结构

满足以下两个条件的基本层次联系的集合称为网状模型。

(1) 有一个以上的结点没有双亲。

(2) 结点可以有多于一个的双亲。

图 2-11(a)、图 2-11(b)和图 2-11(c)所示的都是网状模型的例子。

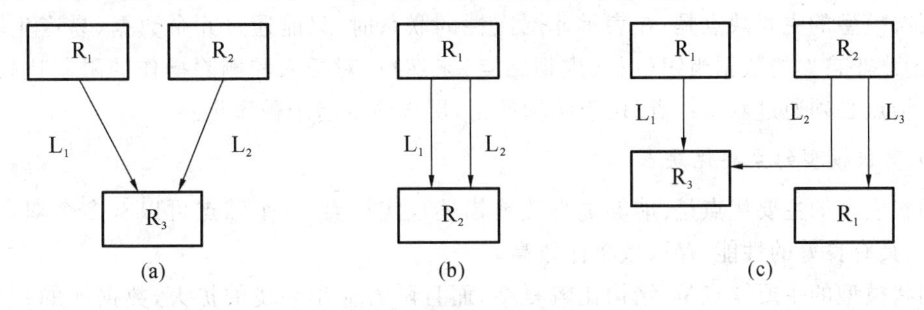

图 2-11　网状模型的实例

网状模型的结构比层次模型的结构更具有普遍性，它允许多个结点没有双亲，也允许结点有多于一个的双亲。此外，网状模型还允许两个结点之间有多种联系。因而，网状模型可以更直接地去描述现实世界。

2）网状模型的数据表示方法

(1) 同层次模型一样，网状模型也使用记录和记录值表示实体集和实体；每个结点也表示一个记录，每个记录可包含若干个字段。

(2) 网状模型中的联系用结点间的有向线段来表示。每个有向线段表示一个记录间的一对多的联系。网状模型中的联系简称为系。由于网状模型中的系比较复杂，两个记录之间可以存在多种系，一个记录允许有多个双亲记录，所以网状模型中的系必须命名。用系名标识不同的系。例如，图 2-11(a)中 R_3 有两个双亲记录 R_1 和 R_2，因此我们把 R_1 与 R_3 之间的联系命名为 L_1，R_2 与 R_3 之间的联系命名为 L_2。另外，网状模型中允许有复合链，即两个记录间可以有两种以上的联系，如图 2-11(b)所示。

层次模型实际上是网状模型的一个特例。

2. 网状模型的完整性约束条件

网状模型记录间的联系比较复杂。一般来说，它没有层次模型那样严格的完整性约束条件，但具体的网状数据库系统对数据操纵都加了一些限制，提供了一定的完整性约束。例如，DBTG 在模式 DDL 中，提供了定义 DBTG 数据库完整性的若干个概念和语句，具体如下。

(1) 支持记录码的概念。码即唯一记录的数据项的集合。

(2) 保证一个联系中的双亲记录和子女记录之间是一对多的联系。

(3) 可以支持双亲记录和子女记录之间的某些约束条件。例如，有些子女记录要求双亲记录存在时才能插入，双亲记录删除时子女记录也一同删除等。

3. 网状模型的存储结构

由于网状模型记录之间的联系比较复杂，因而如何实现记录之间的联系的问题是网状数据模型存储结构中的关键。网状数据模型常用的存储方法是链接法，它包括单向链接、双向链接、环状链接、向首链接等。此外，网状数据模型还用其他的存储方法，如指引元阵列法、二进制阵列法、索引法等。

4. 网状模型和层次模型的比较

网状数据模型和层次模型比较，双方各有其自身的优缺点。

1）层次模型的主要优缺点

层次模型的主要优点是：数据模型本身比较简单；系统性能优于关系模型和网状模型；能够提供良好的完整性支持。

层次模型的主要缺点是：在表示非层次性的联系时，只能通过冗余数据（易产生不一致性）或创建非自然的数据组织（引入虚拟结点）来解决；对插入和删除操作的限制比较多；查询子女结点必须通过双亲结点；由于结构严密，层次命令趋于程序化。

2）网状模型的主要优缺点

网状模型的主要优点是：能够更直接地描述现实世界，一个结点可以有多个双亲，允许复合链，具有良好的性能，存取效率比较高。

网状模型的主要缺点是：结构比较复杂，而且随着应用环境的扩大，数据库的结构就变得越来越复杂，不利于用户掌握；DDL 和 DML 语言复杂，用户不容易使用；由于记录之间的联系是通过存取路径实现的，应用程序在访问数据时必须选择适当的存取路径，因此，用户必须了解系统结构的细节后才能实现其数据存取，程序员要为访问数据设置存取路径，加重了编写应用程序的负担。

2.1.4 关系数据模型

关系数据模型是三种数据模型中最重要的一种。关系数据库系统采用关系数据模型作为数据的组织方式，现在流行的数据库系统大都是关系数据库系统。关系模型是由美国IBM公司San Jose研究室的研究员E. F. Codd于1970年首次提出的。自20世纪80年代以来，计算机厂商新推出的数据库管理系统几乎都是支持关系数据模型的，非关系模型的产品也大都加上了关系接口。

1. 关系数据模型的数据结构

关系数据模型建立在严格的数学概念的基础上。在关系数据模型中，数据的逻辑结构是一张二维表，它由行和列组成。

1）关系数据模型中的主要术语

(1) 关系：一个关系(relation)对应通常所说的一张二维表。表2-1就是一个关系。

表2-1 学生基本情况表

学号	姓名	性别	年龄	所在系
3401170201	朱启凡	男	20	软件工程
3401170202	徐志伟	男	20	软件工程
3401170203	文誉斐	男	20	市场营销
……	……	……	……	……

(2) 元组：表中的一行称为一个元组(tuple)，许多系统中把元组也称为记录。

(3) 属性：表中的一列称为一个属性(attribute)。一个表中往往会有多个属性，为了区分不同的属性，要给每一列起一个属性名。同一个表中的属性应具有不同的属性名。

(4) 码：表中的某个属性或属性组，它们的值可以唯一地确定一个元组，且属性组中不含多余的属性，这样的属性或者属性组称为关系的码(key)。例如，表2-1中，学号可以唯一地确定一个学生，因而学号就是学生基本情况表的码。

(5) 域：属性的取值范围称为域(domain)。例如，大学生年龄的属性域是(12～50)，性别的域是(男，女)。

(6) 分量：元组中的一个属性值称为分量(element)。

(7) 关系模式：关系的型称为关系模式(relation mode)，关系模式是对关系的描述。关系模式一般的表示是：关系名(属性1，属性2，…，属性n)。例如，学生基本情况表关系可描述为：学生基本情况表(学号，姓名，性别，年龄，所在系)。

2）关系数据模型中的数据全部用关系表示

在关系数据模型中，实体集以及实体间的联系都是用关系来表示的。

例如，关系数据模型中，学生、课程、学生与课程之间的联系可以表示为三个关系，一个关系就是一个二维表。这三个关系的关系模式可表示如下。

学生(学号，姓名，性别，年龄，所在系)

课程(课程号，课程名，学分)

成绩(学号，课程号，成绩)

关系数据模型要求关系必须是规范化的。所谓关系规范化是指关系模式要满足一定的规范条件。关系的规范条件很多，但首要条件是关系的每一个分量必须是原子的，不可分的数据项。

2. 关系操作和关系的完整性约束条件

关系操作主要包括数据查询和插入、删除、修改数据。关系中的数据操作是集合操作，无论操作的原始数据、中间数据或结果数据都是若干元组的集合，而不是单记录的操作方式。此外，关系操作语言都是高度非过程的语言，用户在操作时，只要指出"干什么"或"找什么"即可，而不必详细说明"怎样干"或"怎么找"。由于关系数据模型把存取路径向用户隐蔽起来了，使得数据的独立性大大提高了；由于关系语言的高度非过程化，使得用户对关系的操作变得容易，提高了系统的效率。

关系的完整性约束条件包括三类，即实体完整性、参照完整性和用户定义的完整性。

3. 关系数据模型的存储结构

在关系数据库的物理组织中，关系以文件的形式存储。一些小型的关系数据库管理系统采用直接利用操作系统文件的方式实现关系存储，一个关系对应一个数据文件。为了提高系统性能，许多关系数据库管理系统采用自己设计的文件结构、文件格式和数据存取机制进行关系存储，以保证数据的物理独立性和逻辑独立性，更有效地保证数据的安全性和完整性。

4. 关系数据模型和非关系数据模型的比较

与非关系数据模型相比，关系数据模型具有下列特点。

(1) 关系数据模型建立在严格的数学基础之上。关系及其系统的设计和优化有数学理论的指导，因而容易实现，且性能较好。

(2) 关系数据模型的概念单一，容易理解。关系数据库中，无论实体还是联系，无论是操作的原始数据、中间数据还是结果数据，都用关系表示。这种概念单一的数据结构，使数据操作方法统一，也使用户易懂易用。

(3) 关系数据模型的存取路径对用户隐蔽。用户根据数据的逻辑模式和子模式进行数据操作，而不必关心数据的物理模式情况，无论计算机专业人员还是非计算机专业人员使用起来都很方便，数据的独立性和安全保密性都较好。

(4) 关系数据模型中的数据联系是靠数据冗余实现的。关系数据库中不可能完全消除数据冗余。由于数据冗余，使得关系的空间效率和时间效率都较低。

基于关系数据模型的优点，关系数据模型自诞生以后发展迅速，深受用户的喜爱。而计算机硬件的飞速发展，更大容量、更高速度的计算机会对关系模型的缺点给予一定的补偿。因而，关系数据库始终保持其主流数据库的地位。

2.2 关系数据模型及其三要素

关系数据库是目前应用最广泛的数据库，由于它以数学方法为基础管理数据库，所以与其他数据库相比具有突出的优点。

关系数据库方法是 20 世纪 70 年代初由美国 IBM 公司的 E. F. Codd 提出的，他于 1970

年在美国计算机学会会刊 *Communication of ACM* 上发表题为 *A Relational Model of Data for Shared Data Base* 的论文，从而开创了数据库系统的新纪元。以后他又连续发表了多篇论文，奠定了关系数据库的理论基础。

20 世纪 70 年代末，关系方法的理论研究和软件系统的研制取得了很大成果，IBM 公司的 San Jose 实验室在 IBM 370 系列机上研制的关系数据库实验系统 System R 获得成功。1981 年 IBM 公司又宣布了具有 System R 全部特征的新的数据库软件产品 SQL/DS 问世。同期，美国加州大学伯克利分校也研制了 Ingres 关系数据库实验系统，并由 Ingres 公司发展成为 Ingres 数据库产品。目前，关系数据库系统的研究已取得了辉煌的成就，涌现出许多良好的商品化关系数据库管理系统，如著名的 DB2、Oracle、Ingress、Sybase、Informix、SQL Server 等。关系数据库被广泛应用于各个领域，已成为主流数据库。

2.2.1 关系数据结构

在关系数据模型中，无论是实体集，还是实体集之间的联系均由单一的关系表示。由于关系模型是建立在集合代数基础上的，因而一般从集合论角度对关系数据结构进行定义。

1. 关系的数学定义

1) 域(domain)的定义

域是一组具有相同数据类型的集合，又称为值域(用 D 表示)。

例如，整数、正数、负数、{0,1}、{男，女}、{计算机专业、物理专业、英语专业}等都是域。

域中所包含的值的个数称为域的基数(用 m 表示)。在关系中就是用域来表示属性的取值范围的。例如：

D_1={朱启凡，徐志伟，文誉斐}，$m_1=3$；

D_2={男，女}，$m_2=2$；

D_3={20,20,20}，$m_3=3$。

其中，D_1、D_2、D_3 分别表示学生关系中的姓名域、性别域和年龄域的集合。域名无排列次序，如 D_2={男，女}={女，男}。

2) 笛卡尔积的定义

给定一组域 $D_1, D_2, \cdots, D_n$(它们可以包含相同的元素，既可以完全不同，也可以部分或全部相同)，则 $D_1, D_2, \cdots, D_n$ 的笛卡尔积为：

$D_1 \times D_2 \times \cdots \times D_n = \{(d_1, d_2, \cdots, d_n) \mid d_i \in D_i, i=1,2,\cdots,n\}$。

由定义可以看出，笛卡尔积也是一个集合。其中：

(1) 每一个元素$(d_1, d_2, \cdots, d_n)$中的每一个值 d_i 称为一个分量(component)，分量来自相应的域($d_i \in D_i$)。

(2) 每一个元素$(d_1, d_2, \cdots, d_n)$称为一个元组(n-tuple)，简称元组(tuple)。但元组是有序的，相同分量 d_i 的不同排序所构成的元组不同。例如，以下三个元组是不同的：$(1,2,3) \neq (2,3,1) \neq (3,1,2)$。

(3) 若 $D_i(i=1,2,\cdots,n)$为有限集，D_i 中的集合个数称为 D_i 的基数，用 $m_i(i=1,2,\cdots,n)$表示，则笛卡尔积 $D_1 \times D_2 \times \cdots \times D_n$ 的基数 M (即元组$(d_1, d_2, \cdots, d_n)$的个数)为所有域的基数的乘积，即 $M=\prod_{i=1}^{n} m_i$。

例如，上述表示学生关系中姓名和性别两个域的笛卡尔积为：

$D_1 \times D_2$={(朱启凡,男),(朱启凡,女),(徐志伟,男),(徐志伟,女),(文誉斐,男),(文誉斐,女)}

其中，朱启凡、徐志伟、文誉斐、男、女都是分量，(朱启凡,男),(朱启凡,女)等是元组，其基数 $M=m_1 \times m_2=3\times 2=6$，元组的个数为 6。

(4) 笛卡尔积可以用二维表的形式表示。例如，上述笛卡尔积 $D_1 \times D_2$ 中的 6 个可以表示为表 2-2 的形式。

表 2-2　D_1 和 D_2 的笛卡尔积

姓名	性别
朱启凡	男
朱启凡	女
徐志伟	男
徐志伟	女
文誉斐	男
文誉斐	女

3) 关系的定义

笛卡尔积 $D_1 \times D_2 \times \cdots \times D_n$ 的任一子集称为定义在域 $D_1, D_2, \cdots, D_n$ 上的关系(relation)，表示为：

$$R(D_1, D_2, \cdots, D_n)$$

其中，R 表示关系的名字，n 是关系的目或度(degree)。

当 $n=1$ 时，称该关系为单元关系(unary relation)；当 $n=2$ 时，称该关系为二元关系(binary relation)。关系是笛卡尔积的有限子集，所以关系也是一个二维表。

在表 2-2 中可以看出，由于一个学生只有一个性别，所以笛卡尔积中的许多元组是无实际意义的。从 $D_1 \times D_2 \times \cdots \times D_n$ 中取出有意义的元组，就构成了表 2-3 所示的学生关系。

表 2-3　$D_1 \times D_2$ 笛卡尔积的子集

姓名	性别
朱启凡	男
徐志伟	男
文誉斐	男

2. 关系中的基本名词

1) 元组

关系表中的每一横行称为一个元组(tuple)，组成元组的元素为分量。数据库中的一个实体或实体间的一个联系均使用一个元组表示。例如，表 2-3 中有 3 个元组，它们分别对应 3 个学生，"朱启凡，男"是一个元组，它由 3 个分量构成。

2) 属性

关系中的每一列称为一个属性(attribute)。属性具有型和值两层含义：属性的型是指属性名和属性取值域；属性的值是指属性具体的取值。由于关系中的属性名具有标识列的作用，因而同一关系中的属性名(即列名)不能相同。关系中往往有多个属性，属性用于表示实体的特征。例如，表 2-3 中有 2 个属性，它们分别是"姓名"和"性别"。

3) 候选码和主码

若关系中的某一属性组(或单个属性)的值能唯一地标识一个元组，则称该属性组(或属性)为候选码(candidate key)。为了数据管理方便，当一个关系有多个候选码时，应选定其中的一个候选码为主码(primary key)。当然，如果关系中只有一个候选码，这个唯一的候选码就是主码。例如，假设表 2-3 中没有重名的学生，则学生的"姓名"就是该学生关系的主码；若在学生关系中增加"学号"属性，则关系的候选码为"学号"和"姓名"两个，应当选择"学号"属性为主码。

4) 全码

若关系的候选码中只包含一个属性，则称它为单属性码；若候选码是由多个属性构成的，则称它为多属性码。若关系中只有一个候选码，且这个候选码中包括全部属性，则这种候选码为全码(all-key)。全码是候选码的特例，它说明该关系中不存在属性之间相互决定的情况。也就是说，每个关系必定有码(指主码)，当关系中没有属性之间相互决定的情况时，它的码就是全码。例如，设有如下关系：

学生(学号，姓名，性别，年龄)

借书(学号，书号，日期)

学生选课(学号，课程号)

其中，学生关系的候选码为“学号”，它是单属性码；借书关系中“学号”和“书号”合在一起是候选码，它是多属性码；学生选课关系中的学号和课程号相互独立，属性间不存在依赖关系，它的候选码为全码。

5）主属性和非主属性

关系中，候选码中的属性称为主属性(prime attribute)，不包含在任何候选码中的属性称为非主属性(non-key attribute)。

3. 数据库中关系的类型

关系数据库中的关系可以分为基本表、视图表和查询表三种类型。这三种类型的关系以不同的身份保存在数据库中，其作用和处理方法各不相同。

1）基本表

基本表是关系数据库中实际存在的表，是实际存储数据的逻辑表示。

2）视图表

视图表是由基本表或其他视图导出的表。视图表是为数据查询方便、数据处理简便及数据安全要求而设计的数据虚表，它不对应实际存储的数据。由于视图表依附于基本表，因此我们可以利用视图表进行数据查询，或利用视图表进行数据维护，但视图本身不需要进行数据维护。

3）查询表

查询表是指查询结果表或查询中生成的临时表。由于关系运算是集合运算，在关系操作过程中会产生一些临时表，称为查询表。尽管这些查询表是实际存在的表，但其数据可以从基本表中再抽取，且一般不会重复使用，所以查询表具有冗余性和一次性，可以认为它们是关系数据库的派生表。

4. 数据库中基本关系的性质

关系数据库中的基本表具有以下六个性质。

1）同一属性的数据具有同质性

同一属性的数据具有同质性是指同一属性的数据应当是同质的数据，即同一列中的分量是同一类型的数据，它们来自同一个域。

例如，学生选课表的结构为：选课(学号，课程号，成绩)，其“成绩”的属性值要么同为百分制，要么同为5分制或者同为等级表示法，不能有的为百分制，有的为等级制。同一关系中的成绩必须统一语义，否则会出现存储和数据操作错误。

2) 同一关系的属性名具有不能重复性

同一关系的属性名具有不能重复性是指同一关系中不同属性的数据可出自同一个域，但不同的属性要给予不同的属性名。这是由于关系中的属性名是表示列的，如果在关系中有属性名重复的情况，则会产生列标识混乱的问题。在关系数据库中由于关系名也具有标识作用，所以允许不同关系中有相同属性名的情况。

例如，要设计一个能存储两科成绩的学生成绩表，其表结构不能为：学生成绩(学号，成绩，成绩)，表结构可以设计为：学生成绩(学号，成绩 1，成绩 2)。

3) 关系中的列位置具有顺序无关性

关系中的列位置具有顺序无关性说明关系中的列的次序可以任意交换、重新组织，属性顺序不影响使用。对于两个关系，如果属性的个数和性质一样，只有属性的排列顺序不同，则这两个关系的结构应该是等效的，关系的内容应该是相同的。由于关系的列顺序对于使用来说是无关紧要的，所以在许多实际的关系数据库产品提供的增加新属性的功能中，只提供了插至最后一列的功能。

4) 关系具有元组无冗余性

关系具有元组无冗余性是指关系中的任意两个元组不能完全相同。由于关系中的一个元组表示现实世界中的一个实体或一个具体联系，元组重复则说明一个实体重复存储。实体重复不仅会增加数据量，还会造成数据查询和统计的错误，产生数据不一致的问题，所以数据库中应当绝对避免元组重复现象，确保实体的唯一性和完整性。

5) 关系中的元组位置具有顺序无关性

关系中的元组位置具有顺序无关性是指关系中元组的顺序可以任意交换。我们在使用中可以按各种排序要求对元组的次序重新排列。例如，对学生表的数据可以按学号升序排列，也可按年龄降序排列，还可按姓名笔画多少排列，所以由一个关系可以派生出多种排序表的形式。由于关系数据库技术可以使这些排序表在关系操作时完全等效，而且数据排序操作比较容易实现，所以我们不必担心关系中元组排列的顺序会影响数据操作或影响数据输出形式。基本表的元组顺序无关性保证了数据库中的关系无冗余性，减少了不必要的重复关系。

6) 关系中每一个分量都必须是不可分的数据项

关系模型要求关系必须是规范化的，即要求关系模式必须满足一定的规范条件。关系规范条件中最基本的一条就是关系的每一个分量必须是不可分的数据项，即分量是原子量。

例如，表 2-4 所示的成绩表，其中，“成绩”属性分为“英语”和“计算机基础”两门课，这种组合数据项就不符合关系规范化的要求，这样的关系在数据库中是不允许存在的。可将该关系模式进行分解，正确的设计如表 2-5 所示。

表 2-4 非规范化的成绩表

学号	姓名	成绩	
		英语	计算机基础
3401170201	朱启凡	80	95
3401170202	徐志伟	75	92

表 2-5 修改后的成绩表

学号	姓名	英语	计算机基础
3401170201	朱启凡	80	95
3401170202	徐志伟	75	92

5. 关系模式的定义

关系的描述称为关系模式(relation schema)。关系模式可以形式化地标识为:

$$R(U,D,\mathrm{Dom},F)$$

其中,R 为关系名,它是关系的形式化表示;U 为组成该关系的属性集合;D 为属性组 U 中属性所来自的域;Dom 为属性向域的映像集合;F 为属性间数据的依赖关系集合。

有关属性间的数据依赖问题将在以后的章节中专门讨论,本章中的关系模式仅涉及关系名、各属性名、域名和属性向域的映像四个部分。

关系模式通常可以简单记为:R(U)或 $R(A_1,A_2,\cdots,A_n)$。

其中,R 为关系名,$A_1,A_2,\cdots,A_n$ 为属性名,域名及属性向域的映像常常直接说明为属性的类型、长度。

关系模式是关系的框架或结构。关系是按关系模式组织的表格,关系既包括结构也包括其中的数据(关系的数据是元组,也称为关系的内容)。一般来说,关系模式是静态的,关系数据库一旦确定以后,其结构不能随意改动;而关系中的数据是动态的,关系内容的更新属于正常的数据操作,随时间的变化,关系数据库中的数据需要不断增加、修改或删除。

6. 关系数据库

在关系数据库(relation database)中,实体集以及实体间的联系都是用关系来表示的。在某一应用领域中,所有实体集及实体之间的联系所形成的关系的集合就构成了一个关系数据库。关系数据库也有型和值的区别。关系数据库的型称为关系数据库模式,它是对关系数据库的描述,包括若干域的定义以及在这些域上定义的若干关系模式。关系数据库的值是这些关系模式在某一时刻对应关系的集合,也就是所说的关系数据库中的数据。

◆ 2.2.2 关系操作概述

关系模型与其他数据模型相比,最具有特色的是关系操作语言。关系操作语言灵活方便,表达能力和功能都非常强大。

1. 关系操作的基本内容

关系操作包括数据查询、数据维护和数据控制三大功能。数据查询是指数据检索、统计、排序、分组以及用户对信息的需求等功能;数据维护是指数据增加、修改、删除等数据自身更新的功能;数据控制是为了保证数据的安全性和完整性而采用的数据存取控制及并发控制等功能。关系操作的数据查询和数据维护功能使用关系代数中的选择(select)、投影(project)、连接(join)、除(divide)、并(union)、交(intersection)、差(difference)和广义笛卡尔积(extended cartesian product)等八种操作表示,其中前四种为专门的关系运算,后四种为传统的集合运算。在 2.2.3 节中将会详细介绍这些关系代数运算。

2. 关系操作的特点

关系操作具有以下三个明显的特点。

1) 关系操作语言操作一体化

关系语言具有数据定义、查询、更新和控制一体化的特点。关系操作语言既可以作为宿主语言嵌入到主语言中,又可以作为独立语言交互使用。关系操作的这一特点使得关系数据库语言容易学习,使用方便。

2) 关系操作的方式是一次一集合方式

其他系统的操作是一次一记录(record-at-a-time)方式,而关系操作的方式则是一次一集合(set-at-a-time)方式,即关系操作的初始数据、中间数据和结果数据都是集合。

3) 关系操作语言是高度非过程化的语言

关系操作语言具有强大的表达能力。例如,关系查询语言集检索、统计、排序等多项功能为一条语句,它等效于其他语言中的一大段程序。用户使用关系语言时,只需要指出做什么,而不需要指出怎么做,数据存取路径的选择、数据操作方法的选择和优化都是由 DBMS 自动完成。关系语言的这种高度非过程化使得关系数据库的使用非常简单,关系系统的设计也比较容易,这种优势是关系数据库能够被用户广范接受和使用的主要原因。

关系操作能够具有高度非过程化特点的原因有以下两条。

(1) 关系模型采用了最简单的、规范化的数据结构。

(2) 它运用了先进的数学工具——集合运算和谓词运算,同时又创造了几种特殊关系运算——投影、选择和连接运算。

关系运算可以对二维表(关系)进行任意的分割和组装,并且可以随机构造出各式各样用户所需要的表格。当然,用户并不需要知道系统在里面是怎样分割和组装的,他只需要指出他所用到的数据及限制条件即可。然而,对于一个系统设计者和系统分析员来说,只知道表面上的东西还不够,还必须了解系统内部的情况。

3. 关系操作语言的种类

1) 关系代数语言

关系代数语言是用对关系的运算来表达查询要求的语言。ISBL(information system base language)为关系代数语言的代表。

2) 关系演算语言

关系演算语言是用查询得到的元组应满足的谓词条件来表达查询要求的语言。关系演算语言又可以分为元组演算语言和域演算语言两种:元组演算语言的谓词变元的基本对象是元组变量;域演算语言的谓词变元的基本对象是域变量,QBE(query by example)是典型的域演算语言。

3) 基于映像的语言

基于映像的语言是具有关系代数和关系演算双重特点的语言。SQL(structure query language)是基于映像的语言。SQL 包括数据定义、数据操作和数据控制三种功能,具有语言简洁,易学易用的特点,它是关系数据库的标准语言和主流语言。

2.2.3 关系的完整性

关系模型的完整性规则是对关系的某种约束条件。关系模型中有三类完整性约束:实体完整性、参照完整性和用户定义完整性。其中,实体完整性和参照完整性是关系模型必须满足的完整性约束条件,应该由关系系统自动支持。

1. 关系模型的实体完整性

关系模型的实体完整性(entity integrity)规则为:若属性 A 是基本关系 R 的主属性,则属性 A 的值不能取空值。实体完整性规则规定基本关系的所有主属性都不能取空值,而不仅是主码不能取空值。对于实体完整性规则，具体说明如下。

1）实体完整性能够保证实体的唯一性

实体完整性规则是针对基本表而言的，由于一个基本表通常对应现实世界的一个实体集（或联系集），而现实世界中的一个实体（或一个联系）是可区分的，它在关系中以码作为实体（或联系）的表示，主属性不能取空值就能够保证实体（或联系）的唯一性。

2）实体完整性能够保证实体的可区分性

空值不是空格值，它是跳过或不输入的属性值，用“Null”表示，空值说明“不知道”或“无意义”。如果主属性取空值，就说明存在某个不可标识的实体，即存在不可区分的实体，这不符合现实世界的情况。

例如，在学生表中，由于“学号”属性是码，则“学号”值不能为空值；学生的其他属性可以是空值，如“年龄”值或“性别”值为空，则表明不清楚该学生的这些特征值。

2. 关系模型的参照完整性

1）外码和参照关系

设F是基本关系 R 的一个或一组属性，但不是关系 R 的主码（或候选码）。如果 F 与基本关系 S 的主码 K_s 相对应，则称 F 是基本关系 R 的外码（foreign key），并称基本关系 R 为参照关系（referencing relation），基本关系 S 为被参照关系（referenced relation）或目标关系（target relation）。需要指出的是，外码并不一定要与相应的主码同名。不过，在实际应用中，为了便于识别，当外码与相应的主码属于不同关系时，往往给它们取相同的名字。

例如，某单位数据库中，有“职工”和“部门”两个关系，其关系模式如下。

职工（职工号，姓名，性别，工资，部门号）

部门（部门号，部门名称，领导人职工号）

其中，主码用下划线标出，外码用波浪线标出。在职工表中，部门号不是主码，但它却是部门表中的主码，则职工表中的部门号为外码，对于职工表来说，部门表为参照表。同理，在部门表中，领导人职工号不是主码，它是非主属性，而在职工表中职工号为主码，所以部门表中的领导人职工号为外码，对于部门表来说职工表为参照表。

再如，在教学库中，有学生、课程和选修三个关系，其关系模式表示如下。

学生（学号、姓名、性别、专业号、年龄）

课程（课程号、课程名、学分）

选修（学号、课程号、成绩）

其中，主码用下画线标出。在“选修”关系中，学号＋课程号才是主码。单独的学号或课程号仅为关系的主属性，而不是关系的主码。由于在学生表中学号是主码，在课程表中课程号也是主码，因此，学号和课程号为选修关系中的外码，而学生表和课程表是选修表的参照表，它们之间要满足参照完整性规则。

2）参照完整性规则

关系的参照完整性规则是：若属性（或属性组）F 是基本关系 R 的外码，它与基本关系 S 的主码 K_s 相对应（基本关系 R 和 S 不一定是不同的关系），则对于 R 中每个元组在 F 上的值必须取空值（F 的每个属性值均为空值）或者等于 S 中某个元组的主码值。

例如，对于上述职工表中“部门号”属性，只能取下面两类值：① 空值，表示尚未给该职工分配部门;② 非空值,该值必须是部门关系中某个元组的“部门号”值。一个职工不可能分配到一个不存在的部门中,即被参照关系“部门”中一定存在一个元组,它的主码值等于该参照关系“职工”中的外码值。

3) 用户定义的完整性

任何关系数据库系统都应当具备实体完整性和参照完整性。另外,由于不同的关系数据库系统有着不同的应用环境,所以它们应有不同的约束条件。用户定义的完整性就是针对某一具体关系数据库的约束条件,它反映某一具体应用所设计的数据必须满足的语法要求。关系数据库管理系统应提供定义和检验这类完整性的机制,以便能用统一的方法处理它们,而不是由应用程序承担这一功能。例如,学生考试的程序必须为 0～100,在职职工的年龄不能大于 65 岁等,都是针对具体关系提出的完整性约束条件。

2.3 关系代数

早期的关系操作能力通常用代数方式或逻辑方式来表示,分别称为关系代数和关系演算。关系代数用对关系的运算来表达查询要求,关系演算用谓词来表达查询要求。关系演算又可按谓词变元的基本对象是元组变量还是域变量分为元组关系演算和域关系演算。三种运算语言在表达能力上是等价的。

2.3.1 关系代数的分类及其运算符

关系代数是一种抽象的查询语言,是关系数据操作语言中的一种传统表达方式,它是由关系的运算来表达查询的。关系操作语言是由 IBM 在一个实验性的系统上实现的一种语言,称为 ISBL 语言。ISBL 的每个语句都类似于一个关系代数表达式。

任何一种运算都是将一定的运算符作用于一定的运算对象上,得到预期的运算结果。所以,运算对象、运算符和运算结果就是运算的三大要素。

关系代数的运算对象是关系,运算结果也是关系。关系代数用到的运算符主要包括以下四类。

(1) 集合运算符:$\cup$(并)、$-$(差)、$\cap$(交)、$\times$(广义笛卡尔积)。

(2) 专门的运算符:σ(选取)、π(投影)、$\underset{x\theta y}{\bowtie}$(连接)、$\bowtie$(自然连接)、$\div$(除)。

(3) 比较运算符:$>$(大于)、$\geqq$(大于等于)、$<$(小于)、$\leqq$(小于等于)、$=$(等于)、$\neq$(不等于)。

(4) 逻辑运算符有:$\wedge$(与)、$\vee$(或)、$\neg$(非)。

比较运算符和逻辑运算符是用来辅助专门的关系运算符进行操作的,所以,关系代数的运算按运算符的不同主要分为以下两类。

(1) 传统的集合运算:该类运算把关系看成元组的集合,以元组作为集合中的元素来进行运算,其运算是从关系的“水平”方向,即行的角度进行的。它包括并、差、交和笛卡尔积等运算。

(2) 专门的关系运算:该类运算不仅涉及行运算(水平方向),也涉及列运算(垂直方向),这类运算是为数据库的应用而进行的特殊运算。它包括选取、投影、连接和除法等运算。

从关系代数完备性的角度来看,关系代数分为以下两种操作类型。

(1) 五种基本操作:并、差、积、选取和投影,构成关系代数完备的操作集。

(2) 其他非基本操作:可用以上五种基本操作合成的所有其他操作。

2.3.2 传统的集合运算

对两个关系进行的传统的集合运算是二元运算,是在两个关系中进行的。但是,并不是任意的两个关系都能进行这种集合运算,而是要在两个满足一定条件的关系中进行运算。那么,对关系有什么要求呢?下面先看一个定义。

设给定两个关系 R,S,若满足:

① 具有相同的列数(或称度数)n;

② R 中第 i 个属性和 S 中第 i 个属性必须来自同一个域(列同质)。

则说关系 R,S 是相容的。

除笛卡尔积运算外,其他的集合运算要求参加运算的关系必须满足上述的相容性定义。

1. 并(union)

关系 R 和关系 S 的并运算结果由属于 R 或属于 S 的元组组成,即 R 和 S 的所有元组合并,删去重复元组,组成一个新关系,其结果仍然为 n 元关系。记为:

$$R \cup S = \{t \mid t \in R \vee t \in S\}$$

式中:$\cup$ 为并运算符;t 为元组变量;$\vee$ 为逻辑或运算符。

对于关系数据库,记录的插入和添加可通过并运算实现。

2. 差(difference)

关系 R 和关系 S 的差运算结果由属于 R 而不属于 S 的所有元组组成,即 R 中删去与 S 中相同的元组,组成一个新关系,其结果仍然为 n 元关系。记为:

$$R - S = \{t \mid t \in R \wedge \neg t \in S\}$$

式中:$-$ 为差运算符;t 为元组变量;$\wedge$ 为逻辑与运算符;$\neg$ 为逻辑非运算符。

通过差运算,可实现关系数据库记录的删除。

3. 交(intersection)

关系 R 和关系 S 的交运算结果由既属于 R 又属于 S 的所有元组(即 R 与 S 中相同的元组)组成一个新关系,其结果仍然为 n 元关系。记为:

$$R \cap S = \{t \mid t \in R \wedge t \in S\}$$

式中:$\cap$ 为交运算符;t 为元组变量;$\wedge$ 为逻辑与运算符。

如果两个关系没有相同的元组,那么它们的交为空。

两个关系的并和差运算为基本运算(即不能用其他运算表达式的运算),而交运算为非基本运算,交运算可以用差运算来表示:

$$R \cap S = R - (R - S)$$

4. 广义笛卡尔积(extended cartesian product)

两个分别为 n 元和 m 元的关系 R 和 S 的广义笛卡尔积是一个 $(n+m)$ 列的元组的集合,元组的前 n 列是关系 R 的一个元组,后 m 列是关系 S 的一个元组。若 R 有 k_1 个元组,S 有 k_2 个元组,则关系 R 和关系 S 的广义笛卡尔积有 $k_1 \times k_2$ 个元组,记为:

$$R \times S = \{t_r \frown t_s \mid t_r \in R \wedge t_s \in S\}$$

广义笛卡尔积可用于两关系的连接操作(连接操作将在下一节中介绍)。

有 R 和 S 两个相容关系，它们的并、差、交、广义笛卡尔积分别如图 2-12 所示。

R

A	B	C
a_1	b_1	c_1
a_1	b_1	c_2
a_2	b_2	c_1

S

A	B	C
a_1	b_1	c_1
a_2	b_2	c_1
a_2	b_3	c_2

$R \cap S$

A	B	C
a_1	b_1	c_1
a_2	b_2	c_1

$R \times S$

A	B	C	A	B	C
a_1	b_1	c_1	a_1	b_1	c_1
a_1	b_1	c_1	a_2	b_2	c_1
a_1	b_1	c_1	a_2	b_3	c_2
a_1	b_1	c_2	a_1	b_1	c_1
a_1	b_1	c_2	a_2	b_2	c_1
a_1	b_1	c_2	a_2	b_3	c_2
a_2	b_2	c_1	a_1	b_1	c_1
a_2	b_2	c_1	a_2	b_2	c_1
a_2	b_2	c_1	a_2	b_3	c_2

$R \cup S$

A	B	C
a_1	b_1	c_1
a_1	b_1	c_2
a_2	b_2	c_1
a_2	b_3	c_2

$R-S$

A	B	c
a_1	b_1	c_2

图 2-12　传统的集合运算

2.3.3　专门的关系运算

由于传统的集合运算，只是从行的角度进行，而要灵活地实现关系数据库多样的查询操作，须引入专门的关系运算。在介绍专门的关系运算之前，为了叙述的方便，先引入几个概念。

(1) 设关系模式为 $R(A_1, A_2, \cdots, A_n)$，它的一个关系为 R，$t \in R$ 表示 t 是 R 的一个元组，$t[A_i]$则表示元组 t 中相应于属性 A_i 的一个分量。

(2) 若 $A=\{A_{i1}, A_{i2}, \cdots, A_{ik}\}$，其中 $A_{i1}, A_{i2}, \cdots, A_{ik}$ 是 $A_1, A_2, \cdots, A_n$ 中的一部分，则 A 称为属性列或域列，$\widetilde{A}$ 则表示$\{A_1, A_2, \cdots, A_n\}$中去掉$\{A_{i1}, A_{i2}, \cdots, A_{ik}\}$后剩余的属性组。$t[A]=\{t[A_{i1}], t[A_{i2}], \cdots, t[A_{ik}]\}$表示元组 t 在属性列 A 上诸分量的集合。

(3) R 为 n 元关系，S 为 m 元关系，$t_r \in R$，$t_s \in S$，$t_r \frown t_s$ 称为元组的连接(concatenation)，它是一个 $n+m$ 列的元组，前 n 个分量为 R 的一个 n 元组，后 m 个分量为 S 中的一个 m 元组。

(4) 给定一个关系 $R(X,Z)$，X 和 Z 为属性组，定义当 $t[X]=x$ 时，x 在 R 中的像集(image set)为 $Z_x=\{t[Z] \mid t \in R, t[X]=x\}$，它表示 R 中的属性组 X 上值为 x 的各元组在 Z 上分量的集合。

1. 选取(selection)

选取运算是单目运算，它根据一定的条件从关系 R 中选择若干个元组，组成一个新关系，记为：

$$\sigma_F(R)=\{t \mid t \in R \wedge F(t)=\text{'真'}\}$$

其中，σ 为选取运算符；F 为选取条件，它是由运算对象(属性名、常数、简单函数)、算数比较运算符(>、≥、<、≤、=、≠)和逻辑运算符(∧、∨、¬)连接起来的逻辑表达式，结果为

逻辑值“真”或“假”。

选取运算实际上是从关系 R 中选取使逻辑表达式 F 为真的元组，是从行的角度的运算。

例如，设有一个教学数据库，如图 2-13 所示。里面有如下的五个关系。

T(教师关系)

教师工号	姓名	性别	职称	教研室
07080438	吴蓓	女	讲师	软件工程
06020156	徐梅	女	讲师	软件工程
04023621	周斌	男	副教授	软件工程
08120523	辛玲	女	讲师	软件工程
05023265	冀莉莉	女	讲师	软件工程

S(学生关系)

学号	姓名	性别	年龄	所在系
3401170201	朱启凡	男	20	计算机
3401170202	徐志伟	男	20	计算机
3401170203	文誉斐	男	20	市场营销
3401170204	唐旭	女	19	市场营销
3401170205	王浩东	男	19	市场营销

C(课程关系)

课程号	课程名	学分
C1	C 语言	3
C2	计算机基础	3
C3	SQL 数据库	3
C4	编译原理	2
C5	操作系统	2

SC(选课关系)

学号	课程号	成绩
3401170201	C3	82
3401170201	C4	75
3401170201	C5	84
3401170202	C1	56
3401170202	C2	—
3401170203	C1	73
3401170203	C3	94
3401170204	C4	89
3401170204	C5	81
3401170205	C1	64
3401170205	C4	67

图 2-13　教学数据库示例

TC(授课关系)

教师号	课程号
07080438	C1
07080438	C3
06020156	C2
06020156	C3
04023621	C4
04023621	C5
08120523	C1
08120523	C2
05023265	C2
05023265	C5

续图 2-13

【例 2-1】 查询计算机系的全体学生。

$$\sigma_{所在系}='计算机'(S)$$

或

$$\sigma_{(5)='计算机'}(S)$$

其中,5 为属性 Dept 的序号。

运算结果见表 2-6。

表 2-6 例 2-1 的运算结果

学号	姓名	性别	年龄	所在系
3401170201	朱启凡	男	20	计算机
3401170202	徐志伟	男	20	计算机

注意:

字符型数据的值应使用单引号括起来。例如,'计算机'、'男'。

【例 2-2】 查询年龄小于 20 岁的男生。

$$\sigma_{(年龄<20)\wedge(性别='男')}(S)$$

运算结果见表 2-7。

表 2-7 例 2-2 的运算结果

学号	姓名	性别	年龄	所在系
3401170205	王浩东	男	19	市场营销

2. 投影(projection)

投影运算也是单目运算,关系 R 上的投影是从 R 中选出若干属性列,组成新关系,即对关系在垂直方向进行的运算,从左到右按照指定的若干属性及顺序取出相应列,删去重复元组。记为：

$$\pi_A(R)=\{t[A]\mid t\in R\}$$

其中，A 为 R 的属性列；π 为投影运算符。

从其定义可看出，投影运算是从列的角度进行的运算，这正是选取运算和投影运算的区别所在。选取运算是从关系的水平方向上进行运算的，而投影运算则是从关系的垂直方向上进行运算的。

查询教师的工号、姓名及其职称。

$$\pi_{教师工号,姓名,职称}(T)$$

或

$$\pi_{1,2,4}(T)$$

其中，1，2，4 分别为属性教师工号、姓名和职称的序号。

运算结果见表 2-8。

表 2-8　例 2-3 的运算结果

教师工号	姓名	职称
07080438	吴蓓	讲师
06020156	徐梅	讲师
04023621	周斌	副教授
08120523	辛玲	讲师
05023265	冀莉莉	讲师

查询教师关系中有哪些教研室。

$$\pi_{教研室}(T)$$

运算结果见表 2-9。

【例 2-5】　查询讲授 C1 课程的教师工号。

$$\pi_{教师工号}(\sigma_{课程号='C1'}(\mathrm{TC}))$$

运算结果见表 2-10。

表 2-9　例 2-4 的运算结果

教研室
软件工程

表 2-10　例 2-5 的运算结果

教师工号
07080438
08120523

本例中采用选取运算和投影运算相结合的方式，先在授课表 TC 中选取满足条件的元组，然后在教师工号属性上进行投影。

3. θ 连接(θ join)

θ 连接运算是二目运算，是从两个关系的笛卡尔积中选取满足连接条件的元组，组成新的关系。

设有两个关系 $R(A_1,A_2,\cdots,A_n)$ 及 $S(B_1,B_2,\cdots,B_m)$，连接属性集 X 包含于$\{A_1,A_2,\cdots,A_n\}$，Y 包含于$\{B_1,B_2,\cdots,B_m\}$，X 与 Y 中属性列数目相等，且对应属性有共同的域。若 $Z=\{A_1,A_2,\cdots,A_n\}/X$（$/X$ 表示去掉 X 之外的属性）及 $W=\{B_1,B_2,\cdots,B_m\}/Y$，则 R 及 S 可表示为$R(Z,X)$，$S(W,Y)$；关系 R 和 S 在连接属性 X 和 Y 上的 θ 连接，就是在 $R\times S$ 上选取在连接属性 X,Y 上满足 θ 条件的自己组成新的关系。新关系的列数为 $n+m$，记为：

$$R \underset{x\theta y}{\bowtie} S=\{t_r \frown t_s \mid t_r\in R \wedge t_s\in S \wedge t_r[X]t_s[Y]\text{为真}\}$$

其中，⋈是连接运算符；θ 为算术比较运算符，也称 θ 连接。

$x\theta y$ 为连接条件，其中：

① θ 为“=”时，称为等值连接；

② θ 为“<”时，称为小于连接；

③ θ 为“>”时，称为大于连接。

连接运算为非基本运算，可以用选取运算符和广义笛卡尔积运算来表示：

$$R \underset{x\theta y}{\bowtie} S=\sigma_{x\theta y}(R\times S)$$

在连接运算中，一种最常用的连接是自然连接。所谓自然连接就是在等值连接的情况下，当连接属性 X 与 Y 具有相同属性组时，把在连接结果中重复的属性列去掉。即如果 R 与 S 具有相同的属性组 Y，则自然连接可记为：

$$R\bowtie S=\{t_r \frown t_s \mid t_r\in R \wedge t_s\in S \wedge t_r[Y]=t_s[Y]\}$$

自然连接是在广义笛卡尔积 $R\times S$ 中选出同名属性上符合相等条件的元组，再进行投影，去掉重复的同名属性，组成新的关系。

【例 2-6】 设如图 2-14 所示的两个关系 R 与 S，它们的大于连接、等值连接($C=D$)，以及等值连接($R.B=S.B$)、自然连接分别如图 2-14 所示。

R

A	B	C
a_1	b_1	2
a_1	b_2	4
a_2	b_3	6
a_2	b_4	8

S

B	D
b_1	5
b_2	6
b_3	7
b_4	8

大于连接($C>D$)

A	$R.B$	C	$S.B$	D
a_2	b_3	6	b	5
a_2	b_4	8	b	5
a_2	b_4	8	b	6
a_2	b_4	8	b	7

等值连接($C>D$)

A	$R.B$	C	$S.B$	D
a_2	b_3	6	b	6
a_2	b_4	8	b	8

等值连接($R.B>S.B$)

A	$R.B$	C	$S.B$	D
a_1	b_1	2	b_1	5
a_1	b_2	4	b_2	6
a_1	b_3	6	b_3	7
a_1	b_3	6	b_3	8

自然连接

A	B	C	D
a_1	b_1	2	5
a_1	b_2	4	6
a_1	b_3	6	7
a_1	b_3	6	8

图 2-14　例 2-6 连接运算举例

结合上例，我们可以看出等值连接与自然连接的区别。

(1) 等值连接中不要求相等属性值的属性名相同，而自然连接要求相等属性值的属性名必须相同，即两关系只有同名属性才能进行自然连接。例如，例 2-6 中 R 中的 C 列和 S 中的 D 列可进行等值连接，但因为属性名不同，不能进行自然连接。

(2) 在连接结果中，等值连接不会将重复属性去掉，而自然连接会去掉重复属性，也可以说，自然连接是去掉重复列的等值连接。例如，例 2-6 中 R 中的 B 列和 S 中的 B 列进行等值连接时，结果有两个重复地属性列 B，而进行自然连接时，结果只有一个属性列 B。

【例 2-7】 查询讲授“SQL 数据库”课程的教师姓名。

$$\pi_{姓名}(\sigma_{课程名='数据库'}(C) \bowtie TC \bowtie \pi_{教师工号,姓名}(T))$$

或

$$\pi_{姓名}(\pi_{教师工号}(\sigma_{课程名='数据库'}(C) \bowtie TC) \bowtie \pi_{教师工号,姓名}(T))$$

运算结果如图 2-15 所示。

4. 除法(division)

除法运算是二目运算，设有关系 $R(X,Y)$ 与关系 $S(Y,Z)$，其中 X,Y,Z 为属性集合，R 中的 Y 与 S 中的 Y 可以有不同的属性名，但对应属性必须出自相同的域。关系 R 除以关系 S 所得的商是一个新关系 $P(X)$，P 是 R 中满足下列条件的元组在 X 上的投影：元组在 X 上分量值 x 的像集 Y_x 包含 S 在 Y 上投影的集合。记为：

$$R \div S = \{t_r[X] \mid t_r \in R \wedge \Pi y(S) \subseteq Y_x\}$$

其中，Y_x 为 x 在 R 中的像集，$x=t_r[X]$。

【例 2-8】 已知关系 R 和关系 S 如图 2-16 所示，则 $R \div S$ 的结果如下所示。

姓名
吴蓓
徐梅

图 2-15　例 2-7 运算结果

R

A	B	C	D
a_1	b_2	c_3	d_5
a_1	b_2	c_4	d_6
a_2	b_4	c_1	d_3
a_2	b_5	c_2	d_8

S

C	D	F
c_3	d_5	f_3
c_4	d_6	f_4

$R \div S$

A	B
a_1	b_2

图 2-16　投影

与除法的定义相对应，本题中 $X=\{A,B\}=\{(a_1,b_2),(a_2,b_4),(a_3,b_5)\}$，$Y=\{C,D\}=\{(c_3,d_5),(c_4,d_6)\}$，$Z=\{F\}=\{f_3,f_4\}$。其中，元组在 X 上各个分量值的像集分别为：

(a_1,b_2) 的像集为 $\{(c_3,d_5),(c_4,d_6)\}$；

(a_2,b_4) 的像集为 $\{(c_1,d_3)\}$；

(a_3,b_5) 的像集为 $\{(c_2,d_8)\}$。

显然，只有 (a_1,b_2) 的像集包含 S 在 Y 上的投影，所以 $R \div S=\{(a_1,b_2)\}$。

除法运算同时从行和列的角度进行运算，适合于包含“全部”之类的短语的查询。

【例 2-9】 查询选修了全部课程的学生的学号和姓名。

$$\pi_{学号,课程号}(SC) \div \pi_{课程号}(C) \bowtie \pi_{学号,姓名}(S)$$

【例 2-10】 查询至少选修了 C1 和 C3 课程的学生的学号。

$$\pi_{学号,课程号}(SC) \div \pi_{课程号}(\sigma_{课程号='C1' \vee 课程号='C3'}(C))$$

只有学号为 3401170203 的学生像集至少包含了 C1 和 C3 课程，因此，查询结果为 3401170203。

2.3.4　用关系代数表示检索的例子

下面给出几个应用关系代数进行查询的实例。为了使读者明白解题思路，每个例子后面附有简要的解题说明。下面检索的例子均基于 2.3.3 节中的图 2-12 教学数据库示例中的五个关系。

【例 2-11】 求选修了课程号为“C1”课程的学生学号。

$$\pi_{学号}(\sigma_{课程号='C2'}(SC))$$

【解题说明】 该题中需要投影和选择两种操作;当需要投影和选择时,应先选择后投影。

【例 2-12】 求选修了课程号为“C2”课的学生学号和姓名。

$$\pi_{学号,姓名}(\sigma_{课程号='C2'}(SC \bowtie S))$$

【解题说明】 该题通过选课关系与学生关系的自然连接,得出选课关系中学号对应的姓名和其他学生信息。本题也可以按先选择、再连接的顺序安排操作。

【例 2-13】 求没有选修课程号为“C4”课程的学生学号。

$$\pi_{学号}(S) - \pi_{学号}(\sigma_{课程号='C4'}(SC))$$

【解题说明】 该题的求解思路是在全部学号中去掉选修“C2”课程的学生学号。由于在减、交、并运算时,参加运算的关系应结构一致,故应当先投影、再执行减操作。应当特别注意的是,由于选择操作为元组操作,本题不能写成如下形式:

$$\pi_{学号}(\sigma_{课程号\neq'C2'}(SC))$$

【例 2-14】 求既选修“C2”课程,又选修“C3”课程的学生学号。

$$\pi_{学号}(\sigma_{课程号='C2'}(SC)) \cap \pi_{学号}(\sigma_{课程号='C3'}(SC))$$

【解题说明】 本题采用先求出选修“C2”课程的学生,再求选修“C3”课程的学生,最后使用交运算的方法求解,交运算的结果为既选修“C2”又选修“C3”课程的学生。由于选择运算为元组运算,在同一元组中课程号不可能既是“C2”又是“C3”,所以该题不能写成如下形式:

$$\pi_{学号}(\sigma_{课程号='C2' \wedge 课程号='C3'}(SC))$$

【例 2-15】 求选修课程号为“C2”或“C3”课程的学生学号。

$$\pi_{学号}(\sigma_{课程号='C2'}(SC)) \cup \pi_{学号}(\sigma_{课程号='C3'}(SC))$$

或

$$\pi_{学号}(\sigma_{课程号='C2' \vee 课程号='C3'}(SC))$$

2.4 关系演算*

关系演算是以数理逻辑中的谓词演算为基础的。以谓词演算为基础的查询语言称为关系演算语言。用谓词演算作为数据库查询语言的思想最早见于 Kuhns 的论文。把谓词演算用于关系数据库语言(即关系演算的概念)是由 E. F. Codd 提出来的。关系演算按谓词变元的不同分为元组关系演算和域关系演算。

可以证明,关系代数、元组关系演算和域关系演算对关系运算的表达能力是等价的,它们可以相互转换。

2.4.1 元组关系演算

在元组关系演算中,元组关系演算表达式(简称为元组表达式)用表达式$\{t \mid \Phi(t)\}$来表示，其中 t 是元组变量，$\Phi(t)$ 为元组关系演算公式，$\{t \mid \Phi(t)\}$ 表示使 $\Phi(t)$ 为真的元组集合。元组关系演算公式由原子公式和运算符组成。

1. 原子公式

1）三类原子公式

（1）$R(t)$：其中 R 是关系名；t 是元组变量；$R(t)$ 表示 t 是 R 中的元组。

（2）$t[i]\ \theta\ u[j]$：其中 t 和 u 都是元组变量；θ 是算术比较运算符；$t[i]\ \theta\ u[j]$ 表示元组 t 的第 i 个分量与元组 u 的第 j 个分量满足比较符 θ 条件。

（3）$t[i]\ \theta\ c$ 或 $c\theta t[i]$：元组 t 的第 i 个分量与常量 c 满足 θ 条件。

2）约束元组变量和自由元组变量

若在元组关系演算公式中：元组变量前有全称量词 $\forall$ 或存在量词 $\exists$，该变量为约束元组变量；否则为自由元组变量。

3）元组关系演算公式的递归定义

（1）每个原子公式都是公式。

（2）如果 Φ_1 和 Φ_2 是公式，则 $\Phi_1 \wedge \Phi_2$，$\Phi_1 \vee \Phi_2$，$\rightarrow\Phi_1$ 也是公式。

（3）若 Φ 是公式，则 $\forall t(\Phi)$ 和 $\exists t(\Phi)$ 也是公式。$\forall t(\Phi)$ 表示如果所有 t 都使 Φ 为真，则 $\forall t(\Phi)$ 为真，否则 $\forall t(\Phi)$ 为假；$\exists t(\Phi)$ 表示如果一个 t 都使 Φ 为真，则 $\exists t(\Phi)$ 为真，否则 $\exists t(\Phi)$ 为假。

（4）在元组关系演算公式中，运算符的优先次序为：括号→算数→比较→存在量词、全称量词→逻辑非、与、或。

（5）元组关系演算公式是有限次应用上述规则的公式，其他公式不是元组关系演算公式。

2. 关系代数用元组关系演算公式表示

（1）并运算

$$R \cup S = \{t \mid R(t) \vee S(t)\}$$

（2）交运算

$$R \cap S = \{t \mid R(t) \wedge S(t)\}$$

（3）差运算

$$R - S = \{t \mid R(t) \wedge \rightarrow S(t)\}$$

（4）笛卡尔积

$$R \times S = \{t^{(n+m)} \mid (\exists u^{(n)})(\exists v^{(m)})(R(u) \wedge S(v) \wedge t[1] = u[1] \wedge \cdots \wedge t[n] = u[n] \wedge t[n+1] = v[1] \wedge \cdots \wedge t[n+m] = v[m])\}$$

（5）投影

$$\pi_{t_1,t_2,\cdots,t_k}(R) = \{t^{(k)} \mid (\exists u)(R(u) \wedge t[1] = i[1] \wedge \cdots t[k] = u[i_k])\}$$

（6）选择

$$\sigma_F(R) = \{t \mid R(t) \wedge F\}$$

2.4.2 域关系演算

域关系演算以元组变量的分量（即域变量）作为谓词变元的基本对象。在关系数据库中，关系的属性名可以视为域变量。域演算表达式的一般形式为：$\{t_1t_2\cdots t_k \mid \Phi(t_1,t_2,\cdots,t_k)\}$，其中 $t_1,t_2,\cdots,t_k$ 分别为域变量，Φ 为域演算公式。域演算公式由原子公式和运算符组成。

1. 三类原子公式

(1) $R(t_1,t_2,\cdots,t_k)$：R 是 k 元关系；t_i 是域变量；$R(t_1,t_2,\cdots,t_k)$ 表示由分量 $t_1,t_2,\cdots,t_k$ 组成的元组属于关系 R。

(2) $t_i\theta u_j$：t_i，u_j 为域变量；θ 为算数比较符；$t_i\theta u_j$ 表示 t_i，u_j 满足比较条件 θ。

(3) $t_i\theta c$ 或 $c\theta t_i$：t_i 为域变量；c 为常量；公式表示 t_i 和 c 满足比较条件 θ。

2. 约束变量和自由变量

(1) 每个原子公式都是公式。

(2) 如果 Φ_1 和 Φ_2 是公式，则 $\Phi_1 \wedge \Phi_2$，$\Phi_1 \vee \Phi_2$，$\neg\Phi_1$ 也是公式。

(3) 若 Φ 是公式，则 $\forall t_i(\Phi)$ 和 $\exists t_i(\Phi)(i=1,2,3,\cdots,k)$ 也是公式。

(4) 域关系演算公式的运算符的优先次序为：括号→算数→比较→存在量词、全称量词→逻辑非、与、或。

(5) 域关系演算公式是有限次应用上述规则的公式，其他公式不是域关系演算公式。

2.5 域关系演算语言 QBE

域关系演算是关系演算的另一种形式。域关系演算是以元组变量的分量即域变量作为谓词变元的基本对象。域关系演算语言的典型代表是 1975 年由 IBM 公司约克城高级研究试验室的 M. M. ZLoof 提出的 QBE 语言，该语言于 1978 年在 IBM 370 上实现。

QBE 是 query by example 的缩写，也称为示例查询，它是一种很有特色的屏幕编辑语言，其特点如下。

(1) 以表格的形式进行操作。

每一个操作都是由一个或几个表格组成，每一个表格都显示在终端的屏幕上，用户通过终端屏幕编辑程序以填写表格的方式构造查询要求，查询结果也以表格的形式显示出来，所以它具有直观和可对话的特点。

(2) 通过例子进行查询。

使用示例元素来表示查询结果可能的例子，示例元素实质上是域变量。从而使该语言更易于为用户接受和掌握。

(3) 查询顺序自由。

当有多个查询条件时，不要求使用者按照固定的思路和方式进行查询，使用更加方便。

使用 QBE 语言的具体步骤如下。

① 用户根据要求向系统申请一张或几张表格，这些表格显示在终端上。

② 用户在空白表格的左上角的一栏中输入关系名。

③ 系统根据用户输入的关系名，将在第一行从左至右自动填写各个属性名。

④ 用户在关系名或属性名下方的一格内填写相应的操作命令，操作命令包括：P.（打印或显示）、U.（修改）、I.（插入）和 D.（删除）。

表格形式如表 2-11 所示。

表 2-11 QBE 操作框架表

关系名	属性 1	属性 2	……	属性 n
操作命令	属性值或查询条件	属性值或查询条件	……	属性值或查询条件

下面仍以 2.3.3 节中的图 2-12 教学数据库示例中的五个关系为例，从数据查询和数据更新两个方面来说明 QBE 语言的使用。

1. 数据查询

使用操作符“P.”完成数据查询。如果要打印或显示整个元组时，应将操作符“P.”填在关系名的下方，如果只需打印或显示某一属性，应将操作符“P.”填在相应属性名的下方。

1）简单查询

【例 2-16】 显示全部学生的信息。

方法一 将操作符“P.”填在关系名的下方。

S	学号	姓名	性别	年龄	所在系
P.					

方法二 将操作符“P.”填在各个属性名的下方。

S	学号	姓名	性别	年龄	所在系
		P. 朱启凡	P. 男	P. 20	P. 计算机

注意：
只有目标属性包括所有的属性时，才将 P. 填在关系名的下方。

这种语言之所以称为示例语言，就是在操作中采取“示例”的方法，凡用作示例的元素，其下方均加上下画线。例如，上例中的“朱启凡”、“男”、“20”、“计算机”均为示例元素，即域变量。示例元素是所给域中可能的一个值，而不必是查询结果中的元素。例如，用作示例的学生的姓名，可以不是学生表中的学生，只要给出任意一个学生名即可。

2）条件查询

查询条件中可以使用比较运算符＞、≧、＜、≦、＝和≠，其中“＝”可以省略。

【例 2-17】 查询所有女学生的姓名。

S	学号	姓名	性别	年龄	所在系
		P. 唐旭	P. 女		

目标属性只有姓名，所以将 P. 填在属性名“姓名”的下方，并写上示例元素。由于本例只显示女学生的姓名，因此，查询条件“＝女”写在“性别”属性列，用以表示条件是性别＝‘女’，此处“＝”被省略。

【例 2-18】 查询年龄大于 19 岁的男生的姓名。

本例的查询条件是“年龄＞19”和“性别＝‘男’”，这两个条件用与连接起来。在 QBE 语言中，表示两个条件相“与”有两种方法。

方法一 把两个条件写在同一行上。

S	学号	姓名	性别	年龄	所在系
		P. 朱启凡	P. 男	＞19	

方法二 把两个条件写在不同行上，但必须使用相同的示例元素。

S	学号	姓名	性别	年龄	所在系
		P. 朱启凡	P. 男		
		P. 朱启凡		＞19	

【例 2-19】 查询既选修了 C1 号课程，又选修了 C2 号课程的学生的学号。

SC	学号	课程号	成绩
	P. 朱启凡	C1	
	P. 朱启凡	C2	

本例的查询条件是“课程号＝C1”和“课程号＝C2”，这两个条件用“与”连起来，但两个条件设计同一属性课程号，则必须把两个条件写在不同行上，且使用相同的示例元素。

【例 2-20】 查询年龄大于 19 岁或者男生的姓名。

本例的查询条件是“年龄＞19”或“性别＝‘男’”，这两个条件用或连接起来。在 QBE 语言中，表示两个条件相“或”，要把两个条件写在不同行上，且必须使用不同的示例元素。

S	学号	姓名	性别	年龄	所在系
		P. 朱启凡	P. 男		
		P. 徐志伟		＞19	

对于这种多行条件的查询，查询结果与查询条件的顺序无关，即用户可以根据自己的思考方式任意输入一行查询条件。这体现了 QBE 语言使用灵活、自由的特点。

【例 2-21】 查询选修 C1 号课程的学生的姓名。

本查询涉及两个关系：S 和 SC，这两个关系具有公共属性“学号”。学号作为连接属性，把具有相同学号的两个关系连接起来，学号在两个表中的值应相同。

S	学号	姓名	性别	年龄	所在系
	3401170201	P. 朱启凡			

SC	学号	课程号	成绩
	3401170201	C1	

此处的实例元素“学号”是两个关系进行连接运算的连接属性，其值在两个表中应相同。

3）排序查询

【例 2-22】 查询全体学生的姓名，要求查询结果按年龄降序排列，年龄相同按学号升序排列。

S	学号	姓名	性别	年龄	所在系
	AO(2)	P. 朱启凡		DO(1)	

对查询结果按照某个属性值升序排列时，则在相应的属性下方填入“AO”，降序排列时，填入“DO”。如果按照多个属性值同时排序，则用“AO(i)”或“DO(i)”表示，其中 i 为排序的优先级，i 值越小，优先级越高。

4）库函数查询

同 ALPHA 语言类似，QBE 语言也提供了一些有关运算的标准函数，以方便用户使用。QBE 常用的库函数如表 2-12 所示。

表 2-12　QBE 常用的库函数及其功能

函数名称	功能
AVG	按列计算平均值
SUM	按列计算值的总和
MAX	求一列中的最大值
MIN	求一列中的最小值
CNT	按列值计算元组个数

【例 2-23】 求学号为 3401170201 学生的平均分。

SC	学号	课程号	成绩
	3401170201	C1	P. AVG. ALL

2. 数据更新

1）修改

修改命令为 U.。关系的主码不允许进行修改，如果需要修改某个元组的主码，只能间接进行，即首先删除该元组，然后再插入新的主码的元组。

【例 2-24】 把吴蓓教师转到计算机教研室。

这是一个简单的修改运算，操作符“U.”既可以写在关系名的下方，也可以写在被修改的属性列上。

将操作符“U.”写在关系名的下方，具体如下。

T	教师工号	姓名	性别	职称	教研室
U.		吴蓓	女	讲师	计算机

将操作符“U.”写在被修改的属性列上，具体如下。

T	教师工号	姓名	性别	职称	教研室
		吴蓓	女	讲师	U. 计算机

2）插入

插入命令为 I.。

【例 2-25】 在 SC 表中插入一条选课记录(3401170201,C2)。

SC	学号	课程号	成绩
I.	3401170201	C2	

注意：

新插入的元组必须具有主码值，其他属性值可以为空，如本例中的“成绩”为空。

3）删除

删除的命令为 D.。

【例 2-26】 删除 3401170201 同学选修 C2 课程的信息。

SC	学号	课程号	成绩
D.	3401170201	C2	

QBE 语言还具有数据定义、数据控制等功能。实验表明，QBE 语言易学、易用，在关系数据库语言中，其用户性能(即易学性)是最佳的。

本章总结

本章首先介绍了常见的三种数据模型，重点讨论其中的关系数据库模型。关系数据库系统是目前使用最广泛的数据库系统，也是本书讨论的重点。本章在介绍了域和笛卡儿积概念的基础上，给出了关系和关系模式的形式化定义，讲述了关系的性质，指出关系、二维表之间的联系。本章还系统介绍了关系数据库的一些基本概念，其中包括关系的码、关系模型的数据结构、关系的完整性及其关系操作。并结合实例详细介绍了关系代数和关系演算两种关系运算，讲解了关系代数、元组关系演算语言(ALPHA 语言、QUEL 语言)和域关系演算语言(QBE)语言的具体使用方法。这些概念及方法对理解本书的内容非常重要。

习题2

一、选择题

1. 设属性 *A* 是关系 *R* 的主属性，则属性 *A* 不能取空值(NULL)，这是(　　)。

A. 实体完整性规则　　B. 参照完整性规则

C. 用户定义完整性规则　　D. 域完整性规则

2. 下面对于关系的叙述中不正确的是(　　)。

A. 关系中的每个属性是不可分解的　　B. 在关系中元组的顺序是无关紧要的

C. 任意的一个二维表都是一个关系　　D. 每一个关系只有一种记录类型

3. 关系代数运算是以(　　)为基础的运算。

A. 关系运算　　B. 谓词运算　　C. 集合运算　　D. 代数运算

4. 按条件 f 对关系 R 进行选取，其关系代数表达式为(　　)。

A. $R \bowtie R$　　B. $R \underset{f}{\bowtie} R$　　C. $\sigma_f(R)$　　D. $\pi_f(R)$

5. 关系模式进行投影运算后(　　)。

A. 元组个数等于投影前关系的元组数

B. 元组个数小于投影前关系的元组数

C. 元组个数小于或等于投影前关系的元组数

D. 元组个数大于或等于投影前关系的元组数

6. 关系运算中花费时间可能最长的运算是(　　)。

A. 投影　　B. 选择　　C. 笛卡尔积　　D. 连接

7. 假设学生关系是S(SNO,SNAME,SEX,AGE)，课程关系是C(CNO,CNAME,TEACHER)，学生选课关系是SC(SNO,CNO,GRADE)。要查找选修“computer”课程的“男”学生的姓名，将涉及关系(　　)。

A. S　　B. SC,C　　C. S,SC　　D. S,C,SC

8. 一个关系只有一个(　　)。

A. 超码　　B. 外码　　C. 候选码　　D. 主码

9. 同一个关系模型的任意两个元组值(　　)。

A. 不能全同　　B. 可以全同　　C. 必须全同　　D. 以上都不是

10. 自然连接是构成新关系的有效方法。一般情况下，当对关系 R 和 S 使用自然连接时，要求 R 和 S 含有一个或多个共有的(　　)。

A. 元组　　B. 行　　C. 记录　　D. 属性

11. 集合 R 与 S 的连接可以用关系代数的5种基本运算表示为(　　)。

A. $R-(R-S)$　　B. $\sigma_F(R\times S)$　　C. $R\div S$　　D. $S-(R-S)$

12. 在一个关系中如果有这样一个属性存在，它的值能唯一地标识关系中的每一个元组，称这个属性为(　　)。

A. 候选码　　B. 数据项　　C. 主属性　　D. 主属性值

13. 一个关系数据库文件中的各条记录(　　)。

A. 前后顺序不能任意颠倒，一定要按照输入的顺序排列

B. 前后顺序可以任意颠倒，不影响库中的数据关系

C. 前后顺序可以任意颠倒，但排列顺序不同，统计处理的结果就可能不同

D. 前后顺序不能任意颠倒，一定要按照候选码字段值的顺序排列

14. 设关系 $R(A,B,C)$ 和 $S(B,C,D)$，下列各关系代数表达式不成立的是(　　)。

A. $\pi_A(R)\bowtie\pi_D(S)$　　B. $R\cup S$　　C. $\pi_B(R)\cap\pi_B(S)$　　D. $R\bowtie S$

15. SQL语言属于(　　)。

A. 关系代数语言　　B. 元组关系演算语言

C. 域关系演算语言　　D. 具有关系代数和关系演算双重特点的语言

16. 设关系 R 和 S 的结构相同，分别有 m 和 n 个元组，那么 $R-S$ 操作的结果中元组个数为(　　)。

A. $m-n$　　B. m　　C. 小于或等于 m　　D. 小于或等于$(m-n)$

17. 关系模式的任何属性(　　)。

A. 不可再分　　B. 可以再分

C. 命名在关系模式中可以不唯一　　D. 以上都不对

18. 在关系模型中，一个候选键是(　　)。

A. 必须由多个任意属性组成

B. 至多由一个属性组成

C. 可由一个或多个其值能唯一标识元组的属性组成

D. 以上都不是

二、填空题

1. 关系运算分为__________和__________。

2. 在关系代数运算中，基本的运算是______、______、______、______、______。

3. 在关系代数运算中，传统的集合运算有______、______、______、______。

4. 在关系代数运算中，专门的关系运算有______、______、________。

5. 设有关系 R，从关系 R 中选择符合条件 f 的元组，则关系代数表达式应为______________。

6. 对两个关系 R 和 S 进行自然连接运算时，要求 R 和 S 含有一个或多个共有的________。

7. 在一个关系中，列必须是________的，即每一列中的分量是同类型的数据，来自同一个域。

8. 设有关系模式为：图书(图书编号，图书名，出版社，作者)，则该关系模式的主关系键是__________，主属性是________，非主属性是________。

9. 关系演算分为________演算和________演算。

10. 实体完整性规则是对________的约束，参照完整性规则是对________的约束。

三、简答题

1. 试述关系模型的特点和三个组成部分。

2. 定义并解释下列术语，说明它们之间的区别与联系。

(1) 主码、候选码、外码

(2) 笛卡尔积、关系、元组、属性、域

(3) 关系、关系模式、关系数据库

3. 关系模型的完整性规则有哪几类？

4. 什么是实体完整性和参照完整性？请举例说明。

5. 设有关系 R 和 S 其值如下，求下列关系的运算结果：

(1) $R \cap S$　(2) $R \cup S$　(3) $R-S$　(4) $\pi_A(S)$

(5) $R \bowtie T$　(6) $\sigma_{R.A=3}(R \times S)$

R

A	B
2	4
2	5
3	4
4	4

S

A	B
2	8
2	7
3	4
4	4

T

A	C
2	9
2	23
3	6
4	11

6. 以 2.3.3 节中的图 2-12 教学管理数据库为例，用关系代数表达式表示以下各种查询条件。

(1) 查询所有女教师的教师工号和姓名。

(2) 查询“市场营销”专业的学生的学号、姓名和所在系。

(3) 查询年龄大于 19 岁的男生的学号、姓名和年龄。

(4) 查询教师号为“04023621”的教师所授课程的课程号和课程名。

(5) 查询选修了“SQL 数据库”课程的学生的学号和姓名。

(6) 查询没有学过“C 语言”课程的学生的学号。

(7) 查询学号为“3401170203”的学生所选课程的课程号、课程名和成绩。

(8) 查询同时选修了课程号为“C3”和“C5”的学生的学号和姓名。

(9) 查询“朱启凡”同学所选课程的课程号、课程名和成绩。

(10) 查询选修了全部课程的学生的学号和姓名。

第 3 章 后勤宿舍报修系统的数据库系统设计

内容概要

数据库系统设计是整个数据库应用系统设计开发的关键性工作。本章将较为系统地讨论数据库系统的设计问题。学习本章后，读者应了解数据库系统设计的阶段划分和每个阶段的主要工作。掌握概念设计的意义、原则和方法；熟练掌握 E-R 模型设计的方法和原则，以及从E-R模型转换为关系模型的方法。

本章 3.1 节对数据库系统设计进行了整体的介绍，3.2 节至 3.6 节详细介绍了数据库系统设计的五个阶段，即系统需求分析、概念结构设计、逻辑结构设计、数据库设计规范化和物理结构设计等。

为了便于读者掌握数据库系统设计的过程和方法，本章以一个实际案例——“后勤宿舍报修系统”作为教学案例，在 3.2～3.5 节中展示了从需求分析到概念结构设计、逻辑结构设计，最后进行关系规范化等一系列数据库系统设计的具体的过程。通过本章的学习，读者不仅要掌握书中介绍的基本方法，还要能在实际工作中运用这些方法，设计出符合应用需求的数据库系统。

3.1 数据库系统设计概述

数据库系统的设计包括数据库设计和数据库应用系统设计两方面的内容。数据库设计是设计数据库的结构特性，即为特定应用环境构造出最优的数据模型；数据库应用系统设计是设计数据库的行为结构特性，并建立能满足各种用户对数据库应用需求的功能模型。数据库及数据库应用系统的设计是开发数据库系统的首要环节和基础问题，非常重要。

3.1.1 数据库系统设计的任务、内容和注意事项

1. 数据库系统设计的任务

数据库系统设计是指根据用户需求来设计数据库结构的过程。具体来说，数据库系统设计是指对于一个给定的应用环境，构造最优的数据库模式，建立数据库及其应用系统，使之能有效地存储数据，满足用户的信息要求和处理要求，也就是把现实世界中的数据，根据各种应用处理的要求，加以合理组织，使之满足硬件和操作系统的特性，利用已有的 DBMS 来建立能够实现系统目标的数据库。

2. 数据库系统设计的内容

数据库系统设计包括数据库的结构设计、数据库的行为设计和数据库的物理模式设计三个方面的内容。

1）数据库的结构设计

数据库的结构设计是指根据给定的应用环境，进行数据库的子模式或模式设计。它包括数据库的概念设计、逻辑设计和物理设计。数据库模式是各应用程序共享的结构，是静态的、稳定的，一经形成后通常情况下是不容易改变的，所以数据库的结构设计又称为静态模型设计。

2）数据库的行为设计

数据库的行为设计是指确定数据库用户的行为和动作。在数据库系统中，用户的行为和动作是指用户对数据库的操作，这些应通过应用程序来实现，所以数据库的行为设计就是应用程序的设计。例如，数据查询和统计、事务处理及报表处理等操作，这些都要通过应用程序来表达和执行。由于用户的行为总是使数据库的内容发生变化，所以行为设计是动态的，行为设计又称为动态模型设计。

3）数据库的物理模式设计

数据库的物理模式设计要求：根据数据库结构的动态特性（即数据库应用处理要求），在选定的 DBMS 环境下，把数据库的逻辑结构模型加以物理实现，从而得出数据库的存储模式和存取方法。

在数据库系统设计的过程中，数据库的结构设计起着至关重要的作用，行为设计起着辅助作用。将数据库的结构设计和行为设计结合起来，相互参照，同步进行，才能较好地达到设计目标。

3. 数据库系统设计中应注意的问题

数据库系统设计的目标是希望自己设计的数据库系统简单易用，具有安全性、可靠性、易维护性、易扩充性及最小冗余性等特点，并希望数据库对不同用户数据的存取都有较高的响应速度。为了能够达到这样的设计目标，设计者应当严格遵循数据库设计的方法和规则。数据库系统的设计是一项涉及多学科的综合性技术。进行数据库系统设计时，应当注意以下两个问题。

1）应考虑计算机硬件、软件和干件的实际情况

在进行数据库系统设计时，应当考虑三个方面的内容。

(1) 数据库系统的硬件条件是基础。

数据库系统必须适应计算的机硬件环境，根据其数据存储设备、网络和通信设备、计算机性能等硬件条件设计数据库的规模、数据存储方式、分布结构以及数据通信方式。

(2) 数据库管理系统和数据库应用系统开发软件是软件环境。

在数据库系统设计之前，应当选择合适的数据库管理系统和数据库应用系统开发软件，使之适合数据库系统的要求。应当了解选定的数据库管理系统和数据库应用系统开发软件的特点，利用其数据操作和数据控制的优势，适应其特殊要求和限制，并使二者能较好地配合。

(3) 数据库用户的技术水平和管理水平是关键。

为了提高数据库用户及数据库管理员的应用和管理数据库系统的水平，应当让他们充分参与设计数据库的工作，使之对数据库设计过程的每个细节都了解得比较清楚。这样，不但能够提高设计效率，而且有助于数据库用户及数据库管理员对数据库进行管理、扩充和维护等日常工作。

2) 应使结构特性设计和行为特性设计紧密结合

数据库设计过程是一种自上而下、逐步逼近设计目标的过程。数据库设计过程是结构设计和行为设计分离设计、相互参照、反复探寻的过程。

图 3-1 所示的是数据库系统设计的过程图。图中说明：数据库的逻辑模式设计应与事务设计结合起来，以支持全部事务处理的要求；为了更有效地支持事务处理，还需要进行数据库的物理结构设计，已实现数据存取功能；数据库的子模式则是根据应用程序的需要而设计的。

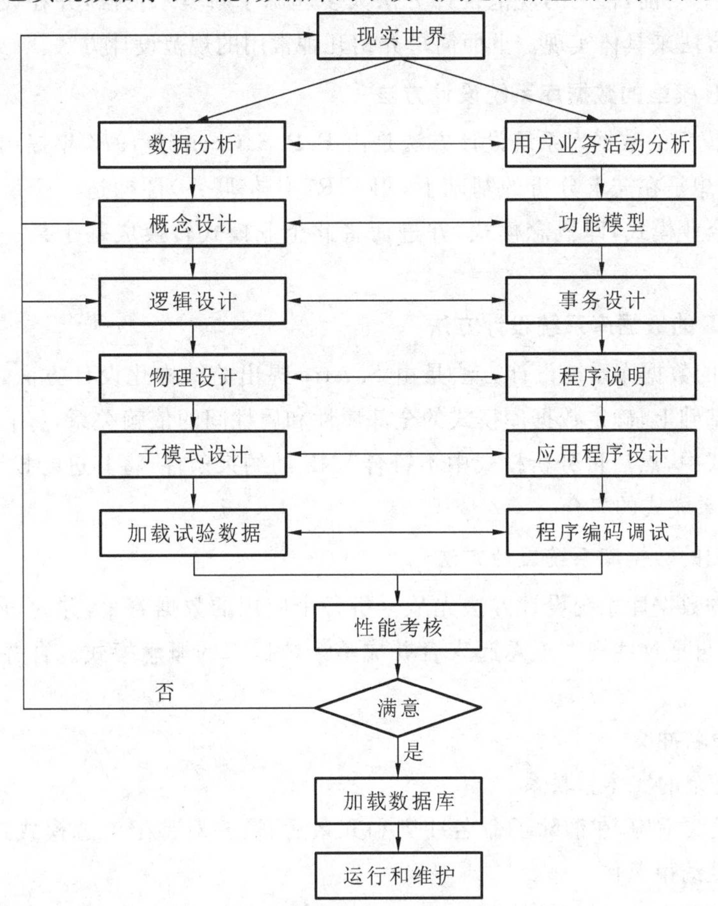

图 3-1　数据库系统设计的全过程

在数据库系统设计中，结构特性和行为特性设计必须紧密结合才能达到设计目标。数据库系统设计者应当具有战略眼光，考虑到当前、近期和远期三个时间段的用户需求。设计的系统应当能完全满足用户当前和近期对系统的数据需求，并对远期的数据需求有相应的处理方案。数据库系统设计者应充分考虑到系统可能的扩充与改变，使设计出的系统有较长的生命力。

3.1.2 数据库系统设计的基本方法

数据库系统设计的方法目前可分为四类：直观设计法、规范设计法、计算机辅助设计法和自动化设计法。直观设计法也称为手工试凑法，它是最早使用的数据库系统设计方法。这种方法依赖于设计者的经验和技巧，缺乏科学理论和工程师原则的支持，设计的质量很难保证，常常是数据库运行一段时间后又发现各种问题，然后再重新进行修改，增加了系统维护的代价。因此，这种方法越来越不适应信息管理发展的需要。

为了改变这种情况，1978 年 10 月，来自三十多个国家的数据库专家在美国新奥尔良(New Orleans)专门讨论了数据库系统设计的问题，他们运用软件工程的思想和方法，提出了数据库系统设计的规范，这就是著名的新奥尔良法，它是目前公认的比较完整和权威的一种规范设计方法。新奥尔良法将数据库系统设计分成需求分析(分析用户需求的数据及数据的联系)、概念结构设计(信息分析和定义)、逻辑结构设计(设计实现)和物理结构设计(物理数据库设计)。目前，常用的规范设计方法大多起源于新奥尔良法，并在设计的每一阶段采用一些辅助方法来具体实现。下面简单介绍几种常用的规范设计方法。

1. 基于 E-R 模型的数据库系统设计方法

基于 E-R 模型的数据库系统设计方法是由 P. P. S. Chen 于 1976 年提出的数据库设计方法，其基本思想是在需求分析的基础上，用 E-R(实体-联系)图构造一个反映现实世界实体之间联系的企业模式，即概念模式，并进而将此企业模式转换成基于某一特定的 DBMS 的物理模式。

2. 基于 3NF 的数据库系统设计方法

基于 3NF 的数据库系统设计方法是由 S. Atre 提出的结构化设计方法，其基本思想是在需求分析的基础上，确定数据库模式的全部属性和属性间的依赖关系，将它们组织在一个单一的关系模式中，然后再分析模式中不符合 3NF 的约束条件，将其进行投影分析，规范成若干个 3NF 关系模式的集合。

3. 基于视图的数据库系统设计方法

基于视图的数据库系统设计方法先从分析各个应用的数据着手，并为每个应用建立自己的视图，然后再把这些视图汇总起来合并成整个数据库的概念模式。合并过程中要解决以下几个问题。

(1) 消除命名冲突。

(2) 消除冗余的实体和联系。

(3) 进行模式重构，在消除了命名冲突和冗余后，需要对整个汇总模式进行调整，使其满足全部完整性约束条件。

除了以上三种方法外，规范化设计方法还有实体分析法、属性分析法和基于抽象语义的设计方法等。

规范设计法从本质上来说仍然是手工设计方法,其基本思想是过程迭代和逐步求精。

计算机辅助设计法是指在数据库设计的某些过程中模拟某一规范化设计的方法,并以人的知识或经验为主导,通过人机交互方式实现设计中的某些部分。目前许多计算机辅助软件工程(computer aided software engineering,CASE)工具可以自动或辅助设计人员完成数据库设计过程中的很多任务,如 Sybase 公司的 PowerDesigner 和 Premium 公司的 Navicat 等。

现代数据库设计方法是上述设计方法相互融合的产物。围绕软件工程的思想和方法,通常以 E-R 图设计为主体,辅以 3NF 设计和视图设计实现模式的评价和模式的优化,从而吸收各种设计方法的优势。同时,为提高设计的协同效率和规范化程度,现代数据库设计过程还会通过计算机辅助设计工具(如 PowerDesigner 等)获得规范的数据库设计结果。

3.1.3 数据库系统设计的步骤

图 3-2 中列出了数据库系统设计的步骤和各个阶段应完成的基本任务,下面介绍具体内容。

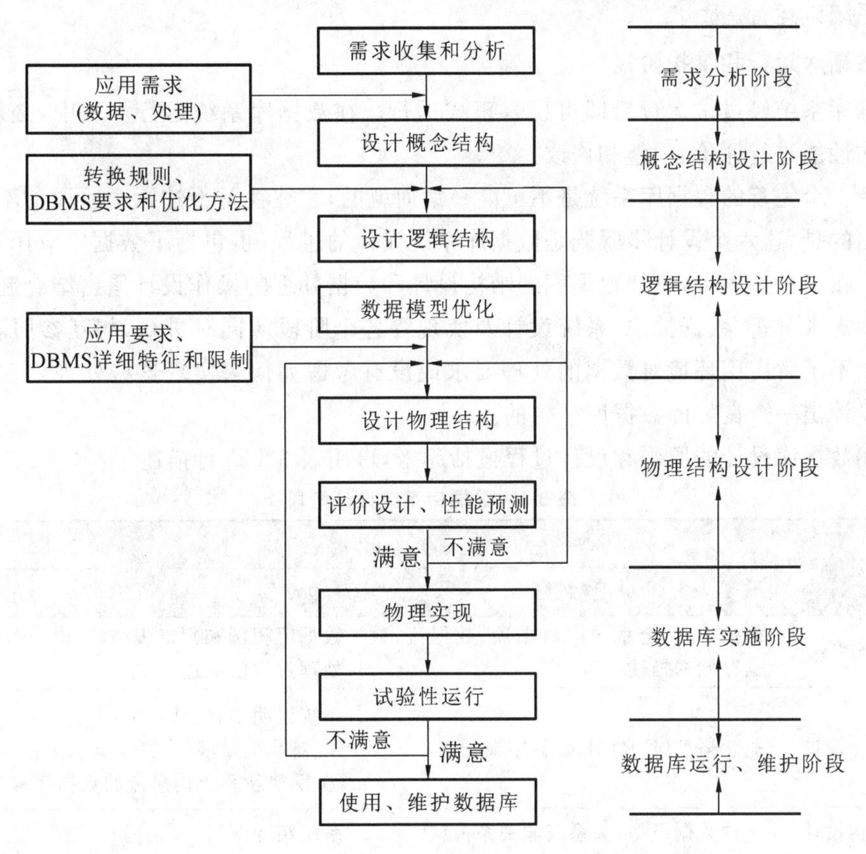

图 3-2 数据库系统设计步骤

1. 需求分析阶段

需求分析是数据库设计的第一步,也是最困难、最耗时间的一步。需求分析的任务是准确了解并分析用户对系统的需要和要求,弄清系统要达到的目标和实现的功能。需求分析是否做得充分与准确，决定着在其上构建数据库大厦的速度与质量。如果需求分析做得不好，会影响整个系统的性能，甚至会导致整个数据库系统设计返工重做。

2. 概念结构设计阶段

概念结构设计是整个数据库系统设计的关键。在概念结构的设计过程中，设计者要对用户需求进行综合、归纳和抽象，形成一个独立于具体计算机和 DBMS 的概念模型。

3. 逻辑结构设计阶段

数据逻辑结构设计的主要任务是将概念结构转换为某个 DBMS 所支持的数据模型，并将其性能进行优化。

4. 物理设计阶段

数据库物理设计的主要任务是为逻辑数据模型选取一个最适合应用环境的物理结构，包括数据存储位置、数据存储结构和存取方法。

5. 数据库实施阶段

在数据库实施阶段中，系统设计人员要运用 DBMS 提供的数据操作语言和宿主语言，根据数据库的逻辑设计和物理设计的结果建立数据库、编制与调试应用程序、组织数据入库并进行系统试运行。

6. 数据库运行和维护阶段

数据库系统经过试运行后即可投入正式运行。在数据库系统运行过程中，必须不断地对其结构性能进行评价、调整和修改。

设计一个完善的数据库系统是不可能一蹴而就的，它往往是上述六个阶段的不断反复。需要指出的是，这六个设计步骤既是数据库系统设计的过程，也包括了数据库应用系统的设计过程。在设计过程中，应把数据库的结构设计和数据处理的操作设计紧密结合起来，这两个方面的需求分析、数据抽象、系统设计及实现等各个阶段应同时进行，相互参照和相互补充。如果不了解应用环境对数据的处理要求或没有考虑如何去实现这些处理处理要求，是不可能设计出一个良好的数据库结构的。

上述数据库设计的原则和设计过程概括起来，可用表 3-1 进行描述

表 3-1　数据库系统设计阶段

设计阶段	设计描述	
	数据	处理
需求分析	数据字典、全系统中数据项、数据流、数据存储的描述	数据流程图和判定表(判定树)、数据字典中处理过程的描述
概念结构设计	概念模型(E-R)图、数据字典	系统说明书；包括： ① 新系统要求、方案和概念图； ② 反映新系统信息流的数据流程图
逻辑结构设计	某种数据模型：关系或非关系模型	系统结构图(模块结构)
物理设计	存储安排、方法选择、存取路径建立	模块设计、IPO 表
实施阶段	编写模式、装入数据、数据库试运行	程序编码、编译连接、测试
运行和维护	性能检测、转储/恢复、数据库重组和重构	新旧系统转换、运行、维护(修正性、适应性、改善性维护)

在数据库系统设计的过程中：① 需求分析阶段，设计者的中心工作是弄清并综合各个用户的应用需求；② 概念设计阶段，设计者应将应用需求转换为与计算机硬件无关的、与各个数据库管理系统产品无关的概念模型(即 E-R 图)；③ 逻辑设计阶段，要完成数据库的逻辑模式和外模式的设计工作，即系统设计者要先将 E-R 图转换成具体的数据库产品支持的数据模型，形成数据库逻辑模式，然后根据用户处理的要求、安全性的考虑建立必要的数据视图，形成数据的外模式；④ 在物理结构设计阶段，要根据具体使用的数据库管理系统的特点和处理的需要进行物理存储安排，并确定系统要建立的索引，得出数据库的内模式。

为了便于读者理解具体数据库设计系统的全过程，本书后面的章节将采用案例驱动模式，以一个实际案例“后勤宿舍报修系统”为例，详细讲述数据库设计开发的全过程。

3.2 数据库系统的需求分析

任务描述与分析

近年来，随着计算机网络技术的蓬勃发展和高校招生规模的不断扩大，智慧校园成为发展方向，高校的后勤集团如果还依靠传统的人工方式进行管理显然已经无法满足需要，学校后勤处希望设计一个“后勤宿舍报修系统”，前端通过支持微信公众平台的 Web 界面提交报修信息，后端获取并处理报修信息，以实现对全校宿舍报修的信息进行信息化管理。

我校软件工程教研室的周斌副教授接受了学校后勤处的委托，根据学校目前的要求设计一个“后勤宿舍报修系统”。与学校相关部门协调并达成共识后，周教授作为项目经理立刻组建了开发团队，成立了 3 个项目小组，由吴老师、徐老师、辛老师分别担任项目组组长，并挑选了 6 名学生(胡宇航、李斌、李剑、廖为、叶紫归、王兆琪)作为项目小组成员。在第一次项目会议上，周教授就强调：“好的设计是项目成功的基石”，开发一个高性能的“后勤宿舍报修系统”，数据库的设计非常重要。调研员要反复认真地到后勤处和学工处调研系统的需求，逐步明晰后勤处处理宿舍报修的工作流程，明确系统的功能需求，确定系统详细的数据结构，为下一阶段的开发工作提供重要依据。

相关知识与理论基础

需求分析是数据库系统设计的起点，为以后的具体设计做准备。需求分析的结果是否准确反映了用户的实际需求，将直接影响到后面各个阶段的设计，并影响到设计结果是够合理和实用。经验表明，系统需求分析的不正确或误解，直到系统测试阶段才会发现大量错误，纠正起来要付出很大代价。因此，必须高度重视系统的需求分析。

下面将详细介绍对“后勤宿舍报修系统”进行需求分析所需具备的理论基础。

3.2.1 需求分析的任务

从数据库设计的角度来看,需求分析的任务是:对现实世界要处理的对象(如组织、部门、企业等)进行详细的调查,通过对原系统的了解,收集支持新系统的基础数据并对其进行处理,在此基础上确定新系统的功能。

具体来说,需求分析阶段的任务包括以下三项。

1. 调查分析用户活动

该过程通过对新系统运行目标进行研究,对现行系统存在的主要问题以及制约因素进行分析,明确用户总的需求目标,确定这个目标的功能域和数据域。具体做法如下。

(1) 调查组织机构情况,包括该组织的部门组成情况,各部门的职责和任务等。

(2) 调查各部门的业务活动情况,包括各部门输入和输出的数据与格式、所需的表格与卡片、加工处理这些数据的步骤、输入/输出的部门等。

2. 收集和分析需求数据,确定系统边界

在熟悉业务活动的基础上,协助用户明确对新系统的各种需求,包括用户的信息需求、处理需求、安全性和完整性的需求等。

(1) 信息需求是指目标范围内涉及的所有实体、实体的属性以及实体间的联系等数据对象,也就是用户需要从数据库中获得信息的内容与性质。由信息需求可以导出数据需求,即在数据库中需要存储哪些数据。

(2) 处理需求指用户为了得到需求的信息而对数据进行加工处理的要求,包括对某种处理功能的响应时间、处理的方式(如批处理或联机处理等)。

(3) 安全性和完整性的需求。在定义信息需求和处理需求的同时必须确定相应的安全性和完整性约束。

在收集各种需求数据后,对前面调查的结果进行初步分析,确定新系统的边界,确定哪些功能由计算机或将来准备让计算机完成,哪些活动由人工完成。由计算机完成的功能就是新系统应该实现的功能。

3. 编写系统分析报告

需求分析阶段的最后是编写系统分析报告,通常称为需求规范说明书(或称需求规格说明书)。需求规范说明书是对需求分析阶段的一个总结。编写系统分析报告是一个不断反复、逐步深入和逐步完善的过程,系统分析报告应包括如下内容。

(1) 系统概况,系统的目标、范围、背景、历史和现状。

(2) 系统的原理和技术,对原系统的改善。

(3) 系统总体结构和子系统结构说明。

(4) 系统功能说明。

(5) 数据处理概要、工程体制和设计阶段划分。

(6) 系统方案及技术、经济、功能和操作上的可行性。

完成系统的分析报告后,在项目单位的领导下应组织有关技术专家评审系统分析报告,这是对需求分析结果的再审查。审查通过后由项目方和开发方领导签字认可。

随系统分析报告应提供以下附件。

(1) 系统的硬件、软件支持环境的选择及规格要求(所选择的数据库管理系统、操作系统、汉字平台、计算机型号及其网络环境等)。

(2) 组织机构图、组织之间联系图和各机构功能业务一览图。

(3) 数据流程图、功能模块图和数据字典等图表。

如果用户同意系统分析报告和方案设计,在与用户进行详尽商讨的基础上,最后签订技术协议书。

系统分析报告是设计者和用户一致确认的权威性文件,是今后各阶段设计和工作的依据。

3.2.2 需求分析的方法

用户参加数据库设计是数据库系统设计的特点,是数据库设计理论不可分割的一部分。在数据需求分析阶段,任何调查研究没有用户的积极参与都是举步维艰的,设计人员应与用户取得共同的语言,帮助不熟悉计算机的用户建立数据库环境下的共同概念,所以这个过程中不同背景的人员之间相互了解与沟通是至关重要的,同时方法也很重要。用于需求分析的方法有多种,主要有自顶向下和自底向上两种,如图3-3所示。

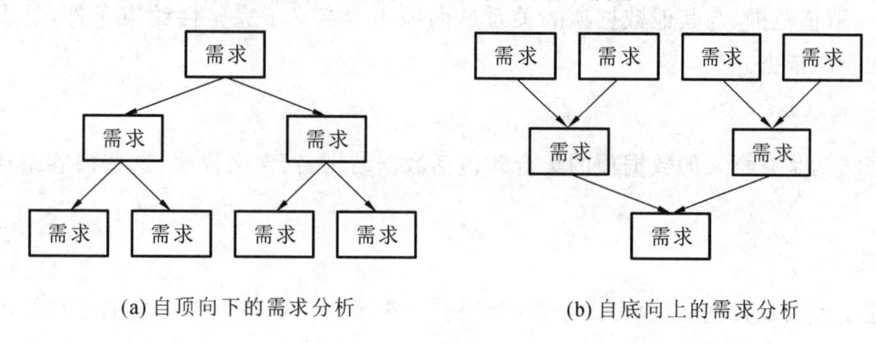

图3-3　需求分析的方法

其中,自顶向下的分析方法(又称结构化分析方法,structured analysis,SA)是最简单使用的方法。SA方法从最上层的系统组织机构入手,采用逐层分解的方式分析系统,用数据流图(data flow diagram,DFD)和数据字典(data dictionary,DD)描述系统。下面对数据流图和数据字典进行简单的介绍。

1. 数据流图

使用SA方法,任何一个系统都可抽象为图3-4所示的数据流图。

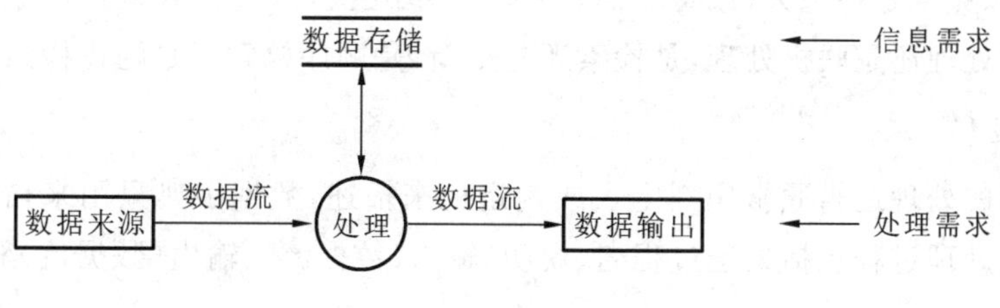

图3-4　数据流图

在数据流图中,用命名的箭头表示数据流,用圆圈表示处理,用不封闭的矩形或其他形状表示存储,用封闭的矩形表示数据的来源和输出。

一个简单的系统可用一张数据流图来表示。当系统比较复杂时，为了便于理解，控制复杂性，可以采用分层描述的方法。一般用第一层描述系统的全貌，第二层分别描述各子系统的数据流。如果系统结构还比较复杂，可以继续细化，直到表达清楚为止。在处理功能逐步分解的同时，它们所用的数据也逐级分解，形成若干层次的数据流图。数据流图表达了数据和处理过程的关系。

在 SA 方法中，处理过程的处理逻辑常常借助判定表或判定树来描述，而系统中的数据则是借助数据字典来描述。

2. 数据字典

数据字典是对系统中数据的详细描述，是各类数据结构和属性的清单。它与数据流图互为注释。数据字典贯穿于系统需求分析到数据库运行的全过程，在不同的阶段其内容和用途各有区别。在需求分析阶段，它通常包含以下五个部分内容。

1）数据项

数据项是数据的最小单位，其具体内容包括数据项名、含义说明、别名、类型、长度、取值范围、与其他数据项的关系等。

其中，取值范围、与其他数据项的关系这两项内容定义了完整性约束条件，是设计数据库检验功能的依据。

2）数据结构

数据结构是有意义的数据项的集合。包括数据结构名、含义说明，这些内容组成的数据项名。

3）数据流

数据流可以是数据项，也可以是数据结构，它表示某一处理过程中数据在系统内传输的路径。其内容包括：数据流名、说明、流出过程、流入过程等，这些内容组成数据项或数据结构。

其中，流出过程说明该数据流由什么过程而来；流入过程说明该数据流到什么过程。

4）数据存储

处理过程中数据的存放场所也是数据流的来源和去向之一。可以是由手工凭证、手工文档或计算机文件。其内容包括数据存储名、说明、输入数据流、输出数据流，这些内容组成数据项或数据结构、数据项、存取频度、存取方式。

其中，存取频度是指每天（或每小时、每周）存取几次，每次存取多少数据等信息。存取方法指的是批处理还是联机处理，是检索还是更新，是顺序检索还是随机检索等。

5）处理过程

处理过程的处理逻辑通常用判定表或判定树来描述，数据字典只用来描述处理过程的说明性信息。处理过程包括处理过程名、说明、输入（数据流）、输出（数据流）和处理（简单说明）等。

最终形成的数据流图和数据字典为系统分析报告的主要内容，这是下一步进行概念结构设计的基础。

◆ 3.2.3 后勤宿舍报修系统的需求分析

1. 系统开发环境

微软开发平台具有功能强大、容易使用、应用广泛、资源丰富等特点，加之用户非常熟悉相关技术，项目小组决定使用 Microsoft SQL Server 2012 和 Visual Studio 2013 作为开发工具。其中，SQL Server 2012 用于数据库系统设计，而在 Visual Studio 2013 中应用 ASP.NET 技术完成“后勤宿舍报修系统”应用程序的开发。

系统采用 B/S 架构，前台客户机为浏览器，中间件服务器为 Web 服务器，后台为数据库服务器，系统结构如图 3-5 所示，后台数据库采用 SQL Server 2012。

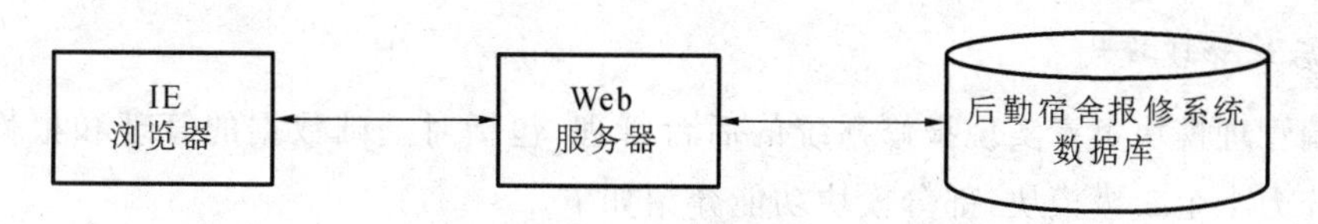

图 3-5 系统 B/S 架构的应用

2. 后勤宿舍报修流程

(1) 后勤工作人员录入基础数据，包括楼栋、宿舍和维修人员。

(2) 报修人通过前端提交报修信息。

(3) 后勤工作人员查看并处理报修信息：

① 若报修信息准确，则将其指派给对应的维修人员，此时状态为“处理中”；

② 若报修信息不明确，则将其退回并说明退回原因，此时状态为“已退回”；

③ 若报修信息已处理完成，则将其状态设置为“已处理”。

(4) 维修人员接到指派给自己的报修信息后，执行维修工作，完成后将该信息的状态设置为“已处理”。

(5) 报修人可在前端查看自己报修的记录和记录的当前状态。

3. 后勤宿舍报修系统的功能结构

根据如上宿舍报修的流程，设计出了相应的“后勤宿舍报修系统”功能结构图，如图 3-6 所示。该系统分为两个一级功能模块：前端报修模块、后端管理模块。

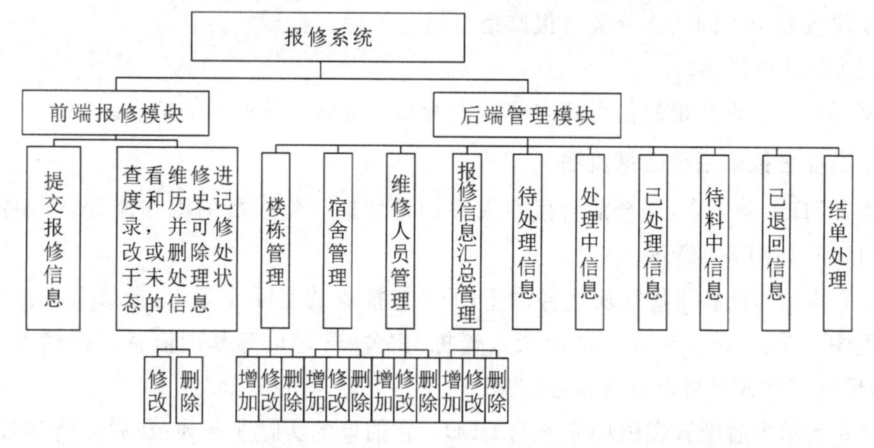

图 3-6 报修系统功能结构设计图

1）前端报修模块

本模块负责实现前端用户提交并管理自己的报修信息，分为两个二级模块，具体介绍如下。

（1）提交报修信息模块。

负责提供填写报修信息的UI界面，提交并处理用户的信息，判断信息的合理性，若合理则写入数据库。

（2）个人报修信息管理。

负责查看并管理用户个人的报修历史纪录，查看处理进度和结果。在所提交报修信息未处理时支持修改与删除等操作。

2）后端管理模块

后端管理模块负责实现报修系统的后台管理，包括对基础数据的管理和报修信息的管理。其分为十个二级模块，部分模块功能介绍如下。

（1）楼栋管理模块。

该模块负责对校内所有楼栋信息进行管理。其包括增、删、改、查等操作，支持按楼栋索引报修信息，按楼栋信息进行查询与统计。

（2）宿舍管理模块。

该模块负责对校内所有楼栋内的宿舍信息进行管理。其包括增、删、改、查等操作，支持按楼栋、宿舍索引报修信息，按宿舍信息进行查询与统计，宿舍信息关联楼栋信息。

（3）维修人员管理模块。

该模块负责对校内所有维修人员的信息进行管理。其包括增、删、改、查等操作，支持按维修人员信息进行查询与统计，维修人员信息关联报修信息。

（4）报修信息汇总管理模块。

该模块负责对校内所有维修信息进行管理。其包括增、删、改、查等操作，支持变更报修信息处理状态操作，支持将某条或批量报修信息指定给某维修人员处理，支持批量设置报修信息处理状态和审核状态，支持按维修人员、时间段、楼栋、宿舍、报修信息处理状态等进行查询与统计，报修信息关联维修人员信息、宿舍信息。

（5）分类管理报修信息模块。

该模块按处于不同状态分类对报修信息进行管理。

（6）结单处理模块。

该模块用于实现按报修信息状态分类查看每个维修人员处理的信息。

4. 后勤宿舍报修系统数据流图

根据DFD绘制要素，结合前台报修人和后台后勤工作人员的工作流程，绘制前台报修模块DFD图，如图3-7所示。

图3-7所示为前台报修模块业务的DFD。它抽象的实际业务为：报修人在提交报修信息的过程中，需要后勤工作人员提前录入楼栋、宿舍、管理员等基础信息。报修人提交报修信息后，后勤工作人员可以查看报修信息。

图3-8所示为后端管理模块业务的DFD。它抽象的实际业务为：在后端管理过程中，后勤工作人员会根据前台提交的报修信息，并结合楼栋、宿舍、维修人员信息，安排制定维修人

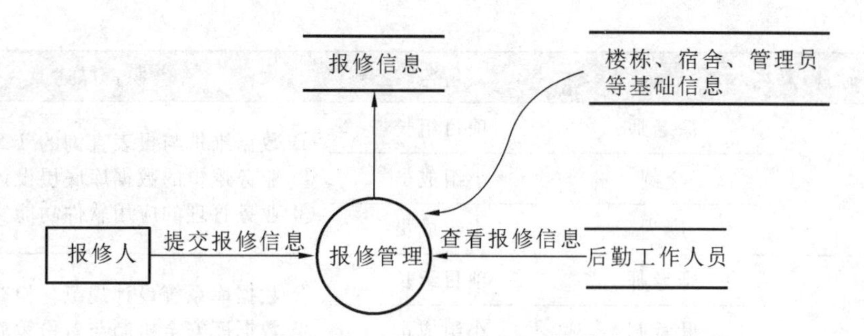

图 3-7 前台报修模块的 DFD

员进行维修处理。

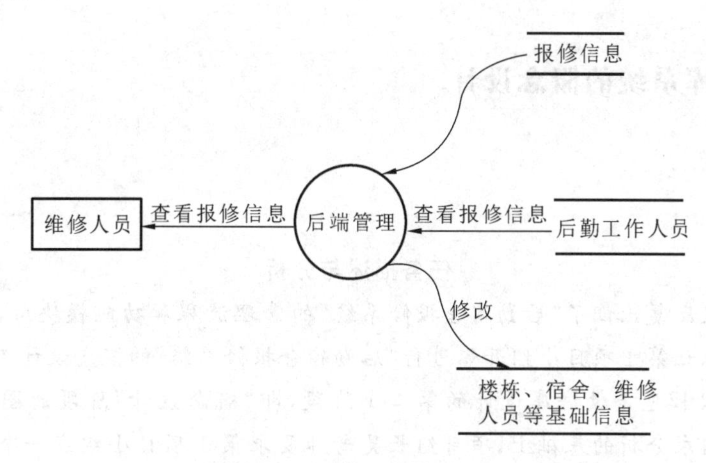

图 3-8 后端管理模块的 DFD

5. 后勤宿舍报修系统数据字典

根据 DFD,各数据结构的数据项定义如下。

- 报修信息:单号、报修时间、寝室、报修人、联系方式、报修内容、实际维修及用材情况、状态、退回原因、维修人员、备注等。其中,"单号"是 id,自动生成;"状态"的取值范围是:待处理、处理中、已处理、已退回。
- 维修人员:编号、姓名、性别、电话、备注等。其中,"编号"是 id,自动生成。
- 楼栋信息:编号、名称、管理员、备注等。其中,"编号"是 id,手动输入。
- 宿舍信息:编号、名称、床位数、备注、所属楼栋等。其中,"编号"是 id,手动输入。

6. 项目小组分工

项目小组分工情况如表 3-2 所示。

表 3-2 项目小组分工情况

小组编号	成员	角色	职责描述
1	周教授	项目经理	系统总体设计与项目管理
	吴老师	项目组长	① 数据库需求分析 ② 数据库概念设计、逻辑设计 ③ 数据库物理设计
	胡宇航	小组成员	
	李斌	小组成员	

续表

小组编号	成员	角色	职责描述
2	徐老师	项目组长	① 数据维护与报表查询的 T-SQL 设计 ② 业务逻辑的数据库底层设计 ③ 业务管理的应用软件功能实现
	李剑	小组成员	
	廖为	小组成员	
3	辛老师	项目组长	① 数据库系统设计规范化检查 ② 数据库安全机制与备份策略设计 ③ 应用软件登录功能设计与实现
	叶紫归	小组成员	
	王兆琪	小组成员	

3.3 数据库系统的概念设计

任务描述与分析

项目会议反复论证了“后勤宿舍报修系统”的管理流程和功能模块后，项目经理周教授觉得可以让第 1 项目小组开始进行“后勤宿舍报修系统”的概念设计工作。

绘制 E-R 模型是数据库设计的第二个阶段，即“概念设计”阶段的图形化表达方式。在前面需求分析的基础上，项目组长吴老师要求第 1 项目小组在一个月之内绘制出“后勤宿舍报修系统”的 E-R 图，然后与后勤处及其宿舍管理人员、教师、学生等进行沟通，讨论设计的数据库概念模型是否符合用户的需求。

相关知识与技能

正如建造建筑物一样，要建造一栋大楼，就一定要有设计施工图纸。同样道理，在实际的项目开发中，如果系统的数据存储量较大，设计的表比较多，表与表之间的关系比较复杂，就需要按照数据库系统设计的四个阶段进行规范的数据库系统设计。

3.3.1 三个世界及其有关概念

1. 现实世界

现实世界，即客观存在的世界。其中存在着各种事物及它们之间的联系，每个事物都有自己的特征或性质。人们总是选用感兴趣的最能表征一个事物的若干特征来描述事物。例如，要描述一个学生，常选用学号、姓名、性别、年龄、系别等来描述，有了这些特征，就能区分不同的学生。

客观世界中，事物之间是相互联系的，而这种联系可能是多方面的，但人们只选择那些感兴趣的联系，无须选择所有的联系。例如，在学生管理系统中，学生和课程两个实体间是一种选修的关系，我们可以利用“学生选修课程”这一联系来表示学生和课程之间的关系。

2. 信息世界

1）信息世界及其有关概念

信息世界是现实世界在人们头脑中的反映，经过人脑的分析、归纳和抽象，形成信息，人们将这些信息进行记录、整理、归纳和格式化后，就构成了信息世界。在信息世界中，常用的主要概念如下。

（1）实体(entity)。客观存在并且可以相互区别的“事务”称为实体。实体可以是具体的人、事和物，如一个学生、一本书、一辆汽车等；也可以是抽象的事件，如一堂课、一次比赛、学生选修课程等。

（2）属性(attribute)。实体所具有的某一特征称为属性。一个实体可以由若干个属性共同来刻画。例如，学生实体由学号、姓名、性别、年龄、所在系等方面的属性构成。属性有“型”和“值”之分。“型”即为属性名，如姓名、年龄、性别等都是属性的“型”；“值”即为属性的具体内容，如学生(3401170201，朱启凡，男，20，计算机)，这些属性值的集合表示了一个学生实体。

（3）实体型(entity type)。具有相同属性的实体必然具有共同的特征。所以，用实体名及其属性名结合来抽象和描述同类实体，称为实体型。例如，学生(学号，姓名，性别，年龄，所在系)就是一个实体型，它描述的是学生这一类实体。

（4）实体集(entity set)。同型实体的集合称为实体集。例如，所有的学生、所有的课程等。

（5）码(key)。在实体型中，能唯一标识一个实体的属性或属性集称为实体的码。例如，学生的学号就是学生实体的码，而学生实体的姓名可能有重名，不能作为学生实体的码。

注意：

在有些教材中该概念也称为键。

（6）域(domain)。某一属性的取值范围称为该属性的域。例如，学号域为10位整数，姓名的域为字符串集合，年龄的域为小于40的整数，性别的域为男或女等。

（7）联系(relationship)。在现实世界中，事物内部以及事物之间是有联系的，这些联系同样也要抽象和反映到信息世界中来，在信息世界中被抽象为单个实体型内部的联系和实体型之间的联系。单个实体型内部的联系通常是指组成实体间的各属性之间的联系。实体型之间的联系通常是指不同实体集之间的联系，可分为两个实体型之间的联系以及两个以上实体型之间的联系。

2）两个实体型间的联系

两个实体型之间的联系是指两个不同的实体集间的联系，有如下三种类型。

（1）一对一联系(1∶1)。实体集A中的一个实体至多与实体集B中的一个实体相对应，反之，实体集B中的一个实体至多与实体集A中的一个实体相对应，则称实体集A与实体集B为一对一的联系，记为1∶1。例如，班级与班长、观众与座位、病人和床位之间的联系。

(2) 一对多联系(1∶n)。实体集A中的一个实体与实体集B中的$n(n\geqslant 0)$个实体相联系,反之,实体集B中的一个实体至多与实体集A中的一个实体相联系,记为1∶n。例如,班级与学生、公司与职员、省与市之间的联系。

(3) 多对多联系(m∶n)。实体集A中的一个实体与实体集B中的$n(n\geqslant 0)$个实体相联系,反之,实体集B中的一个实体与实体集A中的$m(m\geqslant 0)$个实体相联系,记为m∶n。例如,教师与学生、学生与课程、工厂与产品之间的联系。

实际上,一对一联系是一对多联系的特例,而一对多联系又是多对多联系的特例。

可以用图形来表示两个实体型之间的这三类联系,如图3-9所示。

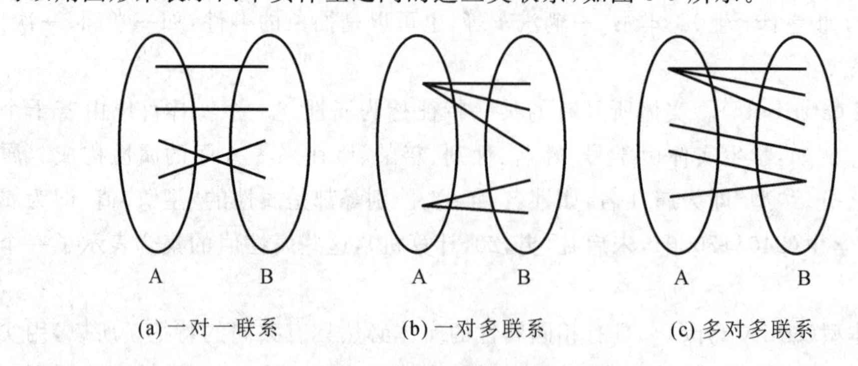

(a) 一对一联系　　(b) 一对多联系　　(c) 多对多联系

图3-9　两个实体型之间的联系

3) 两个以上实体型间的联系

两个以上的实体型之间也存在着一对一、一对多和多对多的联系。

例如,对于课程、教师与参考书三个实体型,如果一门课可以有若干个教师讲授,使用若干本参考书,而每个教师只讲授一门课,每一本参考书只供一门课程使用,则课程与老师、参考书之间的联系是一对多的联系。

4) 单个实体型内部的联系

同一个实体集内的各个实体之间存在的联系,也可以有一对一、一对多和多对多的联系。例如,职工实体型内部具有领导与被领导的联系,即某一职工"领导"若干名职工,而一个职工仅被另外一个职工直接领导,因此,在职工实体集内部这种联系,就是一对多的联系。

3. 计算机世界

计算机世界是信息世界的初始化,就是将信息用字符和数值等数据表示,便于其存储在计算机中并由计算机进行识别和处理。在计算机世界中,常用的主要概念有如下几个。

(1) 字段(field)。标识实体属性的命名单位称为字段,也称为数据项。字段的命名往往与属性名相同。例如,学生有学号、姓名、性别、年龄和所在系等字段。

(2) 记录(record)。字段的有序集合称为记录。通常用一个记录描述一个实体,因此,记录也可以定义为能完整地描述一个实体的字段集。例如,一个学生(3401170201,朱启凡,男,20,计算机)为一条记录。

(3) 文件(file)。同一类记录的集合称为文件。文件是用来描述实体集的。例如,所有学生的记录组成了一个学生文件。

(4) 关键字(key)。能唯一标识文件中每条记录的字段或字段集,称为记录的关键字,或简称键。例如,在学生文件中,学号可以唯一标识每一条学生记录,因此,学号可作为学生记录的关键字。

在计算机世界中，信息模型被抽象为数据模型，实体型内部的联系抽象为同一记录内部各字段间的联系，实体型之间的联系抽象为记录与记录之间的联系。

现实世界是信息之源，是设计数据库的出发点，实体模型和数据模型是现实世界事物及其联系的两级抽象，而数据模型是实现数据库系统的根据。通过以上介绍，我们可以总结出三个世界中各术语的对应关系，如图 3-10 所示。

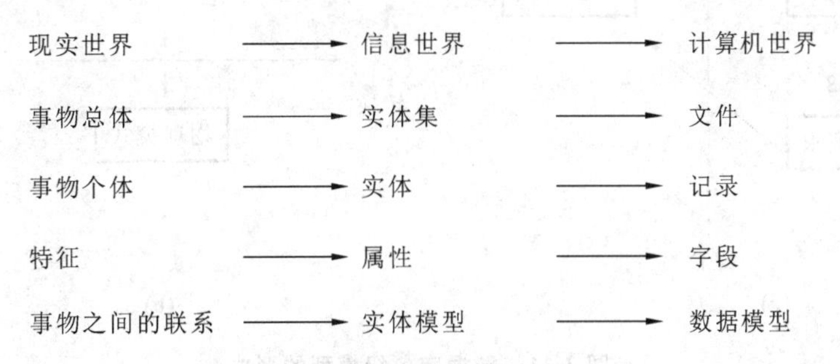

图 3-10　三个世界各术语的对应关系

由于目前主流的数据库都采用关系型数据库(在 2.1 节中介绍过)，所以我们在数据库的概念设计阶段的主要任务就是在需求分析的基础上，根据现实世界，找到各个实体，以及分析出各实体间的联系，设计出概念模型(通常用 E-R 模型表示)，将现实世界转换为信息世界。而信息世界到计算机世界的转换，需要将概念模型(E-R 模型)转换为关系模式，将在 3.4节数据库的逻辑结构设计中介绍。

3.3.2　概念结构设计的必要性

在需求分析阶段，设计人员充分调查并描述了用户的需求，但这些需求只是现实世界的具体要求，应把这些需求抽象为信息世界的信息结构，才能更好地实现用户的需求。

概念结构设计就是将需求分析得到的用户需求抽象为信息结构，即概念模型。

在早期的数据库设计中，概念结构设计并不是一个独立的设计阶段。当时的设计方式是在需求分析之后，接着就进行逻辑设计。这样设计人员在进行逻辑设计时，考虑的因素太多，既要考虑用户的信息，又要考虑具体 DBMS 的限制，使得设计过程复杂化，难以控制。为了改善这种状况，P. P. S. Chen 设计了基于 E-R 模型的数据库设计方法，即在需求分析和逻辑设计之间增加了一个概念设计阶段。在这个阶段，设计人员仅从用户角度看待数据及处理要求和约束，产生一个反映用户观点的概念模型，然后再把概念模型转换成逻辑模型。这样做有以下优点。

(1)从逻辑设计中分离出概念设计以后，各阶段的任务相对单一化，设计复杂程度大大降低，便于组织管理。

(2)概念模型不受特定的 DBMS 的限制，也独立于存储安排和效率方面的考虑，因而比逻辑模型更为稳定。

(3)概念模型不含具体的 DBMS 所附加的技术细节，更容易为用户理解，因而更有可能准确反映用户的信息需求。

设计概念模型的过程称为概念设计。概念模型在数据库的各级模型中的地位如图 3-11 所示。

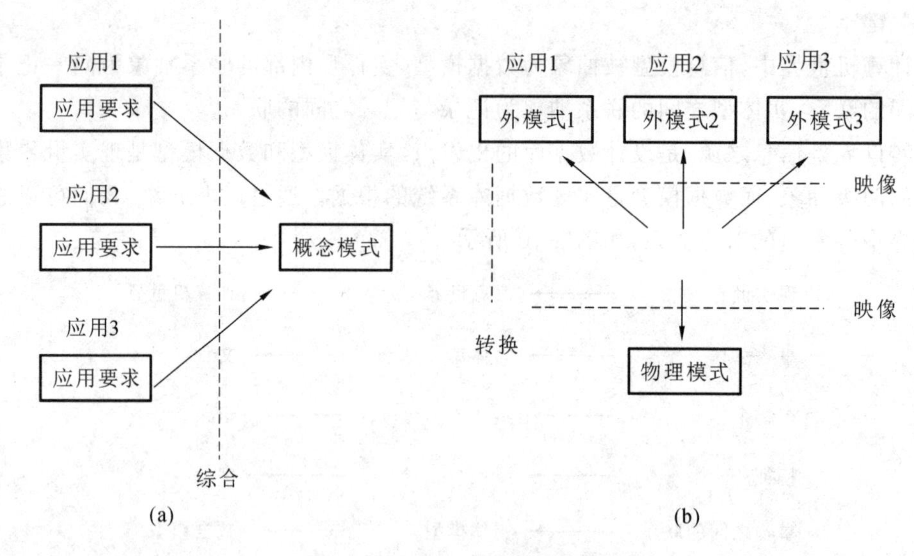

图 3-11 数据库各级模型的形成

3.3.3 概念模型的特点

概念模型作为概念结构设计的表达工具，为数据库提供了一个说明性结构，是设计数据库逻辑结构即逻辑模型的基础。因此，概念模型必须具备以下特点。

(1) 语义表达能力丰富。概念模型能表达用户的各种需求，充分反映现实世界，包括事物和事物之间的联系、用户对数据的处理要求，它是现实世界的一个真实模型。

(2) 易于交流和理解。概念模型是 DBA、设计人员和用户之间的主要界面，因此，概念模型的表达要自然、直观和容易理解，以便与不熟悉计算机的用户交换意见。

(3) 易于修改和扩充。概念模型应能灵活的加以改变，以反映用户需求和现实环境的变化。

(4) 易于向各种数据模型转换。概念模型独立于特定的 DBMS，因而更加稳定，能方便的向关系模型、网状模型或层次模型等各种数据模型转换。

人们提出了许多概念模型，其中最著名、最实用的一种是 E-R 模型，它将现实世界的信息结构统一用属性、实体以及它们之间的联系来描述。

3.3.4 概念模型的 E-R 表示方法

在概念模型中，比较著名的是由 P. P. Chen 于 1976 年提出的实体联系模型(entity relationship model)，简称 E-R 模型，是广泛应用于数据库设计工作的一种概念模型，它利用 E-R 图来表示实体及其之间的联系。

E-R 图的基本成分包含实体型、属性和联系，它们的表示方法如下。

(1) 实体型：用矩形框表示，框内标注实体名称，如图 3-12(a)所示。

(2) 属性：用椭圆形框表示，框内标注属性名称，并用无向边将其与相应的实体相连，如图 3-12(b)所示。

(3) 联系：联系用菱形框表示，框内标注联系名称，并用无向边与有关实体相连，同时在无向边旁标注联系的类型，即 1∶1、1∶n 或 m∶n，如图 3-12(c)所示。

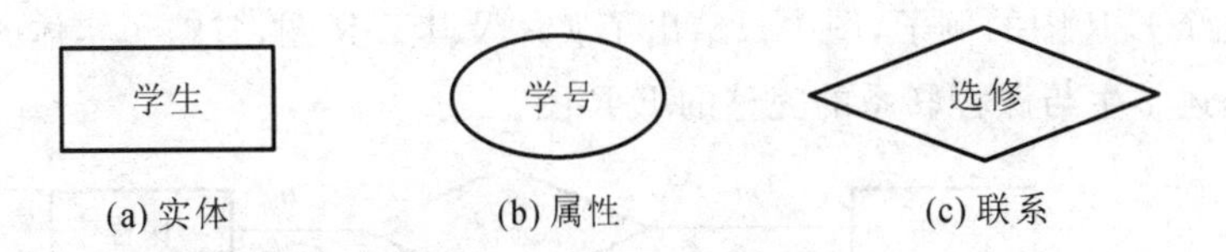

(a) 实体　(b) 属性　(c) 联系

图 3-12　E-R 图的三种基本成分及其图形的表示方法

实体间的联系有一对一(1∶1)、一对多(1∶n)和多对多(m∶n)三种联系类型。例如,系主任领导系、学生属于某个系、学生选修课程、工人生产产品,这里“领导”“属于”“选修”“生产”表示实体间的联系,可以作为联系名称。

现实世界的复杂性导致实体联系的复杂性,表现在 E-R 图上可以归结为图 3-13 所示的几种基本形式。

① 两个实体型之间的联系,如图 3-13(a)所示。

② 两个以上实体型间的联系,如图 3-13(b)所示。

③ 同一实体集内部各实体之间的联系。例如,一个部门内的职工有领导与被领导的联系,即某一职工(干部)领导若干名职工,而一个职工(普通员工)仅被另外一个职工直接领导,这就构成了实体内部的一对多的联系,如图 3-13(c)所示。

需要注意的是,因为联系本身也是一种实体型,所以联系也可以有属性。如果一个联系具有属性,则这些联系也要用无向边与该联系的属性连接起来。例如,学生选修的课程有相应的成绩。这里的“成绩”既不是学生的属性,也不是课程的属性,只能是学生选修课程的联系的属性,如图 3-13 所示。

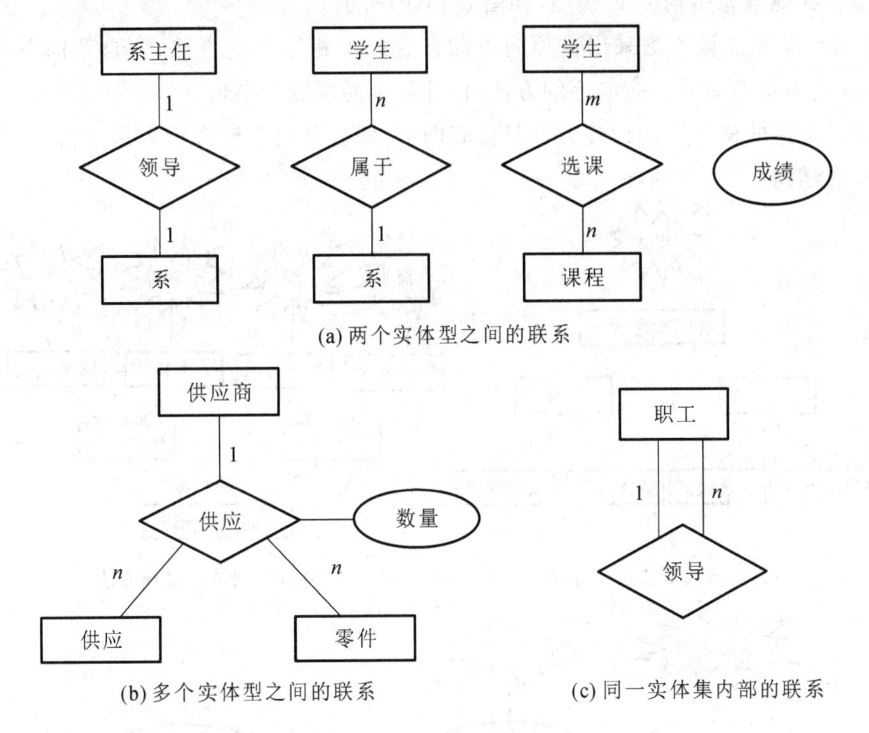

图 3-13　实体及其联系图

E-R 图的基本思想就是分别用矩形框、椭圆形框和菱形框表示实体型、属性和联系,使用无向边将属性与其相应的实体连接起来,并将联系和有关实体相连接,注明联系类型。图

3-14 所示为几个 E-R 图的例子,图中只给出了实体及其 E-R 图,省略了实体的属性。图3-14 所示为一个描述学生与课程联系的完整的 E-R 图。

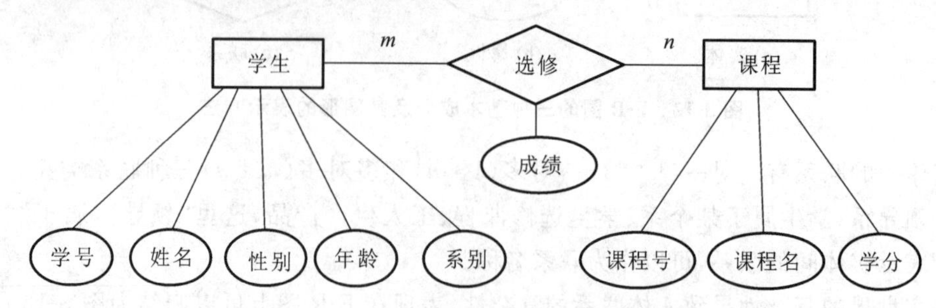

图 3-14 学生与课程联系的完整的 E-R 图

3.3.5 概念结构设计的方法与步骤

1. 概念结构设计的方法

设计概念结构的 E-R 模型可采用以下四种方法。

(1) 自顶向下。先定义全局概念结构 E-R 模型的框架,再逐步细化,如图 3-15(a)所示。

(2) 自底向上。先定义各局部应用的概念结构 E-R 模型,然后将它们集成,得到全局概念结构 E-R 模型,如图 3-15(b)所示。

(3) 逐步扩张。先定义最重要的核心概念结构 E-R 模型,然后向外扩充,以滚雪球的方式逐步生成其他概念结构 E-R 模型,如图 3-15(c)所示。

(4) 混合策略。该方法采用自顶向下和自底向上相结合的方法,先自顶向下定义全局框架,再以它为骨架集成自底向上的方法,设计各个局部概念结构。

其中最常用的概念结构设计方法是自底向上,即自顶向下地进行需求分析,再自底向上地设计概念结构。

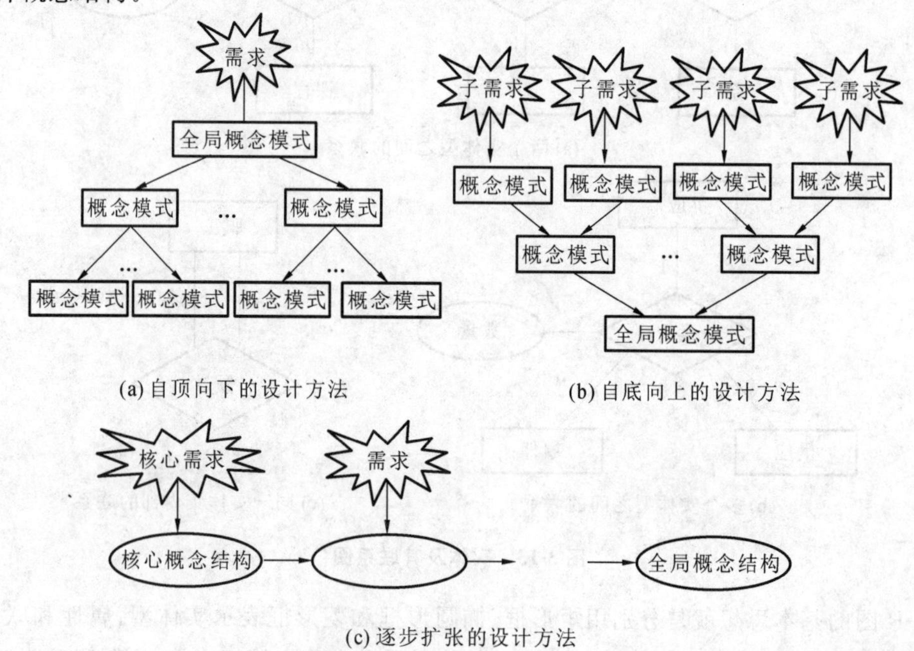

图 3-15 概念结构设计的方法

2. 概念结构的设计步骤

自底向上的设计方法可分为以下两步。

(1) 进行数据抽象,设计局部 E-R 模型,即设计用户视图。

(2) 集成各局部 E-R 模型,形成全局 E-R 模型,即视图集成。

3. 数据抽象与局部 E-R 模型设计

概念结构是对现实世界的一种抽象。所谓抽象是对实际的人、物、事和概念进行人为处理,它抽取人们关心的共同特性,忽略非本质的细节并将这些特性用各种概念精确地加以描述,这些概念组成了某种模型。概念结构设计首先要根据需求分析得到的结果(如数据流图、数据字典等)对现实世界进行抽象,设计各个局部的 E-R 模型。

1) *E-R 方法*

E-R 方法是实体-联系方法(entity-relationship approach)的简称,它是描述现实世界概念结构模型的有效方法。用 E-R 方法建立的概念结构模型称为 E-R 模型,或称E-R图。

2) *数据抽象*

在系统需求分析阶段,最后得到了多层数据流图、数据字典和系统分析报告。建立局部 E-R 模型,就是根据系统的具体情况,在多层的数据流图中选择一个适当层次的数据流图,作为设计 E-R 图的出发点,让这组图中的每一部分对应一个局部应用。在前面选好的某一层次的数据流图中,每个局部应用都对应了一组数据流图,局部应用所涉及的数据存储在数据字典中。现在就是要将这些数据从数据字典中抽取出来,参照数据流图,确定每个局部应用包含哪些实体,这些实体又包含哪些属性,以及实体之间的联系及其类型。

设计局部 E-R 模型的关键就是正确划分实体和属性。实体和属性之间在形式上并无可以明显区分的界限,通常是按照现实世界中事物的自然划分来定义实体和属性,将现实世界中的事务进行数据抽象,得到实体和属性。一般有两种数据抽象:分类和聚集。

(1) 分类(classification)。

分类定义某一概念作为现实世界中的一组对象的类型,将一组具有某些共同特性和行为的对象抽象为一个实体。对象和实体之间是“is member of”的关系。例如,在教学管理中,“朱启凡”是一名学生,表示“朱启凡”是学生中的一员,他具有学生们共同的特性和行为。

(2) 聚集(aggregation)。

聚体定义某一类型的组成成分,将对象类型的组成成分抽象为实体的属性。组成成分与对象类型之间是“is part of”的关系。例如,学号、姓名、性别、年龄、所在系等可以抽象为学生实体的属性,其中,学号是表示学生实体的主码。

3) *局部 E-R 模型设计*

数据抽象后得到了实体和属性,实际上实体和属性是相对而言的,往往要根据实际情况进行必要的调整。在调整中应遵循以下两条原则。

(1) 实体具有描述信息,而属性没有。即属性必须是不可分的数据项,不能再由另一些属性组成。

(2) 属性不能与其他属性具有联系,联系只能发生在实体之间。

例如,学生是一个实体,学号、姓名、性别、年龄和所在系是学生实体的属性。这时,所在系只是表示学生属于哪个系，不涉及系的具体情况，换句话说，没有需要进一步描述的特性，即是不可分的数据项，则根据原则(1)可以作为学生实体的属性。但如果考虑一个系的系主任、学生人数、教师人数、办公地点等问题，则系别应作为一个实体，如图 3-16 所示。

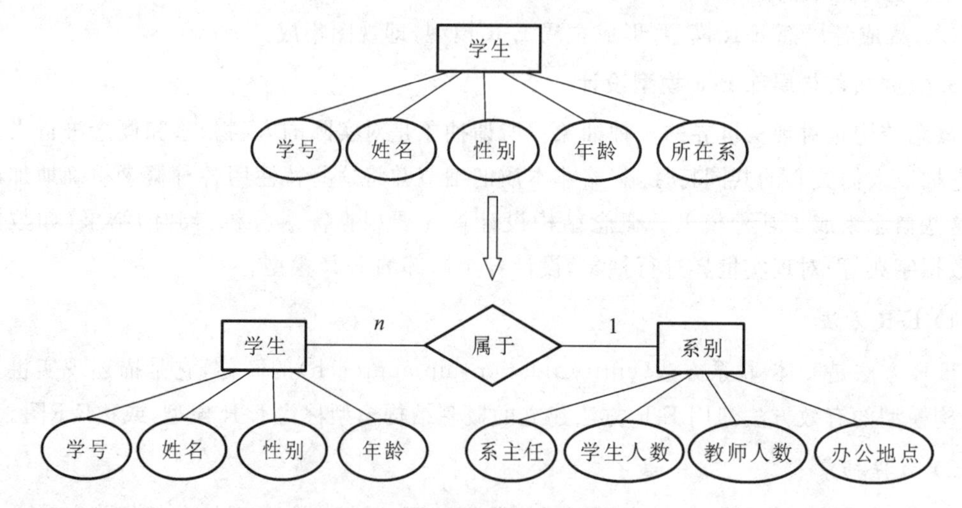

图 3-16 系别作为一个属性或实体

又如，职称为教师实体的属性，但在设计住房分配时，由于分房与职称有关，即职称与住房实体之间有联系，则根据原则(2)，职称应作为一个实体，如图 3-17 所示。

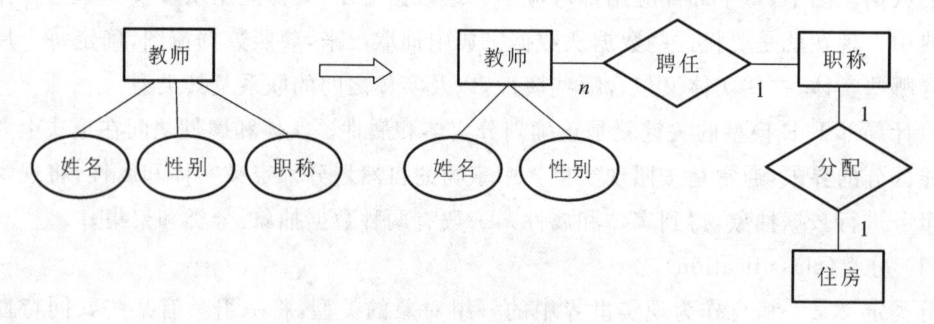

图 3-17 职称作为一个属性或实体

此外，可能会遇到这样的情况，同一数据项可能由于环境和要求的不同，有时作为属性，有时则作为实体，此时必须根据实际情况而定。一般情况下，凡能作为属性对待的，应尽量作为属性，以简化 E-R 图的处理。

形成局部 E-R 模型后，应该返回去征求用户意见，以求改进和完善，使之如实地反映现实世界。E-R 图的优点就是易于被用户理解，便于交流。

注意：

图 3-14 所示的数据库设计方法仅用于数据库设计的教学环节。在实际生产环境中，数据库并不会存储学生的年龄信息，仅会存储学生的出生日期。原因在于年龄每年都会递增，为了保障数据库的真实性，必须每年对数据库中所有学生的年龄进行递增操作，这对于大型数据库系统来说是不现实的。通常数据库中仅会存储反映学生年龄的静态信息，即出生如期，然后在需要年龄的时候，通过系统当前时间和数据库中存储的出生日期执行差运算来获取学生当前的年龄。

4. 全局 E-R 模型设计

局部 E-R 模型设计完成之后，下一步就是集成各局部 E-R 模型，形成全局 E-R 模型，即视图集成。视图集成的方法有以下两种。

（1）多元集成法，一次性将多个局部 E-R 图合并为一个全局 E-R 图，如图 3-18(a)所示。

（2）二元集成法，首先集成两个重要的局部 E-R 图，以后用累加的方法逐步将一个新的 E-R 图集成进来，如图 3-18(b)所示。

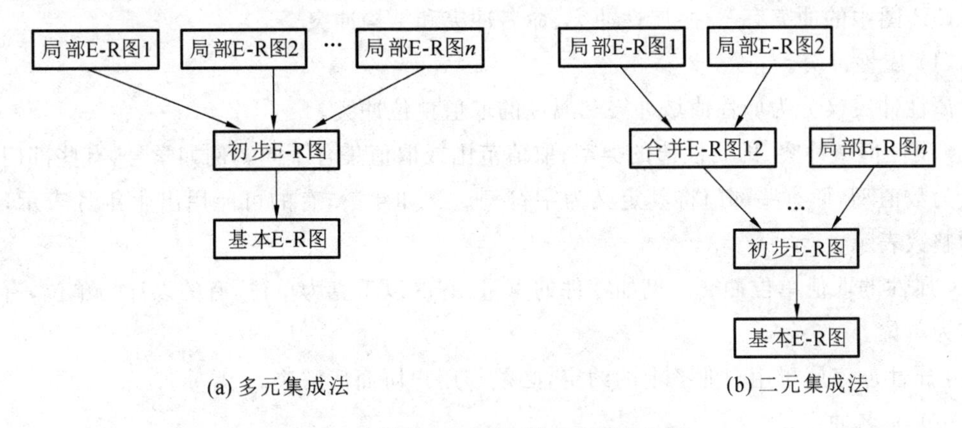

图 3-18　局部 E-R 图合并成全局 E-R 图

在实际应用中，可以根据系统的复杂性来选择这两种方案。一般采用二元集成法，如果局部 E-R 图比较简单，可以采用多元集成法。一般情况下，采用二元集成法，即每次只综合两个 E-R 图，可降低难度。无论使用哪一种方法，视图集成均分成两个步骤，如图 3-19 所示。

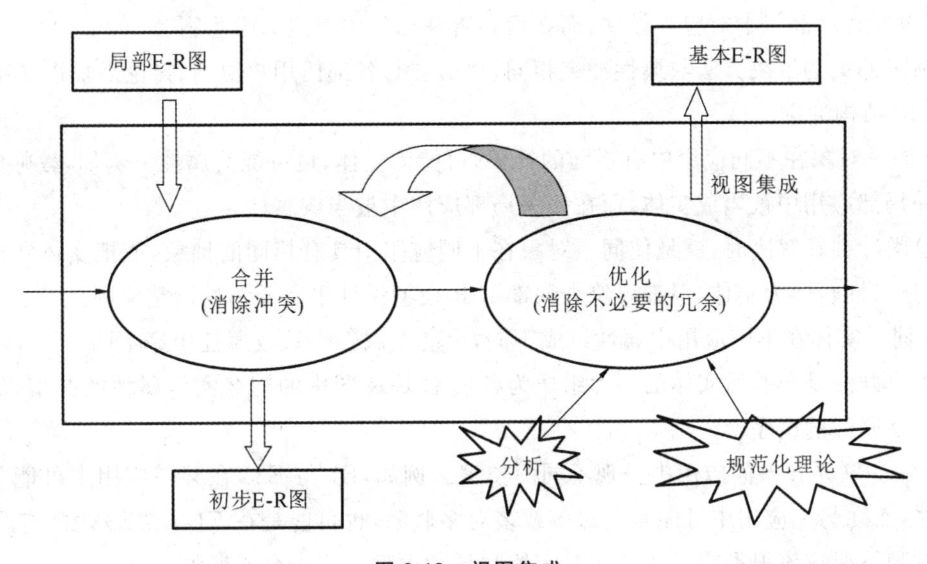

图 3-19　视图集成

1）合并

合并局部 E-R 图，消除局部 E-R 图之间的冲突，生成初步 E-R 图。这个步骤将所有的局部 E-R 图综合成全局概念结构。全局概念结构不仅要支持所有的局部 E-R 模型，而且必须合理地标识一个完整的、一致的数据库概念结构。

由于各个局部应用不同,通常由不同的设计人员进行局部 E-R 图设计,因此,各局部 E-R 图不可避免的会有许多不一致的地方,称之为冲突。合并局部 E-R 图时不能简单地将各个 E-R 图画到一起,而必须消除各个局部 E-R 图中的不一致,使合并后的全局概念结构不仅支持所有的局部 E-R 模型,而且必须是一个能被全系统中所有用户共同理解和接受的完整的概念模型。合并局部 E-R 图的关键就是合理消除各局部 E-R 图中的冲突。

E-R 图中的冲突有三种:属性冲突、命名冲突和结构冲突。

(1) 属性冲突。

属性冲突又分为属性值域冲突和属性的取值单位冲突。

• 属性值域冲突,即属性值的类型、取值范围或取值集合不同。例如学号,有些部门将其定义为数值型,而有些部门将其定义为字符型。又如年龄,有的可能用出生年月表示,有的则用整数表示。

• 属性的取值单位冲突。例如零件的重量,有的以千克为单位,有的以斤为单位,有的则以克为单位。

• 属性冲突属于用户业务上的约定,必须与用户协商后解决。

(2) 命名冲突。

命名不一致可能发生在实体名、属性名或联系名之间,其中属性的命名冲突更为常见。一般表现为同名异义或异名同义。

• 同名异义,即同一名字的对象在不同的部门中具有不同的意义。例如,"单位"在某些部门表示为人员所在的部门,而在某些部门可能表示物品的重量、长度等属性。

• 异名同义,即同一意义的对象在不同的部门中具有不同的名称,如对于"房间"这个名称,在教学管理部门中对应为教室,而在后勤管理部门中对应为学生宿舍。

命名冲突的解决方法与属性冲突相同,也需要与各部门用户协商、讨论后加以解决。

(3) 结构冲突。

• 同一对象在不同应用中有不同的抽象,可能为实体,也可能为属性。例如,教师的职称在某一局部应用中被当成实体,而在另一局部应用中被当成属性。

这类冲突在解决时,就是使同一对象在不同应用中具有相同的抽象,或把实体转换为属性,或把属性转换为实体,但都要符合局部 E-R 模型设计中所介绍的调整原则。

• 同一实体在不同应用中属性组成不同,可能是属性个数或属性次序不同。

解决办法是合并后实体的属性组成为各局部 E-R 图中的同名实体属性的并集,然后再适当调整属性的次序。

• 同一联系在不同应用中呈现不同的类型。例如,E1 与 E23 在某一应用中可能是一对一联系,而在另一应用中可能是一对多或多对多联系,也可能是在 E1、E2、E3 之间有联系。

这种情况应该根据应用的语义对实体联系的类型进行综合或调整。

2) 优化

优化是指消除不必要的冗余,生成基本 E-R 图。

冗余是指冗余的数据和实体之间冗余的联系。冗余的数据是指可由基本的数据导出的数据,冗余的联系是由其他的联系推导出的联系。在上面消除冲突合并后得到的初步 E-R

图中,可能存在冗余的数据或冗余的联系。冗余的存在容易破坏数据库的完整性,给数据库的维护增加困难,应该消除。把消除了冗余的初步 E-R 图称为基本 E-R 图。

通常采用分析的方法消除冗余。数字字典是分析冗余数据的依据,还可以通过数据流图分析出冗余的联系。

通过合并和优化过程所获得的最终 E-R 模型是企业的概念模型,它代表了用户的数据要求,是沟通"要求"和"设计"的桥梁。它决定数据库的总体逻辑结构,是成功建立数据库的关键。如果设计不好,就不能充分发挥数据库的功能,无法满足用户的处理要求。因此,用户和数据库设计人员必须对这一模型进行反复讨论,在用户确认这一模型已正确无误地反映了他们的需求后,才能进入下一阶段的设计工作。

3.3.6 后勤宿舍报修系统的概念设计

1. 信息收集

创建数据库之前,必须充分理解和分析系统需要实现的功能,以及系统实现相关功能的具体要求。在此基础上,考虑系统需要存储哪些对象,这些对象又分别需要存放哪些信息。这一步我们在前面的需求分析中已经做过了。

2. 明确实体并标识实体属性

掌握了数据库需要存放哪些信息后,接下来就要明确数据库中需要存放信息的那些关键对象(实体)。这一步我们在数据字典中也已经分析过了。

实体及其属性的定义如下。

(1) 报修信息:单号、报修时间、寝室、报修人、联系方式、报修内容、实际维修及用材情况、状态、退回原因、维修人员、备注等。其中"单号"是 id,自动生成;"状态"的取值范围是:待处理、处理中、已处理、已退回。

(2) 维修人员:编号、姓名、性别、电话、备注等。其中"编号"是 id,自动生成。

(3) 楼栋信息:编号、名称、管理员、备注等。其中"编号"是 id,手动输入。

(4) 宿舍信息:编号、名称、床位数、备注、所属楼栋等。其中"编号"是 id,手动输入。

3. 标识实体间的关系

关系模型数据库中每个对象并非孤立的,它们是相互关联的。在设计数据库时,一个很重要的工作就是标识出对象之间的关系。这需要仔细分析对象之间的关系,确定对象之间在逻辑上是如何关联的,然后建立对象之间的连接。

(1) 一个维修人员可以对应多条报修信息,一条报修信息由一个维修人员处理,因此,维修人员和报修信息是一对多的关系。

(2) 一间宿舍可以有多条报修信息,一条报修信息只对应一个宿舍,因此宿舍和报修信息是一对多的关系。

(3) 一栋宿舍楼包含多间宿舍,一间宿舍属于一个楼栋,因此,楼栋和宿舍是一对多的关系。

4. 绘制 E-R 图

根据对象(实体)间的关系,"后勤宿舍管理系统"的 E-R 图如图 3-20 所示。

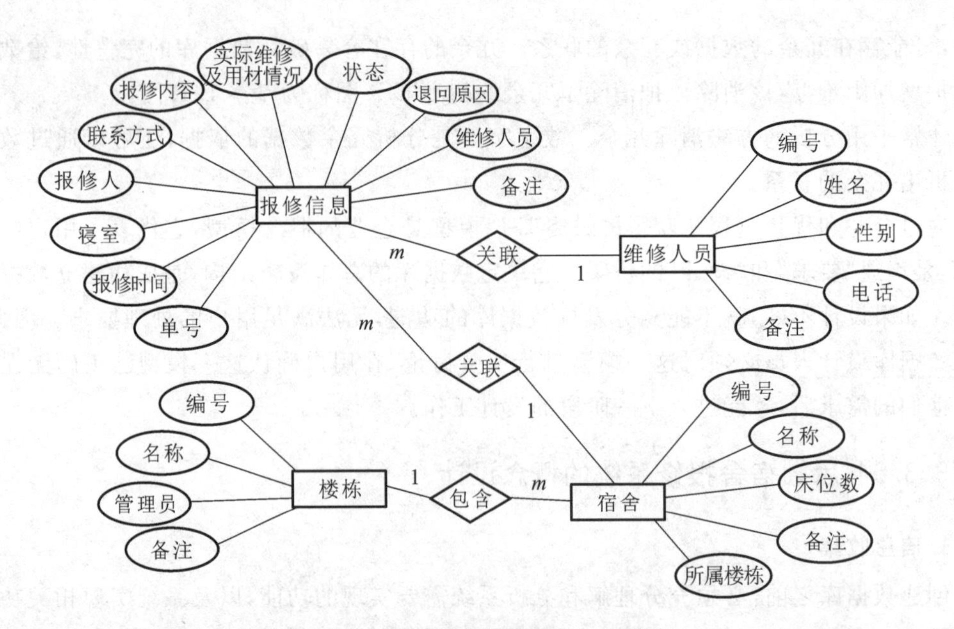

图 3-20　后勤宿舍管理系统 E-R 模型

注意：

此案例的 E-R 模型比较简单，当实体-联系模型较为复杂或者读者不是很熟练的时候，可以按照前面 3.3.5 节介绍的方法，先建立局部 E-R 模型，然后通过合并的方法进行局部 E-R 模型的合并，生成初步 E-R 图，再在初步 E-R 图的基础上消除冗余数据和冗余联系后，得到全局 E-R 模型。

3.4 数据库系统的逻辑设计

任务描述与分析

在项目的每周例会上，由吴老师带领的第 1 项目小组绘制的"后勤宿舍报修系统"数据库 E-R 图通过了项目小组的评审，并得到了大家的肯定。项目经理周教授觉得第 1 项目小组可以接着推行"后勤宿舍报修系统"数据库的逻辑设计，他说："现在需要系统详细的数据库逻辑文档，从已设计好的概念设计模型(E-R 图)导出系统的逻辑设计模型，包括所有的数据表，每个表的所有列、主键、外键定义等，并且所有命名都必须符合规范。"

相关知识与技能

在数据库设计阶段，很重要的工作是编制数据库逻辑设计文档，以便后期数据库的物理实现。首先，我们要熟悉关系模型中的术语(如数据表、列、主键、外键等)，掌握将 E-R 图转化为数据表逻辑形式的方法，并确定数据库中主要的数据表表名、定义数据表的列(列名、数据类型、长度、是否为空、默认值等)，并标识各个数据表的主、外键。

3.4.1 逻辑结构设计的任务和步骤

概念结构设计阶段得到的E-R模型是用户的模型，它独立于任何数据模型，独立于任何一个具体的DBMS。为了建立用户所要求的数据库，需要把上述概念模型转换为某个具体的DBMS所支持的数据模型。数据库逻辑设计的任务是将概念模型转换成特定DBMS所支持的数据模型的过程。从此开始便进入了“实现设计”阶段，需要考虑到具体的DBMS的性能、具体的数据模型特点。

从E-R图所表示的概念模型可以转换成任何一种具体的DBMS所支持的数据模型，如网状模型、层次模型和关系模型等。这里只讨论关系数据库的逻辑设计问题，所以只介绍E-R图如何向关系模型进行转换。

从理论上来说，设计数据库逻辑结构的步骤应该是：① 选择最合适的数据模型，并按转换规则将概念模型转换为选定的数据模型；② 从支持这种数据模型的各个DBMS中选出最佳的DBMS，根据选定的DBMS的特点和限制对数据模型进行适当修正。但实际情况常常是先给定了计算机和DBMS，再进行数据库逻辑模型设计。由于在实际设计时，DBMS是事先已确定的，概念模型向逻辑模型转换时应适合给定的DBMS。

通常将概念模型向逻辑模型转换的过程分为如下三个步骤进行。

(1) 把概念模型转换成一般的数据模型。

(2) 将一般的数据模型转换成特定的DBMS所支持的数据模型。

(3) 通过优化方法将其转化为优化的数据模型。

概念模型向逻辑模型的转换步骤如图3-21所示。

图3-21 逻辑结构设计的三个步骤

从E-R图所表示的概念模型可以转换成任何一种具体的DBMS所支持的数据模型，如网状模型、层次模型和关系模型等。本书只讨论关系数据库的逻辑设计问题，所以只介绍E-R图如何向关系模型进行转换。

3.4.2 概念模型向关系模型的转换

将E-R图转换成关系模型要解决两个问题：一是如何将实体集和实体间的联系转换为关系模式；二是如何确定这些关系模式的属性和码。关系模型的逻辑结构是一组关系模式，而E-R图则是由实体集、属性以及联系等三个要素组成，将E-R图转换为关系模型实际上就是要将实体集、属性以及联系转换为相应的关系模式。

概念模型转换为关系模型的基本方法如下。

1. 实体集的转换规则

概念模型中的一个实体集转换为关系模型中的一个关系，实体的属性就是关系的属性，实体的码就是关系的码，关系的结构就是关系模式。

2. 实体集间联系的转换规则

在向关系模型转换时，实体集间的联系就按以下规则转换。

1) 1∶1 联系的转换方法

一个 1∶1 联系可以转换为一个独立的关系,也可以与任意一端实体集所对应的关系合并。如果将 1∶1 联系转换为一个独立的关系,则与该联系相连的各实体的码以及联系本身的属性均转换为关系的属性,且每个实体的码均是该关系的候选码。如果将 1∶1 联系与某一端实体集所对应的关系合并,则需要在被合并关系中增加属性,其新增的属性为联系本身的属性和与联系相关的另一个实体集的码。

【例 3-1】 将图 3-22 中含有 1∶1 联系的 E-R 图转换为关系模型。

该例有三种方案可供选择(注:关系模式中标有下画线的属性为码)。

(1) 方案 1:联系形成的独立关系,关系模型为:

职工(职工号,姓名,年龄)

产品(产品号,产品名,价格)

负责(职工号,产品号)

(2) 方案 2:"负责"与"职工"合并,关系模型为:

职工(职工号,姓名,年龄,产品号)

产品(产品号,产品名,价格)

(3) 方案 3:"负责"与"产品"合并,关系模型为:

职工(职工号,姓名,年龄)

产品(产品号,产品名,价格,职工号)

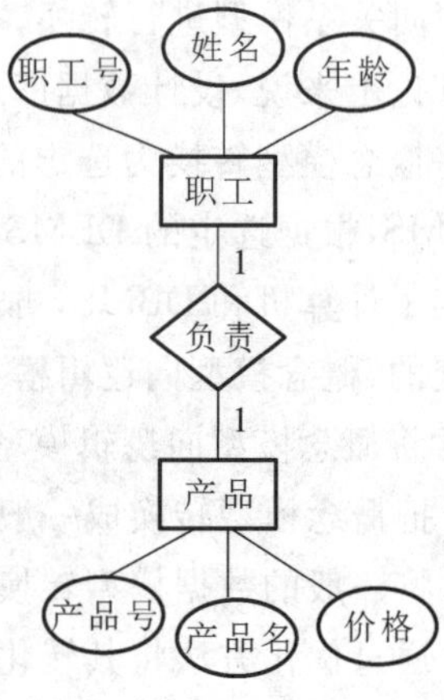

图 3-22 两元 1∶1 联系转换为关系的实例

将上面的三种方案进行比较,不难发现:方案 1 中,由于关系多,增加了系统的复杂性;方案 2 中,由于并不是每个职工都负责产品,就会造成产品号属性的 NULL 值过多。比较起来,方案 3 比较合理。

2) 1∶n 联系的转换方法

在向关系模型转换时,实体间的 1∶n 联系可以有两种转换方法:一种方法是将联系转换为一个独立的关系,其关系的属性由与该联系相连的各实体集的码以及联系本身的属性组成,而该关系的码为 n 端实体集的码;另一种方法是在 n 端实体集中增加新属性,新属性由联系对应的 1 端实体集的码和联系自身的属性构成,新增后原关系的码不变。

【例 3-2】 将图 3-23 中含有 1∶n 联系的 E-R 图转换为关系模型。

该例有两种转换方法可供选择。

(1) 方案 1:1∶n 联系形成的关系独立存在,关系模型为:

仓库(仓库号,地点,面积)

产品(产品号,产品名,价格)

仓储(仓库号,产品号,数量)

(2) 方案 2:联系形成的关系与 n 端对象合并,关系模型为:

仓库(仓库号,地点,面积)

产品(产品号,产品名,价格,仓库号,数量)

比较以上两个转换方案可以发现，尽管方案1使用的关系多，但是对仓储变化大的场合比较适用；相反，方案2中关系少，它适应仓储变化较小的应用场合。

【例3-3】 图3-24中含有同一实体集的1∶n联系，将其转换为关系模型。

该例有两种转换方法可供选择。

(1) 方案1：转换为两个关系模式。

职工(<u>职工号</u>,姓名,年龄)

领导(领导工号,<u>职工号</u>)

(2) 方案2：转换为一个关系模式。

职工(<u>职工号</u>,姓名,年龄,领导工号)

其中，由于同一个关系中不能有相同的属性名，故将领导的职工号改为领导工号。以上两种方案相比，第2种方案的关系少，且能充分表达原有的数据联系，所以采用第2种方案会更好一些。

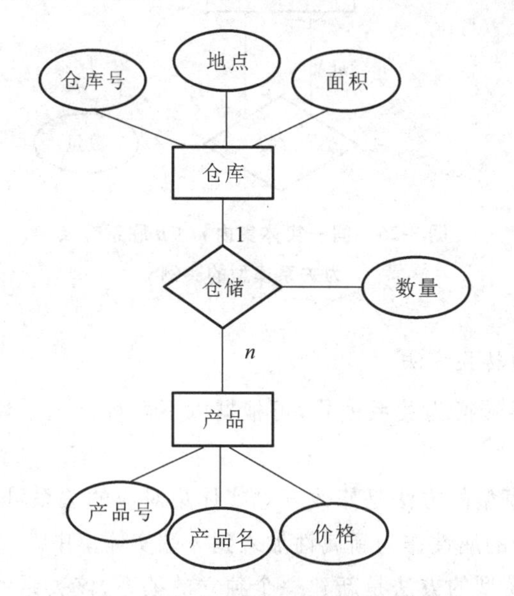

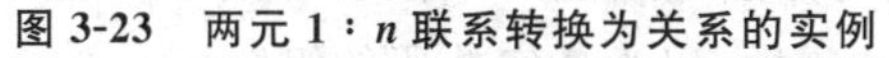
图3-23 两元1∶n联系转换为关系的实例

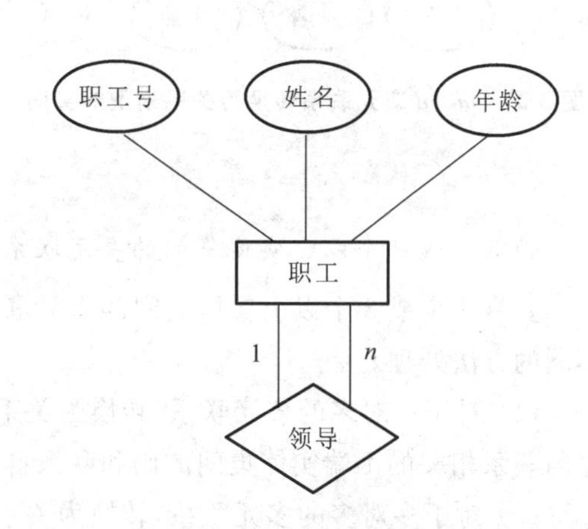

图3-24 实体集内部1∶n联系转换为关系的实例

3) m∶n联系的转换方法

在向关系模型转换时，一个m∶n联系转换为一个关系。转换方法为：与该联系相连的各实体集的码以及联系本身的属性均转换为关系的属性，新关系的码为两个相连实体码的组合(该码为多属性构成的组合码)。

【例3-4】 将图3-25中含有m∶n二元联系的E-R图，转换为关系模型。

该例题转换的关系模型为：

学生(<u>学号</u>,姓名,年龄,性别)

课程(<u>课程号</u>,课程名,学时数)

选修(<u>学号</u>,<u>课程号</u>,成绩)

【例3-5】 将图3-26中含有同一实体集内m∶n联系的E-R图转换为关系模型。

该例题转换的关系模型为：

零件(零件号,名称,价格)

组装(组装件号,零件号,数量)

其中,组装件号为组装后的复杂零件号。由于同一个关系中不允许存在同属性名,因而改为组装件号。

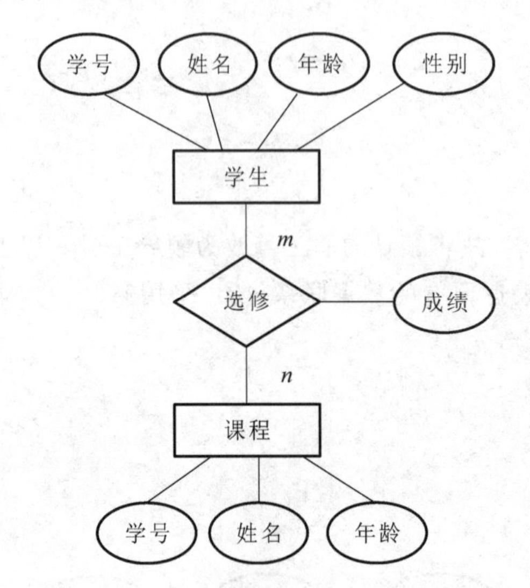

图 3-25 m：n 二元联系转换为关系模型的实例

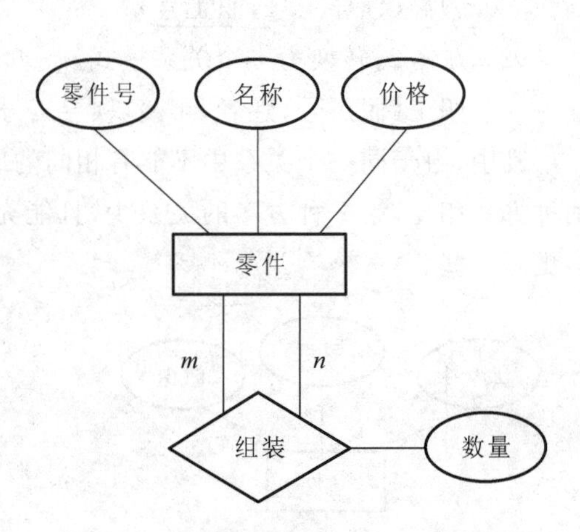

图 3-26 同一实体集内 m：n 联系转换为关系模型的实例

4) 3 个或 3 个以上实体集间的多元联系的转换方法

要将 3 个或 3 个以上实体集间的多元联系转换为关系模式,可根据以下两种情况采用不同的方法处理。

(1) 对于一对多的多元联系,转换为关系模型的方法是修改 n 端实体集对应的关系,即将与联系相关的 1 端实体集间的码和联系自身的属性作为新属性加入到 n 端实体集中。

(2) 对于多对多的多元联系,转换为关系模型的方法是新建一个独立的关系,该关系的属性为多元联系相连的各实体的码以及联系本身的属性,码为各实体码的组合。

【例 3-6】 将图 3-27 中含有多实体集间的多对多联系的 E-R 图转换为关系模型。

转换后的关系模式如下：

供应商(供应商号,供应商名,地址)

零件(零件号,零件名,单价)

产品(产品号,产品名,型号)

供应(供应商号,零件号,产品号,数量)

其中,关系中标有下画线的属性为码。

3. 关系合并规则

在关系模型中,具有相同码的关系,可根据情况合并为一个关系。

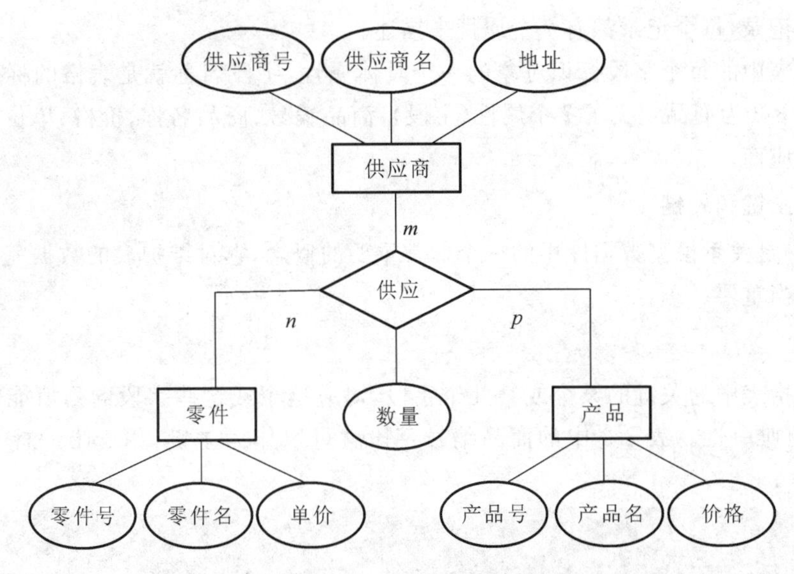

图 3-27　多实体集间联系转换为关系模型的实例

3.4.3　E-R 图转换为数据表

1. 关系模型数据表

关系模型设计好之后，也可以使用二维表来表示关系模型。如表 3-3 所示的模型就是二维表来表示关系模型。表由行与列组成，表中的每行数据称为记录，每一列的属性称为字段。行和列的数据存在一定的关系，这样形成的表称为关系，由关系表组成的数据库称为关系模型数据库。

表 3-3　商品信息表

商品编号	商品名称	价格/元	单位	生产日期	保质期	供应商
S0001	奶茶	3.7	杯	2018-2-3	18 月	上海东苑食品
S0002	奶茶	2.9	杯	2019-2-8	12 月	山东宏达公司
S0003	茶杯	1.2	个	2018-7-5		江西瓷器有限公司
S0004	大米	2.2	斤	2018-11-21	36 月	北大荒有限公司
S0005	红枣	7.8	斤	2019-4-9	24 月	山西枣业公司

关系模型数据库的几个术语在不同的领域中有不同的称谓：行、列、二维表属于日常用语；元组、属性、关系是数学领域中的术语；记录、字段是数据库领域的术语。

关系模型中的表具有如下特点。

- 表中每一个字段的名字必须是唯一的。
- 表中每一个字段必须是基本数据项，具有原子性，即不可再分解。
- 表中同一列(字段)的数据必须具有相同的数据类型。
- 表中不应有内容完全相同的行。
- 表中行的顺序与列的顺序不影响表的定义。

数据库表中的每条记录由若干个相关属性组成，多个记录构成一个表的内容。表 3-3

中共有 5 条记录，每个记录都有 7 个属性来描述。

数据库表中的每个字段标识对象的一个具体属性，字段名称就是表格的标题栏中的标题名称。表 3-3 为商品定义了 7 个属性(字段)：商品编号、商品名称、价格、单位、生产日期、保质期及供应商。

2. 表的主键和外键

键(key)是关系模型数据库中的一个非常重要的概念，它对维护表的数据完整性及表之间的关系相当重要。

1) 主键

主键是指表中的关键的某个或某几个字段，对应这个或这些字段的列值能唯一标识一条记录，具有唯一性。表 3-3 中的商品编号字段就可以作为主键，用于唯一标识每条商品记录。

注意：

一个表只能有一个主键，但可以有多个外键。

2) 外键

外键是指表中的某个字段，这个字段引用另一个表中的主键作为自己的一个字段，从而建立表之间主、外键联系。

3. 将 E-R 图转换为数据表的步骤

1) 实体映射成表

E-R 图中的每一个实体映射为关系数据库中的一个表，一般用实体的名称来命名这个表。

2) 标识主键字段

标识每张表的主键(primary key)。实体的主标识属性对应为主键，唯一地标识每条记录。

3) 确定外键字段

(1) $1:n$ 关系。

外键(foreign key)关系体现了实体之间的“一对多”关系，使表之间构成了主从表关系，主、外键关系主要用于维护两个表之间数据的一致性，是一种约束关系。可以通过在从表中增加一个字段(对应主表中的主键)作为外键。例如，班级与学生是一对多的关系，学生表中需要一个表示学生班级属性的字段，只要将班级表中的主键班级编码字段设置到学生表中作为外键即可。

(2) $m:n$ 关系。

$m:n$ 关系即多对多关系。这时应该将多对多的联系映射成一张新表，这张表应包括两个多对多实体表中所有的主键字段，这两个主键的组合成为新表的主键。例如，学生与课程的关系(学生选课)是多对多关系，此时应将“学生选课”联系映射成一张新表。

4) 确定普通字段

根据 E-R 图中实体的属性，以及该属性在系统中信息表达的具体要求，将属性映射成实体所对应的数据表的字段，并明确字段的名称、数据类型、长度、是否为空、默认值等。

(1) 字段的数据类型。

在设计表时，需要根据字段所存储值的长度或大小明确每个字段的数据类型，而每一种数据类型都有自己的定义和特点。如表3-4所示的就是一些SQL Server 2012中常用字段的数据类型的简单介绍。

表3-4 SQL Server 2012 **常用数据类型**

数据类型	类型名称	定义或特点
数字类型	int	数据长度4个字节，可以存储-2^{31}～$2^{31}-1$的整数
	small int	数据长度2个字节，可以存储-2^{15}～$2^{15}-1$的整数
	tiny int	数据长度1个字节，可以存储0～255的整数
	real	数据长度4个字节，可以存储-3.40×10^{-38}～3.40×10^{38}的实数
	float	数据长度4个或8个字节，可以存储-1.79×10^{-308}～1.79×10^{308}的实数
	decimal(p,s)	长度不确定，随精度变化而变化，可以存储$-10^{38}+1$～$10^{38}-1$的实数
字符类型	char(n)	用于存储固定长度的字符，最多存储8000个字符，每个字符占1个字节
	varchar(n)	用于存储可变长度的字符，最多存储8000个字符，每个字符占1个字节
	text	用于存储数量巨大的字符，最多存储$2^{31}-1$个字符，也可以用varchar(max)
	nchar(n)	用于存储固定长度的字符，最多存储4000个字符，每个字符占2个字节
	nvarchar(n)	用于存储可变长度的字符，最多存储4000个字符，每个字符占2个字节
	ntext	用于存储数量巨大的字符，最多存储$2^{31}-1$个字符，也可以用nvarchar(max)
日期类型	datetime	日期范围为1753年1月1日～9999年12月31日，精度为3.33毫秒
	smalldatetime	日期范围为1900年1月1日～2079年12月31日，精度为1分钟
货币类型	money	数据长度8个字节，可以存储-2^{63}～$2^{63}-1$的实数，精确到万分之一
	smallmoney	数据长度4个字节，可以存储-2^{31}～$2^{31}-1$的实数，精确到万分之一
位类型	bit	可以存储1、0或者NULL，主要用于逻辑判断
二进制类型	binary(n)	用于存储固定长度的二进制数据
	varbinary(n)	用于存储可变长度的二进制数据
	image	用于存储二进制文件和二进制对象
其他类型	cursor	游标变量，用于存储与游标相关的语句
	table	用于类型为table的局部变量，存储记录集，类似于临时表

字符(char)数据类型是SQL Server 2012中最常用的数据类型之一，它可以用于存储各种字母、数字符号、特殊符号(1个字节存储)和汉字(2个字节存储)。在使用字符数据类型时，需要在其前后加上英文单引号或双引号。

字符数据类型用于存储固定长度的字符，用来定义表的字段或变量时，应该根据字段或变量的实际情况给定最大长度。如果实际数据的字符长度短于给定的最大长度，则空余字节的存储空间系统会自动用“空格”填充；如果实际数据的字符长度超过了给定的最大长度，则超过的部分字符将会被系统自动截断。而varchar(max)形式，可以像text数据类型一样存储数量巨大的变长字符串数据，最大长度可达 max。

通常情况下，在选择使用 char(n)或者 varchar(n)数据类型时，可以按照以下原则进行判断。

● 如果某个字段存储的数据长度都相同，这时应该使用 char(n)数据类型；如果该字段中存储的数据的长度相差比较大，则应该考虑使用 varchar(n)数据类型。

● 如果存储的数据长度虽然不完全相同，但是长度相差不是太大，且希望提高查询的执行效率，可以考虑使用 char(n)数据类型；如果希望降低数据的存储成本，则可以考虑使用 varchar(n)数据类型。

Unicode 字符是一种在计算机上使用的字符编码。它为每种语言中的每个字符设定并统一了唯一的二进制编码，以满足跨语言、跨平台进行文本转换、处理的要求。SQL Server 2012 中 Unicode 字符类型包括 char、nvarchar、ntext 三种，用 2 个字节作为一个存储单位，不管是字符还是汉字，都用一个存储单位(2 个字节)来存放，所以存储长度范围为对应的 char、varchar、text 类型的一半。由于一个存储单位(2 个字节)的容量大大增加了，可以将全世界的语言文字都囊括在内，因此在一个字段存储的数据中就可以同时出现中文、英文、法文等。

(2) 字段的其他属性。

上面讲解了字段的数据类型及长度，但是对于一个数据库设计者来说，仅仅知道这些事远远不够的。要设计好字段，还需要考虑哪些字段不能重复，哪些字段不能为空，哪些字段需要默认值等情况。

● NULL、NOT NULL。

在数据表中存储数据时，不希望有些字段出现为“空”的情况，如学生信息表中的姓名、性别等字段，这是一个学生的基本信息，不可缺少。而有些字段可以出现为“空”的情况，如成绩信息表中补考成绩字段，大部分学生没有补考成绩。在 SQL Server 2012 中，用“NULL、NOT NULL”关键字来说明字段是否允许为“空”。

● 默认值。

默认值是当某个字段在大部分记录中的值保持不变的时候定义的，每次输入记录时，不过不给这个字段输入值，系统会自动给这个字段赋予默认值。如学生信息表中的性别字段，只有“男，女”两种情况，这时可以给性别字段定义一个默认值“男”。当某学生性别是“男”时，不用输入，系统会自动给这个字段赋予默认值“男”，当某个学生的性别是“女”时，需要手动输入。

● 标识字段(Identity 列)。

用“Identity”关键字定义的字段又称为标识字段，一个标识字段是唯一标识表中每条记录的特殊字段，标识字段的值是整数类型。当一条新记录添加到表中时，系统就将这个字段自动递增赋予一个新值，默认情况下是加 1 递增。每个表只能有一个标识字段。

◆ 3.4.4 后勤宿舍报修系统的逻辑结构设计

从项目的一开始就要明确数据库对象的命名规范，这有助于提高系统设计与开发的效率和成功率，并使开发的应用程序可读性好、更容易维护。如表 3-5 所示为“后勤宿舍报修系统”数据库设计命名规范。

表 3-5　数据库设计命名规范

对象类型	命名规则	前缀	范例
数据库名	db_英文名	db_	db_BXPT
表名	tb_英文名	tb_	tb_ld
字段名	英文名		ldID
视图名	vw_英文名	vw_	vw_bx
主键	pk_表名_列名	pk_	pk_ldID
外键	fk_表名_列名	fk_	fk_ssID
检查约束	ck_表名_列名	ck_	ck_ldID
唯一约束	uk_表名_列名	uk_	uk_ssName
默认值	def_表名_列名	def_	def_tb_wx_sex
索引	ix_表名_列名	ix_	ix_ssName
存储过程	sp_英文名	sp_	sp_gradeprocess
触发器	tr_英文名	tr_	tr_selectcourse
游标	cur_英文名	cur_	cur_student
局部变量	@英文名	@	@courseID

下面根据表 3-5 的命名规范，进行后勤宿舍报修系统的逻辑设计。

1. 实体映射成表及主键

根据图 3-20 所设计的后勤宿舍报修系统的概念模型和概念模型向关系模型的转换规则，以及数据表的特点，首先设计系统需要的表及表的主键情况。由于四个实体（宿舍、楼栋、维修人员、报修信息）之间都是一对多的关系，不用将联系转换为独立的关系，所以将四个实体转换为四张表。系统所需要的表及表的主键情况如表 3-6 所示。

表 3-6　系统表及主键

表名称	主键	描述
tb_ld	ldID	楼栋表/楼栋编号
tb_ss	ssID	宿舍表/宿舍编号
tb	wxID	维修人员表/工号
tb_bx	bxID	报修信息表/报修单号

2. 确定外键字段

由于“楼栋”和“宿舍”、“宿舍”和“报修信息”、“维修人员”和“报修信息”之间都是 1∶n 的关系，一对多的关系不用增加新的表，只需在 n 端实体集中增加新属性，新属性由联系对应的 1 端实体集的码和联系自身的属性构成，新增后原关系的码不变。而在 n 端新增加的 1 端的码就是该关系的外键字段。

3. 在确定普通字段的基础上完成各表的逻辑设计

具体见表 3-7 至表 3-10。

表 3-7 tb_ld(**楼栋表**)

PK	字段名称	字段类型	NOT NULL	默认值	约束	字段说明
√	ldID	nvarchar(10)	√		主键	楼栋编号
	ldname	nvarchar(50)				楼栋名称
	administrator	nvarchar(50)	√			管理员
	remark	nvarchar(200)				备注

表 3-8 tb_ss(**宿舍表**)

PK	字段名称	字段类型	NOT NULL	默认值	约束	字段说明
√	ssID	nvarchar(10)	√		主键	宿舍编号
	ssname	nvarchar(50)				名称
	bednum	narchar(10)				床位数
	remark	nvarchar(200)				备注
	ldID	nvarchar(10)	√		外键	所属楼栋编号

表 3-9 tb_wx(**维修人员表**)

PK	字段名称	字段类型	NOT NULL	默认值	约束	字段说明
√	wxID	nvarchar(10)	√		主键	维修人员工号
	wxname	nvarchar(50)	√			姓名
	sex	char(1)	√	M		性别
	tel	nvarchar(20)	√			电话
	remark	nvarchar(500)				备注

表 3-10 tb_bx(**报修信息表**)

PK	字段名称	字段类型	NOT NULL	默认值	约束	字段说明
√	bxID	nvarchar(10)	√		主键	报修信息编号
	bxdate	datetime	√			报修时间
	ssID	nvarchar(10)	√		外键	宿舍号
	bxstu	nvarchar(50)	√			报修人
	tel	nvarchar(20)				联系方式
	bxmessage	nvarchar(200)	√			报修内容
	status	nvarchar(10)				状态
	rejectinfo	nvarchar(200)				退回原因
	wxID	nvarchar(10)	√		外键	维修人员工号
	remark	nvarchar(200)				备注
	check	nvarchar(10)				是否审核

3.5 数据库设计规范化

任务描述与分析

在“后勤宿舍报修系统”数据表逻辑形式的评审会议上，项目经理周教授请第3项目小组审查第1项目小组已经完成的“DB_BXPT”数据库的逻辑设计，并在会议上给大家下发了数据库逻辑设计文档评审检查要求，具体清单如表3-11所示。

表3-11 数据库逻辑设计评审要求

编号	检查项目	通过	未通过
01	数据库是否达到第三范式		
02	遵循统一的命名规范		
03	表字段注释是否充分		
04	命名避免数据库的保留字		
05	数据类型是否存在溢出的可能性		
06	数据类型的长度是否保留了未来扩展的余量		
07	字段是否建立了 NOT NULL 约束		
08	每个表是否建立了主键		
09	主键的编码规则是否合理		
10	主键是系统自动生成的码？如果是，理由是否充分		

周教授说：“数据库逻辑设计文档的评审涉及命名规范、表定义、列定义、主键定义等，其中最重要的一项是范式评审。数据表的设计应符合第三范式的规则，如果数据库内所设计的表都达到第三范式，则称数据库设计达到第三范式。”

3.5.1 关系规范化的必要性

1. 规范化理论的主要内容

关系数据库的规范化理论最早是由关系数据库的创始人 E. F. Codd 于1970年在其文章《大型共享数据库数据的关系模型》中提出的，后经许多专家学者对关系数据库理论进行了深入的研究和发展，形成了一整套有关关系数据库设计的理论。在该理论出现以前，层次型和网状数据模型只是遵循其模型本身固有的原则，相关的数据设计和实现具有很大的随意性和盲目性，缺乏规范数据库设计的理论基础，可能在以后的运行和使用中出现许多预想不到的问题。

在关系数据库系统中，关系模型包括一组关系模式，并且关系之间不是完全孤立的。如何设计一个适合的关系型数据库系统，其关键是设计关系型数据库的模式，具体包括：数据库中应包括多少个关系模式、每一个关系模式应该包括哪些属性以及如何将这些相互关联的关系模式组建成一个完整的关系型数据库等，上述工作决定了整个数据库系统的运行效率，也是数据库系统成败的关键。为了解决上述问题，需要从关系型数据库的理论出发，在数据库规范化理论的指导下进行关系型数据库的设计工作。

关系数据库的规范化理论主要包括三个方面的内容：函数依赖、范式（normal form）和模式设计。其中，函数依赖起着核心的作用，是模式分解和模式设计的基础，范式是模式分解的标准。

2. 不合理的关系模式存在的异常问题

数据库的逻辑设计为什么要在关系型数据库规范化理论的指导下进行？什么是合适的关系模式？如果不使用关系型数据库的规范化理论，随意进行数据库的设计工作可能导致哪些问题？下面通过例子对这些问题进行分析。

【例 3-7】 要求设计教学管理数据库，其关系模式如下：

SCD(SNO，SN，Age，Dept，MN，CNO，Score)

其中，SNO 表示学生的学号；SN 表示学生姓名；Age 表示学生年龄；Dept 表示学生所在的系别；MN 表示系主任的姓名；CNO 表示课程号；Score 表示成绩。

根据实际情况，SCD 的这些数据具有如下语义规定。

(1) 一个系有若干名学生，但一名学生只属于一个系。

(2) 一个系只有一名系主任，但一名系主任可以同时兼任几个系的系主任。

(3) 一名学生可以选修多门功课，每门课程可被若干名学生选修。

(4) 每名学生学习的课程有一个成绩，但不一定立即给出。

在此关系模式中填入一部分具体的数据，可得到 SCD 关系模式的实例，即一个教学管理数据库，如图 3-28 所示。

SNO	SN	Age	Dept	MN	CNO	Score
3401170201	朱启凡	20	计算机	王先水	C1	92
3401170201	朱启凡	20	计算机	王先水	C2	89
3401170201	朱启凡	20	计算机	王先水	C3	82
3401170202	徐志伟	20	计算机	王先水	C1	86
3401170202	徐志伟	20	计算机	王先水	C2	75
3401170202	徐志伟	20	计算机	王先水	C3	76
3401170203	文誉斐	20	市场营销	张平	C2	88
3401170204	唐旭	19	市场营销	张平	C2	72
3401170205	王浩东	19	市场营销	张平	C2	63

图 3-28 关系 SCD

根据上述的语义规定分析以上教学管理数据库，可以看出，(SNO，CNO)属性的组合能唯一标识一个元组，即可以通过(SNO，CNO)的取值分辨不同的学生记录，所以(SNO，CNO)是该关系模式的主码。若使用上述数据库建立教学关系信息系统，则会出现以下几个方面的问题。

(1) 数据冗余。每个系名和系主任的名字的存储次数等于该系学生人数乘以每个学生选修的课程数，同时学生的姓名、年龄也要重复存储多次，数据的冗余度很大，浪费了存储空间。

(2) 插入异常。如果某个新设立的系没有招生，尚无学生时，则系名和系主任的信息无法插入到数据库中。因为在这个关系模式中，(SNO，CNO)是主码。根据关系的实体完整性约束，任何记录的主码值不能为空，由于该系没有学生，SNO 和 CNO 均无值，因此不能进行插入操作。另外，当某个学生尚未选课，同样也不能进行插入操作，主要原因是 CNO 未知，实体完整性约束还规定，主码的值不能部分为空。

(3) 删除异常。当某系学生全部毕业而没有招生时，要删除全部学生的记录，这时系名、系主任也随之删除，而现实中这个系可能依然存在，但在数据库中却无法找到该系的信息。另外，如果某个学生不再选修 C1 课程，本应该只删去 C1，但 C1 是主码的一部分，为保证实体完整性，必须将整个元组一起删掉，这样，元组中有关该学生的其他信息也随之丢失。

(4) 更新异常。如果某学生改名，则该学生的所有记录都要逐一修改 SN 的值；又如果某系更换系主任，则属于该系的学生记录都要修改 MN 的内容，稍有不慎，就有可能漏掉某些记录，这就会造成数据的不一致性，破坏了数据的完整性。

由于存在以上问题，可以说，SCD 是一个不好的关系模式。产生上述问题的原因，直观地说，是因为关系中"包罗万象"，内容过于全面。通过进一步分析可知，产生上述问题的根本原因是属性间存在着数据依赖关系。

我们一般把原来的关系模式 SCD 称为泛模式，泛模式用一个大表存放所有的数据。对于某些查询可以直接从大表中找到结果，这是泛模式的好处；但是它把各种数据混在一起，数据间相互牵连，数据结构本身蕴藏着许多致命的弊病。

那么，怎样才能得到一个规范的关系模式呢？我们把关系模式 SCD 进行分解，分解为三个关系：学生关系 S(SNO，SN，Age，Dept)、选课关系 SC(SNO，CNO，Score)和关系 D (Dept，MN)，如图 3-29 所示。

S

SNO	SN	Age	Dept
3401170201	朱启凡	20	计算机
3401170202	徐志伟	20	计算机
3401170203	文誉斐	20	市场营销
3401170204	唐旭	19	市场营销
3401170205	王浩东	19	市场营销

D

Dept	MN
计算机	王先水
市场营销	张平

SC

SNO	CNO	Score
3401170201	C1	92
3401170201	C2	89
3401170201	C3	82
3401170202	C1	86
3401170202	C2	75
3401170202	C3	76
3401170203	C2	88
3401170204	C2	72
3401170205	C2	63

图 3-29　分解后的关系模式

以上三个关系模式中，实现了信息的某种程度的分离：S 中存储学生的基本信息，与所选课程及系主任无关；D 中存储系别的有关信息，与学生无关；SC 中存储学生选课的信息，而与学生及系别的有关信息无关。与 SCD 相比，分解为三个关系模式后，数据的冗余度明显降低。当新插入一个系时，只要在关系 D 中添加一条记录即可。当某个学生尚未选课时，只要在关系 S 中添加一条学生记录即可，而与选课关系无关，这就避免了插入异常。当一个系的学生全部毕业时，只需在 S 中删除该系的全部学生记录，而关系 D 中有关该系的信息仍然保留，从而不会引起删除异常。同时，由于数据的冗余度低，数据没有重复存储，也不会引起更新异常。

经过上述分析，我们说分解后的关系模式是一个规范的关系数据库模式。从而得出结论，一个规范的关系模式应该具备以下四个条件。

(1) 尽可能少的数据冗余。

(2) 没有插入异常。

(3) 没有删除异常。

(4) 没有更新异常。

把泛模式合理地分解为若干个模式后可使每个关系模式的结构简洁和清晰，有效杜绝数据之间分不清、扯不开的情况。

> **注意：**
> 一个好的关系模式并不是在任何情况下都是最优的。例如，查询某名学生选修的课程及所在系的系主任时要通过连接，而连接所需要的系统开销非常大，因此，要从实际设计的目标出发进行设计。

按照一定的规范设计关系模式，将结构复杂的关系分解成结构简单地关系，从而把不规范的关系数据库模式转变为规范的关系数据库模式，这就是关系的规范化。规范化又可以根据不同的要求分成若干级别。我们要设计的关系模式中的各属性是相互依赖、相互制约的，这样才构成了一个结构严谨的整体。因此，在设计关系模式时，必须从语义上分析这些依赖关系。数据库模式的好坏程度和关系中各属性间的依赖关系有关。因此，下面先讨论属性间的依赖关系，然后再讨论关系规范化理论。

3.5.2 函数依赖

1. 函数依赖的定义

关系模式中各属性之间的相互依赖、相互制约称为数据依赖。数据依赖一般可分为函数依赖和多值依赖。其中，函数依赖是最重要的数据依赖，本章将重点讲解函数依赖。

函数依赖(functional dependency，FD)是关系模式中属性之间的一种逻辑依赖关系。例如，在上一节的关系模式 SCD 中，SNO 与 SN、Age 和 Dept 之间都有一种逻辑依赖关系。由于一个 SNO 对应一个学生，而且一个学生只能属于一个系，因此当 SNO 的值确定之后，该学生的 SN、Age 和 Dept 的值也随之被唯一地确定了。这类似于变量之间的单值函数关系。设单值函数 $Y=F(X)$，自变量 X 的值可以决定唯一的函数值 Y。同理，我们可以说 SNO 的值唯一的决定函数(SN，Age，Dept)的值，或者说(SN，Age，Dept)函数依赖于 SNO。

定义 3-1 设关系模式 R(U，F)，U 是属性全集，F 是 U 上的函数依赖所构成的集合，X 和 Y 是 U 的子集，如果对于 R(U)的任意一个可能的关系 r，对于 X 的每一个具体值，Y 都有唯一的具体值与之对应，则称 X 决定函数 Y，或 Y 函数依赖于 X，记作 X→Y。我们称 X 为决定因素，Y 为依赖因素。当 Y 不函数依赖于 X 时，记为：X→ Y。当 X→Y 且 Y→X 时，则记为：X↔Y。

使用定义 3-1 定义关系模式 SCD 中属性全集 U 和函数依赖集 F。

U={SNO，SN，Age、Dept，MN，CNO，Score }

F={SNO→SN,SNO→Age,SNO→Dept,(SNO,CNO)→Score }

对于F中的最后一个函数依赖,可以这样理解:一个SNO有多个Score的值与其对应,因此不能唯一地确定Score,即Score不能函数依赖于SNO,所以SNO→Score,同样有SNO→CNO。但是Score可以被(SNO,CNO)所组成的分量唯一地确定。所以该函数依赖可表示为:(SNO,CNO)→Score。

有关函数依赖有以下几点需要说明。

(1) 定义3-1中,"如果对于R(U)的任意一个可能的关系r,对于X的每一个具体值,Y都有唯一的具体值与之对应",其含义是,对于r的任意两个元组t_1和t_2,只要t_1[X]=t_2[X],就有t_1[Y]=t_2[Y]。

(2) 平凡的函数依赖与非平凡的函数依赖。

当属性集Y是属性集X的子集(即Y⊂X)时,则必然存在着函数依赖X→Y,这种类型的函数依赖称为平凡的函数依赖,如当(SNO,SN,Age)唯一确定的时候,它的任意子属性集合(SNO,Age)必然唯一确定。如果Y不是X的子集,则称X→Y为非平凡的函数依赖。平凡的函数依赖并没有实际意义,若不特别声明,我们讨论的都是非平凡的函数依赖,非平凡的函数依赖才和"真正的"完整性约束条件相关。

(3) 函数依赖不是关系模式R的某个或某些关系实例的约束条件,而是关系模式R之下一切可能的关系实例都要满足的约束条件。因此,可以通过R的某个特定关系去确定哪些函数依赖不成立,而不能只看到R的一个特定关系就推断哪些函数依赖对于R是成立的。

(4) 函数依赖是语义范畴的概念。

我们只能根据语义来确定一个函数依赖,而无法通过其形式化定义来证明一个函数依赖是否成立,因为函数依赖实际上是对现实世界中事物性质之间相关性的一种断言。例如,对于关系模式*S*,当学生不存在重名的情况下,可以得到:

SN→Age

SN→Dept

这种函数依赖关系,必须是在没有重名的学生的条件下才成立,否则就不存在函数依赖了。所以函数依赖反映了一种语义层面的完整性约束。

(5) 函数依赖与属性之间的联系类型有关。

① 在一个关系模式中,如果属性X与Y有1∶1联系时,则存在函数依赖X→Y,Y→X,即X↔Y。例如,当学生无重名时,SNO↔SN。

② 如果属性X与Y有*m*∶1联系时,则只存在函数依赖X→Y。例如,SNO与Age、Dept之间均是*m*∶1联系,所以有SNO→Age,SNO→Dept。

③ 如果属性X与Y有*m*∶*n*联系时,则X与Y之间不存在任何函数依赖关系。例如,一个学生可以选修多门课程,一门课程又可以为多个学生选修,所以SNO与CNO之间不存在函数依赖关系。

由于函数依赖与属性之间的联系类型有关,因此在确定属性间的函数依赖关系时,可以从分析属性间的联系类型入手,便可确定属性间的函数依赖。

（6）函数依赖关系的存在与时间无关。

函数依赖是指关系中的所有元组应该满足的约束条件，而不是指关系中某个或某些元组所满足的约束条件。关系中的元组增加、删除或更新后都不能破坏这种函数依赖。因此，必须根据语义来确定属性之间的函数依赖，而不能单凭某一时刻关系中的实际数据值来判断。例如，对于关系模式 S，假设没有给出无重名的学生这种语义规定，则即使当前关系中没有重名的记录，也只能存在函数依赖 SNO→SN，而不能存在函数依赖 SN→SNO，因为如果新增加一个重名的学生，函数依赖 SN→SNO 必然不成立。所以函数依赖关系的存在与时间无关，而只与数据之间的语义规定有关。

2. 完全函数依赖与部分函数依赖

定义 3-2 设有关系模式 R(U)，U 是属性全集，X 和 Y 是 U 的子集，如果 X→Y，并且对于 X 的任何一个真子集 X′，都有 X′→Y，则称 Y 对 X 完全函数依赖（full functional dependency），记为 X → Y。如果对 X 的某个真子集 X′，有 X′→Y，则称 Y 对 X 部分函数依赖（partial functional dependency），记为 X → Y。

例如，在关系模式 SCD 中，因为 SNO→Score，且 CNO→Score，所以有（SNO，CNO）→Score。而 SNO→Age，所以（SNO，CNO）→Age。

由定义 3-2 可知，只有当决定因素是组合属性时，讨论部分函数依赖才有意义，当决定因素是单属性时，只可能是完全函数依赖。例如，在关系模式 S(SNO，SN，Age，Dept)中，决定因素为单属性 SNO，有 SNO→(SN，Age，Dept)，不存在部分函数依赖。

3. 传递函数依赖

定义 3-3 设有关系模式 R(U)，U 是属性全集，X，Y，Z 是 U 的子集，若 X→Y，但 Y→X，而 Y→Z(Y ∈ X，Z ∈ Y)，则称 Z 对 X 传递函数依赖（transitive functional dependency），记为：X→Z。如果 Y→X，则 X↔Y，这时称 Z 对 X 直接函数依赖，而不是传递函数依赖。

例如，在关系模式 SCD 中，SNO→Dept，但 Dept→SNO，而 Dept→MN，则有 SNO→MN。

当学生不存在重名的情况下，有 SNO→SN，SN→SNO，SNO↔SN，SN→Dept，这时，Dept 对 SNO 是直接函数依赖，而不是传递函数依赖。

注意：

在仅通过完全函数依赖和部分函数依赖来区分函数依赖的特性时，传递函数依赖可能是一种完全函数依赖，也可能是一种部分函数依赖。可以通过函数依赖传递过程中是否存在部分函数依赖进行区分，若函数依赖在传递过程中均发生在完全函数依赖上，则产生的传递函数依赖是一种完全函数依赖，否则为部分函数依赖。

综上所述，函数依赖分为完全函数依赖、部分函数依赖和传递函数依赖三类，它们是规范化理论的依据和规范化程度的准则。下面我们将以这些概念为基础，进行数据库的规范化设计。

3.5.3 关系模式的范式

关系模式的好坏用什么标准衡量？这个标准就是模式的范式（normal forms，NF）。

关系模式规范化的基本思想是消除关系模式中的数据冗余，消除数据依赖中的不合适的部分，解决数据插入、删除时发生的异常现象。这就要求关系模式要满足一定的条件。把关系模式规范化过程中为不同程度的规范化要求设立的不同标准称为范式。由于规范化的程度不同，就产生了不同的范式。

范式的概念最早由 E. F. Codd 提出。从 1971 年起，Codd 相继提出了关系的三级规范化形式，即第一范式（1NF）、第二范式（2NF）和第三范式（3NF）。1974 年，Codd 和 Boyce 共同提出了一个新的范式的概念，即 Boyce-Codd 范式，简称 BC 范式（BCNF）。1976 年 Fagin 提出了第四范式（4NF），后来又有人定义了第五范式（5NF）。至此，在关系数据库规范中建立了一系列范式：1NF、2NF、3NF、BCNF、4NF 和 5NF。

各个范式之间的联系可以表示为：$5NF \subset 4NF \subset 3NF \subset 2NF \subset 1NF$。

1. 第一范式

第一范式（first normal form）是最基本的规范形式，即关系中每个属性都是不可再分的原子项。

定义 3-4 如果关系模式 R 所有的属性均为原子属性，即每个属性都是不可再分的，则称 R 属于第一范式，简称 1NF，记为 $R \in 1NF$。

我们把满足 1NF 的关系称为规范化关系。在关系数据库中只讨论规范化的关系，凡是非规范化的关系模式必须转化成规范化的关系。因此，1NF 是关系模式应具备的最起码的条件。在非规范化的关系中去掉组合项就能转化成规范化的关系。每个规范化的关系都属于 1NF。

然而，一个关系模式仅仅属于第一范式是不够的。在 3.5.1 节中给出的关系模式 SCD 就属于第一范式，但它具有大量的数据冗余，存在插入异常、删除异常和更新异常等弊端。为什么会存在这种问题呢？让我们分析一下 SCD 中的函数依赖关系，它的码是（SNO，CNO）的属性组合，所以有：

$$(SNO,CNO) \xrightarrow{F} Score$$

$$SNO \rightarrow SN,\ (SNO,CNO) \xrightarrow{P} SN$$

$$SNO \rightarrow Age,\ (SNO,CNO) \xrightarrow{P} Age$$

$$SNO \rightarrow Dept,\ (SNO,CNO) \xrightarrow{P} Dept$$

$$Dept \rightarrow MN,\ SNO \xrightarrow{t} MN$$

可以用函数依赖图表示以上函数依赖关系，如图 3-30 所示。

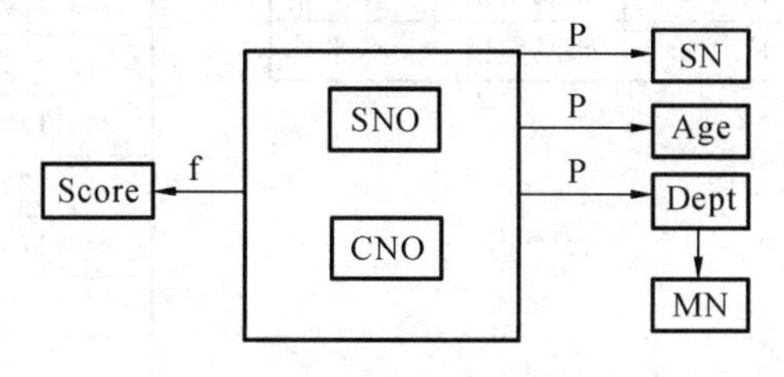

图 3-30 SCD 中的函数依赖关系

由此可见，在 SCD 中，既存在完全函数依赖，又存在部分函数依赖和传递函数依赖。这种情况往往在数据库中是不允许的，也正是由于关系中存在着复杂的函数依赖，才导致数据操作中出现了种种弊端。克服这些弊端的方法是用投影运算将关系分解，去掉过于复杂的函数依赖关系，向更高一级的范式进行转换。

2. 第二范式

1）第二范式的定义

定义 3-5 如果关系模式 R∈1NF，且每个非主属性都完全函数依赖于 R 的主码，则称 R 属于第二范式，简称 2NF，记作 R∈2NF。如果数据库模式中每个关系模式都是 2NF，则这个数据库模式称为 2NF 的数据库模式。

在关系模式 SCD 中，SNO、CNO 为主属性，Age、Dept、SN、MN 和 Score 为非主属性，经过上述分析，存在非主属性对主码的部分函数依赖，所以 SCD 不属于第二范式。而如图 3-29 所示的由 SCD 分解后的三个关系模式 S、D 和 SC 中，S 的主码为 SNO，D 的码为 Dept，它们都是单属性，不可能存在部分函数依赖。而对于 SC，(SNO，CNO)→Score。所以 SCD 分解后，消除了非主属性对主码的部分函数依赖，S、D 和 SC 均属于 2NF。

经以上分析，可以得到以下两个结论。

(1) 从 1NF 关系中消除非主属性对主码的部分函数依赖，则可得到 2NF 关系。

(2) 如果 R 的主码为单属性，或 R 的全体属性均为主属性，则 R∈2NF。

2）2NF 规范化

2NF 规范化是指把 1NF 关系模式通过投影分解，转换成 2NF 关系模式的集合。

分解时遵循的基本原则就是“一事一地”，让一个关系只描述一个实体或者实体间的联系。如果多于一个实体或联系，则进行投影分解。

下面以关系模式 SCD 为例，来说明 2NF 规范化的过程。

【例 3-8】 将 SCD(SNO，SN，Age，Dept，MN，CNO，Score)规范为 2NF。

由 SNO→SN，SNO→Age，SNO→Dept，SNO→MN，(SNO，CNO)→Score，可以判断，关系 SCD 至少描述了两个实体，一个为学生实体，属性有 SNO、SN、Age、Dept 和 MN；另一个是学生与课程的选课联系，属性有 SNO、CNO 和 Score。根据分解的原则，可以将 SCD 分解成如下两个关系，如图 3-31 所示。

SD

SNO	SN	Age	Dept	MN
3401170201	朱启凡	20	计算机	王先水
3401170202	徐志伟	20	计算机	王先水
3401170203	文誉斐	20	市场营销	张平
3401170204	唐旭	19	市场营销	张平
3401170205	王浩东	19	市场营销	张平

SC

SNO	CNO	Score
3401170201	C1	92
3401170201	C2	89
3401170201	C3	82
3401170202	C1	86
3401170202	C2	75
3401170202	C3	76
3401170203	C2	88
3401170204	C2	72
3401170205	C2	63

图 3-31 关系 SD 和关系 SC

其中，SD(SNO,SN,Age,Dept,MN)，描述学生实体；SC(SNO,CNO,Score)，描述学生与课程的联系。

对于分解后的两个关系 SD 和 SC，主码分别是 SNO 和(SNO,CNO)，非主属性对主码完全函数依赖。因此，SD∈2NF，SC∈2NF，而且前面已经讨论，SCD 的这种分解不会丢失任何信息，具有无损连接性。

分解后，SD 和 SC 的函数依赖分别如图 3-32 和图 3-33 所示。

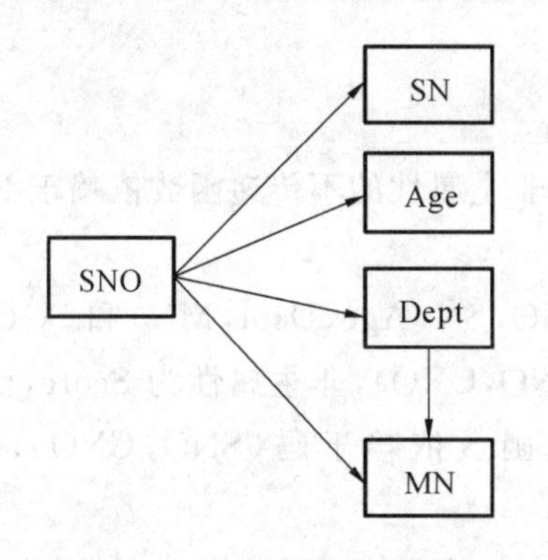

图 3-32　SD 中的函数依赖图

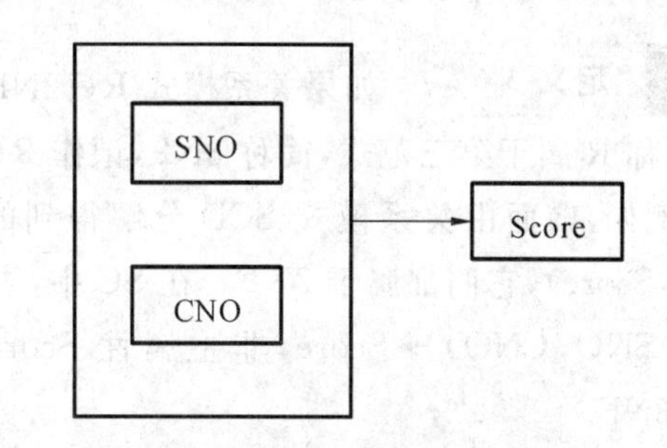

图 3-33　SC 中的函数依赖图

1NF 的关系模式经过投影分解转换成 2NF 后，消除了一些数据冗余。分析图 3-31 中 SD 和 SC 中的数据，可以看出，它们存储的冗余度比关系模式 SCD 有了较大幅度的降低。学生的姓名、年龄不需要重复存储很多次。这样便可在一定程度上避免数据更新所造成的数据不一致的问题。由于把学生的基本信息与选课信息分开存储，则学生的基本信息因没有选课而不能插入的问题得到了解决，插入异常现象得到了部分改善。同样，如果某个学生不再选修 C1 课程，只在选课关系 SC 中删去该学生选修 C1 的记录即可，而 SD 中有关该学生的其他信息不会收到任何影响，也解决了部分删除异常问题。因此可以说关系模式 SD 和 SC 在性能上比 SCD 有了显著提高。

算法 3-1　(2NF 规范化算法)设有关系模式 R(X,Y,Z)，R∈1NF，但 R∉2NF。其中，X 是主属性，Y,Z 是非主属性，且存在部分函数依赖 $X \xrightarrow{P} Y$。设 X 可表示为 X_1、X_2，其中，$X_1 \xrightarrow{f} Y$。则R(X,Y,Z)可以分解为 R[X_1,Y]和 R[X,Z]。因为 $X_1 \xrightarrow{f} Y$，所以 R(X,Y,Z) = R[X_1,Y]⋈R[X_1,X_2,Z] = R[X_1,Y]⋈R[X,Z]，即 R 等于其投影 R[X_1,Y]和[X,Z]在 X_1 上的自然连接，R 的分解具有无损连接性。

由于 $X_1 \xrightarrow{f} Y$，因此 R[X_1,Y] ∈2NF。若 R[X,Z]∉2NF，可以按照上述方法继续进行投影分解，直到将 R[X,Z]分解为属于 2NF 的集合，且这种分解必定是有限的。

3) 2NF 的缺点

2NF 的关系模式解决了 1NF 中存在的一些问题，2NF 规范化的程度比 1NF 前进了一步，但 2NF 的关系模式在进行数据操作时，如在 SD 中，仍然存在着下面一些问题。

(1) 数据冗余。例如，每个系名和系主任的名字存储的次数等于该系的学生人数。

(2) 插入异常。如果一个新设立的系没有招生时，有关该系的信息无法插入。

(3) 删除异常。例如，某系学生全部毕业而没有招生时，删除全部学生的记录也随之删除了该系的有关信息。

(4) 更新异常。例如,更换系主任时,仍需改动较多学生的记录。

之所以存在这些问题,是由于 SD 存在着非主属性对主码的传递函数依赖。由图 3-32 可知,$SNO \xrightarrow{t} MN$,非主属性 MN 对主码 SNO 传递函数依赖。为此,对关系模式 SD 还需进一步分解,以消除这种传递函数依赖,这样就得到了 3NF。

3. 第三范式

1) 第三范式的定义

定义 3-6 如果关系模式 $R \in 2NF$,且每个非主属性的不传递函数依赖于 R 的主码,则称 R 属于第三范式,简称 3NF,记作 $R \in 3NF$。

例如,前面由关系模式 SCD 分解得到的 SD(SNO,SN,Age,Dept,MN)和 SC(SNO,CNO,Score),它们都属于 2NF。在 SC 中,主码为(SNO,CNO),非主属性为 Score,函数依赖为(SNO,CNO)→Score,非主属性 Score 不传递函数依赖于码(SNO,CNO),因此,$SC \in 3NF$。

但在 SD 中,主码为 SNO,非主属性 Dept 和 MN 与主码 SNO 之间存在着函数依赖 SNO→Dept 和 Dept→MN,所以非主属性 MN 传递函数依赖于码 SNO,所以 $SD \notin 3NF$。对于 SD,应该进一步进行分解,使其转换成 3NF。

2) 3NF 规范化

3NF 规范化是指把 2NF 的关系模式通过投影分解转换成 3NF 关系模式的集合。

3NF 规范化时遵循的原则与 2NF 相同,即“一事一地”,让一个关系只描述一个实体或者实体间的联系。

算法 3-2 (3NF 规范化算法)把一个关系模式分解为 3NF,使它具有保持函数依赖性。

输入:关系模式 R 和 R 的最小函数依赖集 F_{min}。

输出:R 的一个保持函数依赖的分解 $\rho=\{R_1,R_2,\cdots,R_k\}$,每个 R_i 相对于 $\pi_{R_i}(F_{min})(i=1,2,\cdots,k)$是 3NF 模式。

具体方法如下。

(1) 如果 F_{min} 中有一个函数依赖 X→A,且 XA=R,则输出 $\rho=\{R\}$,转(4)。

(2) 如果 R 中某些属性与 F_{min} 中所有依赖的左部和右部都无关,则将它们构成关系模式,从 R 中将它们分离出去,单独构成一个模式。

(3) 对于 F_{min} 中的每一个函数依赖 X→A,都单独构成一个关系子模式 XA。若 F_{min} 中有 $X\to A_1, X\to A_2,\cdots,X\to A_n$,则可以用模式 $XA_1A_2\cdots A_n$ 取代 n 个模式 $XA_1,XA_2,\cdots,XA_n$。

(4) 停止分解,输出 ρ。

【例 3-9】 设有关系模式 R(U,F),其中 U={C,T,H,R,S,G},F={CS→G,C→T,TH→R,HR→C,HS→R}。将其分解为 3NF 且具有保持函数依赖性。

【解】 求出关系模式 R 的最小函数依赖 F_{min}={CS→G,C→T,TH→R,HR→C,HS→R}。

(1) 根据算法 3-2 的第(1)步,可看出 F 中没有满足条件的函数依赖。

(2) 根据算法 3-2 的第(2)步,可看出 F 中没有满足条件的函数依赖。

(3) 根据算法 3-2 的第(3)步,将 R 分解为:R_1={CS,G},R_2={C,T},R_3={TH,R},R_4={HR,C},R_5={HS,R}。由于 R 的分解没有相同的左部,因此,分解结束。

(4) ρ={R_1(C,S,G),R_2(C,T),R_3(T,H,R),R_4(H,R,C),R_5(H,S,R)}。

显然,这样的分解把原来函数依赖集 F 的所有函数依赖都保持下来,并且每个分解后的关系模式都是 3NF。

算法 3-3 (保持函数依赖和无损连接的 3NF 算法)把一个关系模式分解为 3NF,使它既具有无损连接性又具有保持函数依赖性。

输入:关系模式 R 和 R 的最小函数依赖集 F_{min}。

输出:R 的一个分解 ρ={R_1,R_2,…,R_k},R_i 为 3NF(i=1,2,…,k),ρ 具有无损连接性和函数依赖保持性。

具体方法如下。

(1) 根据算法 3-2 求出保持函数依赖的分解:ρ={R_1,R_2,…,R_k}。

(2) 判定 ρ 是否具有无损连接性,若是,转(4)。

(3) 令 ρ=ρ∪{X}={R_1,R_2,…,R_k,X},其中 X 是 R 的候选码。

(4) 输出 ρ。

【例 3-10】 将 SD(SNO,SN,Age,Dept,MN)规范到 3NF。

【解】 根据语义分析 SD 的属性组可知,SD 中存在着以下函数依赖集 F={SNO→(SN,Age,Dept),Dept→MN}。

(1) 根据算法 3-2 求出保持函数依赖的分解:ρ={S(SNO,SN,Age,Dept),D(Dept,MN)}。

(2) 判定 ρ 是否具有无损连接性。

① 由于关系 SD 具有 5 个属性,ρ 中分解的模式共有 2 个,所以要构造一个 2 行 5 列的表格,并根据算法 3-2 向表格中填入相应的符号,如图 3-34 所示。

	SNO	SN	Age	Dept	MN
R_1(SNO,SN,Age,Dept)	a_1	a_2	a_3	a_4	b_{15}
R_2(Dept,MN)	b_{21}	b_{22}	b_{23}	a_4	a_5

图 3-34 例 3-10 的初始表格

② 根据 F 中的第 1 个函数依赖 SNO→(SN,Age,Dept),由于表格中没有在 SNO 上相等的行,因此不做修改。

根据 F 中的第 2 个函数依赖 Dept→MN,由于表格中第 1、2 行 Dept 的值同为 a_4,因此,把这两行的 MN 的值改为 a_5,也就是将第一行的 MN 的值由 b_{15} 改为 a_5,修改结果如图3-35所示。

	SNO	SN	Age	Dept	MN
R1(SNO,SN,Age,Dept)	a_1	a_2	a_3	a_4	a_5
R2(Dept,MN)	b_{21}	b_{22}	b_{23}	a_4	a_5

图 3-35 例 3-10 的根据函数依赖 Dept→MN 的修改结果

③ 修改后的最终结果如图 3-35 所示，从结果可以看出，在最终结果中第一行的值全都为 a，即 $a_1a_2a_3a_4a_5$ 的形式。因此，ρ 相对于 F 是无损连接分解。

可见，将 SD 分解为 ρ={S(SNO,SN,Age,Dept),D(Dept,MN)}时，S,D 都属于 3NF，且既具有无损连接性又具有保持函数依赖性。

事实上，通过语义分析可知，关系 SD 实际上描述了两个实体，一个为学生实体，属性有 SNO、SN、Age、Dept；另一个是系别的实体，其属性有 Dept 和 MN。分解后的两个关系如图 3-36 所示。

S

SNO	SN	Age	Dept
3401170201	朱启凡	20	计算机
3401170202	徐志伟	20	计算机
3401170203	文誉斐	20	市场营销
3401170204	唐旭	19	市场营销
3401170205	王浩东	19	市场营销

D

Dept	MN
计算机	王先水
市场营销	张平

图 3-36　例 3-10 分解后的关系 S 和 D

其中，S(SNO,SN,Age,Dept)描述学生实体；D(Dept,MN)描述系的实体。

对于分解后的两个关系 S 和 D，主码分别为 SNO 和 Dept，不存在非主属性对主码的传递函数依赖。因此，S∈3NF，D∈3NF。

分解后，S 和 D 的函数依赖分别如图 3-37 和图 3-38 所示。

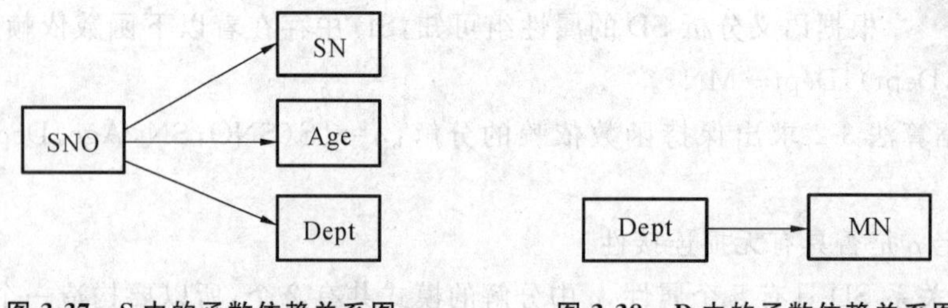

图 3-37　S 中的函数依赖关系图　　**图 3-38　D 中的函数依赖关系图**

由以上两图可以看出，关系模式 SD 由 2NF 分解为 3NF 后，函数依赖关系变得更加简单，既没有非主属性对主码的部分函数依赖，也没有非主属性对主码的传递函数依赖，解决了 2NF 中存在的四个问题，具有以下特点。

(1) 数据冗余降低了。例如，系主任的名字存储的次数与该系的学生人数无关，只在关系 D 找那个存储一次。

(2) 不存在插入异常。例如，当一个新设立的系没有学生时，该系的信息可以直接插入到关系 D 中，而与学生关系 S 无关。

(3) 不存在删除异常。当要删除某系的全部学生而仍然保留该系的有关信息时，可以只删除学生关系 S 中的相关学生记录，而不影响关系 D 中的数据。

(4) 不存在更新异常。当更换系主任时，只需修改关系 D 中一个相应元组的 MN 属性值，不会出现数据的不一致现象。

SCD 规范到 3NF 后，所存在的异常现象已经全部消失。但是，3NF 只限制了非主属性对主码的依赖关系，而没有限制主属性对主码的依赖关系。如果发生了这种依赖，仍有可能存在数据冗余、插入异常、删除异常和修改异常。这时，则需对3NF进一步规范化，消除主属性对主码的依赖关系，为解决这种问题，Boyce与Codd共同提出了一个新范式的定义，这就是Boyce-Codd范式，通常简称BCNF或BC范式，它弥补了3NF的不足。但一般情况下，关系规范化要求达到第三范式就可以了，至于BC范式，读者可自行查阅相关资料。

3.5.4 后勤宿舍报修系统的关系规范化

1. 范式检查

1）第一范式(1NF)检查

第3项目小组检查发现，四张表的每一个属性均是原子的、不可再分的，四张表均达到第一范式。

2）第二范式(2NF)检查

四张表的主键均为单属性，不存在非主属性对主属性的部分函数依赖，根据定义3-5得出的结论，所有表均达到第二范式。

3）第三范式(3NF)检查

四张表的主键均为单属性，不存在非主属性对主属性的部分函数依赖，也不存在非主属性对主属性的传递函数依赖，根据定义3-6，所有表均达到第三范式。

2. 命名规范检查

同样，第3项目小组对"后勤宿舍报修系统"逻辑模型的数据类型进行检查时，也发现了一些问题，并提出了相关的修改建议，具体情况如表3-12所示。

表3-12　数据类型检查修改情况

表名称	原字段名称	原字段类型	修改后字段名称	修改后字段类型	修改说明
tb_ld	adminstrator		dormadmin		与计算机管理员同名
tb_ss	bednum	nvarchar(10)		int	
tb_bx	bxmessage		bxinfo		字段名称太长
tb_bx	wxID				修改为允许为空，因为可以还没有指派维修员
tb_bx	ststatus		bxstat		系统保留字
tb_bx	check		checked		系统保留字

3. 主键设计检查

每个表都应该具有主键，不管是单主键还是联合主键，主键的存在代表着表结构的完整性。表的记录必须有唯一区分的字段，主键主要用于与其他的外键相关联及当前表记录的修改与删除。当没有主键时，这些操作会变得非常麻烦。

同样，第3项目小组对"后勤宿舍报修系统"逻辑模型中各个数据表的主键进行了检查，发现"后勤宿舍报修系统"中的四张表都已经存在主键，主键编码的规则也比较合理。

最后，经过关系规范化后的所有的数据库表见表3-13至表3-16。

表 3-13　tb_ld（楼栋表）

PK	字段名称	字段类型	NOT NULL	默认值	约束	字段说明
√	ldID	nvarchar(10)	√		主键	楼栋编号
	ldname	nvarchar(50)				楼栋名称
	dormadmin	nvarchar(50)	√			管理员
	remark	nvarchar(200)				备注

表 3-14　tb_ss（宿舍表）

PK	字段名称	字段类型	NOT NULL	默认值	约束	字段说明
√	ssID	nvarchar(10)	√		主键	宿舍编号
	ssname	nvarchar(50)				名称
	bednum	int				床位数
	remark	nvarchar(200)				备注
	ldID	nvarchar(10)	√		外键	所属楼栋编号

表 3-15　tb_wx（维修人员表）

PK	字段名称	字段类型	NOT NULL	默认值	约束	字段说明
√	wxID	nvarchar(10)	√		主键	维修人员工号
	wxname	nvarchar(50)	√			姓名
	sex	char(1)	√	M		性别
	tel	nvarchar(20)	√			电话
	remark	nvarchar(500)				备注

表 3-16　tb_bx（报修信息表）

PK	字段名称	字段类型	NOT NULL	默认值	约束	字段说明
√	bxID	nvarchar(10)	√		主键	报修信息编号
	bxdate	datetime	√			报修时间
	ssID	nvarchar(10)	√		外键	宿舍号
	bxstu	nvarchar(50)	√			报修人
	tel	nvarchar(20)				联系方式
	bxinfo	nvarchar(200)	√			报修内容
	bxstat	nvarchar(10)				状态
	rejectinfo	nvarchar(200)				退回原因
	wxID	nvarchar(10)	√		外键	维修人员工号
	remark	nvarchar(200)				备注
	checked	nvarchar(10)				是否审核

“后勤宿舍报修系统”数据库的四张数据库表设计好之后，就可以选择一种数据库进入到数据库的实施阶段了。本书选择 Microsoft SQL Server 2012 为例，在第 4 章中将详细介绍数据库的建库、建表、装入数据、运行、查询等一系列数据库操作。

3.6 数据库系统的物理结构设计

数据库最终要存储在物理设备上。对于给定的逻辑数据模型，选取一个最适合应用环境的物理结构的过程，称为数据库的物理结构设计。物理结构设计的任务是为了有效地实现逻辑模式，确定所采取的存储策略。此阶段是以逻辑设计的结构作为输入，结合具体 DBMS 的特点与存储设备的特性进行设计，选定数据库在物理设备上的存储结构和存取方法。

数据库的物理结构设计可分为如下两步。

(1) 确定物理结构，在关系数据库中主要指存取方法和存储结构。

(2) 评价物理结构，评价的重点是时间和空间效率。

3.6.1 确定物理结构

设计人员必须深入了解给定的 DBMS 的功能，DBMS 提供的环境和工具、硬件环境，特别是存储设备的特征。另一方面也要了解应用环境的具体要求，如各种应用的数据量、处理频率和响应时间等。只有“知己知彼”才能设计出较好的物理结构。

1. 存储记录结构的设计

在物理结构中，数据的基本存取单位是存储记录。有了逻辑记录结构以后，就可以设计存储记录结构，一个存储记录可以和一个或多个逻辑记录相对应。存储记录结构包括记录的组成、数据项的类型和长度，以及逻辑记录到存储记录的映射。某一类型的所有存储记录的集合称为“文件”，文件的存储记录可以是定长的，也可以是变长的。

文件组织或文件结构是组成文件的存储记录的表示法。文件结构应该表示文件格式、逻辑次序、物理次序、访问路径和物理设备的分配。物理数据库就是指数据库中实际存储记录的格式、逻辑次序、物理次序、访问路径和物理设备的分配。

决定存储结构的主要因素包括存取时间、存储空间和维护代价三个方面。设计时应当根据实际情况对这三个方面进行综合权衡。一般 DBMS 也提供一定的灵活性可供选择，包括聚集和索引。

1) 聚集(cluster)

聚集就是为了提高查询速度，把在一个(或一组)属性上具有相同值的元组集中地存放在一个物理块中。如果存放不下，可以存放在相邻的物理块中。其中，这个(或这组)属性称为聚集码。

为什么要使用聚集呢？聚集有以下两个作用。

① 使用聚集以后，聚集码相同的元组集中在一起了，因而聚集值不必在每个元组中重复存储，只要在一个元组中存储一次即可，因此，可以节省存储空间。

② 聚集功能可以大大提高按聚集码进行查询的效率。例如，要查询学生关系中计算机系的学生名单，设计算机系有 300 名学生。在极端情况下，这些学生的记录会分布在 300 个

不同的物理块中，这时如果要查询计算机系的学生，就需要做 300 次 I/O 操作，这将影响系统查询的性能。如果按照系别建立聚集，使同一个系的学生记录集中存放，则每做一次 I/O 操作，就可以获得多个满足查询条件的记录，从而显著地减少了访问磁盘的次数。

2）索引

存储记录是属性值的集合，主码可以唯一确定一个记录，而其他属性的一个具体值不能唯一确定是哪个记录。在主码上应该建立唯一索引，这样不但可以提高查询速度，还能避免主码重复值的录入，确保了数据的完整性。

在数据库中，用户访问的最小单位是属性。如果对某些非主属性的检索很频繁，可以考虑建立这些属性的索引文件。索引文件对存储记录重新进行内部连接，从逻辑上改变了记录的存储位置，从而改变了访问数据的入口点。关系中数据越多，索引的优越性就越明显。

建立多个索引文件可以缩短存取时间，但是增加了索引文件所占用的存储空间以及维护的开销。因此，应该根据实际需要综合考虑。

2. 访问方法的设计

访问方法是为存储在物理设备上的数据提供存储和检索能力的方法。一个访问方法包括存储结构和检索机构两个部分。存储结构限定了可能访问的路径和存储记录；检索机构定义了每个应用的访问路径，但不涉及存储结构的设计和设备分配。

存储记录是属性的集合，属性是数据项类型，可用作主码或候选码。主码唯一地确定了一个记录。辅助码是用作记录索引的属性，可能并不唯一确定某一个记录。

访问路径的设计分成主访问路径与辅访问路径的设计。主访问路径与初始记录的装入有关，通常是用主码来检索的。首先利用这种方法设计各个文件，使其能最有效地处理主要的应用。一个物理数据库很可能有几套主访问路径。辅访问路径是通过辅助码的索引对存储记录重新进行内部连接，从而改变访问数据的入口点。用辅助索引可以缩短访问时间，但增加了存储空间和索引维护的开销。设计人员应根据具体情况进行权衡。

3. 数据存放位置的设计

为了提高系统性能，应该根据应用情况将数据的易变部分、稳定部分、经常存取部分和存取频率较低部分分开存放。例如，目前许多计算机都有多个磁盘，因此，可以将表和索引分别存放在不同的磁盘上，在查询时，由于两个磁盘驱动器并行工作，可以提高物理读写的速度。另外，数据库的数据备份、日志文件备份等，只在数据库发生故障进行恢复时才使用，而且数据量很大，可以存放在磁盘上，以改进整个系统的性能。

4. 系统配置的设计

DBMS 产品一般都提供了一些系统配置变量、存储分配参数，供设计人员和 DBA 对数据库进行物理优化。系统为这些变量设定了初始值，但是这些值不一定适合每一种应用环境，在物理结构设计阶段，要根据实际情况重新对这些变量赋值，以满足新的要求。

系统配置变量和存储分配参数很多，例如，同时使用数据库的用户数、同时打开的数据库对象数、内存分配参数、缓冲区分配参数（使用的缓冲区长度、个数）、存储分配参数、数据库的大小、时间片的大小、锁的数目等，这些参数值影响存取时间和存储空间的分配，在进行物理结构设计时，应根据应用环境来确定这些参数值，以使系统的性能达到最优。

3.6.2 评价物理结构

与前面几个设计阶段一样，在确定了数据库的物理结构之后，要进行评价，评价重点是时间效率和空间效率。如果评价结果满足设计要求，则可进行数据库实施。实际上，往往需要经过反复测试才能优化数据库的物理结构。

本章总结

本章共分为6节，其中3.1节对数据库系统设计进行了一个整体的概述，3.2节到3.6节分别详细介绍了数据库系统设计的五个阶段，包括：系统需求分析、概念结构设计、逻辑结构设计、数据库设计规范化和物理结构设计等。对于每一阶段，都详细讨论了其相应的任务、方法和步骤。其中，3.3节中的概念结构设计和3.4节中的逻辑结构设计是本章的重点，也是掌握本章的难点所在。

需求分析是整个设计过程的基础，如果需求分析做得不好，可能会导致整个数据库系统设计的返工重做。

将需求分析所得到的用户需求抽象为信息结构即概念模型的过程就是概念结构设计，概念结构设计是整个数据库设计的关键所在，这一过程包括设计局部E-R图、综合成初步E-R图和E-R图的优化。

将独立于DBMS的概念模型转化为相应的数据模型，这是逻辑结构设计所要完成的任务。一般的逻辑设计分为三步：初始关系模式设计、关系模式规范化和模式的评价与改进。

物理结构设计就是为给定的逻辑模型选取一个适合应用环境的物理结构，物理结构设计包括确定物理结构和评价物理结构两步。

最后根据逻辑设计和物理设计的结果，在计算机上建立起实际的数据库结构，装入数据，进行应用程序的设计，并运行整个数据库系统，这就是下一章即将介绍的数据库实施阶段的任务。

习题3

一、选择题

1. 实体是信息世界中的术语，与之对应的数据库术语为(　　)。

A. 文件　　B. 数据库　　C. 字段　　D. 记录

2. 数据库的概念模型独立于(　　)。

A. E-R图　　B. 信息世界

C. 现实世界　　D. 具体的机器和DBMS

3. 关系数据模型(　　)。

A. 只能表示实体间的1∶1联系

B. 一个表中最多只能有一个主键约束和一个外键约束

C. 在定义主键、外键时，应该首先定义主键约束，然后定义外键约束

D. 在定义主键、外键时，应该首先定义外键约束，然后定义主键约束

4. 二维表由行和列组成，每一行表示关系的一个(　　)。

A. 属性　　B. 字段　　C. 集合　　D. 记录

5. 在数据库设计中，用 E-R 图来描述信息结构但不涉及信息在计算机中的表示，它属于数据库中的表示，它属于数据库设计的(　　)阶段。

A. 需求分析　　B. 概念设计　　C. 逻辑设计　　D. 物理设计

6. 一个学生可以同时借阅多本书，一本书只能由一个学生借阅，学生和图书之间的联系为(　　)。

A. 一对一　　B. 一对多　　C. 多对多　　D. 多对一

7. 数据库逻辑设计的主要任务是(　　)。

A. 建立 E-R 图　　B. 创建数据库说明

C. 建立数据流图　　D. 建立数据索引

8. 关系数据规范化是为解决关系数据中(　　)问题而引入的。

A. 插入、删除和数据冗余　　B. 减少数据操作的复杂性

C. 提高查询速度　　D. 保证数据的安全性和完整性

9. 如果关系 R 属于 1NF，并且 R 的每一个非主属性(字段)都完全函数依赖于主键，则 R 满足(　　)。

A. 1NF　　B. 2NF　　C. 3NF　　D. 4NF

10. 下面有关 E-R 模型向关系模型转换的叙述中，不正确的是(　　)。

A. 一个实体类型转换为一个关系模式

B. 一个 1∶1 联系可以转换为一个独立的关系模式，也可以与联系的任意一端实体所对应的关系模式合并

C. 一个 1∶n 联系可以转换为一个独立的关系模式，也可以与联系的任意一端实体所对应的关系模式合并

D. 一个 m∶n 联系转换为一个关系模式

11. 从 E-R 模型向关系模型转换时，一个 m∶n 联系转换为关系模式时，该关系模式的码是(　　)。

A. m 端实体的码　　B. n 端实体的码

C. m 端实体码与 n 端实体码组合　　D. 重新选取其他属性

12. 概念结构设计阶段得到的结果是(　　)。

A. 数据字典描述的数据需求　　B. E-R 图表示的概念模型

C. 某个 DBMS 所支持的数据模型　　D. 包括存储结构和存取方法的物理结构

二、设计题

1. 某销售公司的业务是销售产品，从生产厂家购进产品，将产品销售给顾客。现要求使用计算机管理相关信息，其中：

产品信息包括产品编号、产品名称、产品类型、单价、库存数量等；

厂家信息包括厂家编号、厂家名称、地址、联系电话等；

顾客信息包括顾客编号、顾客姓名、地址、联系电话等；

进货信息包括入库日期、产品名称、数量、单价、金额等；

销售信息包括销售日期、产品名称、数量、单价、金额等。

根据上述基本信息，设计并创建该数据库系统(可根据需要调整相关内容)。

(1) 画出 E-R 图。

(2) 导出数据库关系模式。

(3) 分析关系模式是否达到第三范式，如果没有，请进行关系模式的分解，使其达到第三范式。

2. 试设计一个“图书馆数据库”，给出 E-R 图和关系模式。要记录如下主要信息：

图书目录：图书号、ISBN、中图码、作者、价格、出版日期、进馆日期、出版社、复本数……

读者：读者证号、姓名、性别、年龄、联系电话……

借还登记：……

注：图书号唯一标识一本书，ISBN或中图码唯一标识一种书，同一种书可能包含多本。

3. 设有如下实体。

学生：学号、单位、姓名、性别、年龄、选修课程名。

课程：编号、课程名、开课单位、任课教师号。

教师：教师号、姓名、性别、职称、讲授课程编号。

单位：单位名称、电话、教师号、教师名。

上述实体中存在如下联系。

(1) 一个学生可选修多门课程，一门课程可为多个学生选修。

(2) 一个教师可讲授多门课程，一门课程可为多个教师讲授。

(3) 一个单位可有多个教师，一个教师只能属于一个单位。

试完成如下工作。

(1) 分别设计学生选课和教师任课两个局部信息的结构E-R图。

(2) 将上述设计完成的E-R图合并成一个全局E-R图。

(3) 将该全局E-R图转换成等价的关系模式，并分析有无达到3NF。

第 4 章　后勤宿舍报修系统数据库的实施

内容概要

SQL是结构化查询语言(structured query language)的缩写，尽管它被称为查询语言，但其功能包括数据查询、数据定义、数据操纵和数据控制四个部分。SQL简洁方便、功能齐全，是目前应用最广的关系数据库语言。

本章主要介绍SQL的使用和SQL Server 2012数据库管理系统的主要功能。通过本章的学习，读者应了解SQL的特点，掌握SQL的四大功能及使用方法，重点掌握分别用向导方式和T-SQL语句方式创建数据库和数据表。

4.1 SQL的基本概念与特点

4.1.1 SQL的发展及标准化

1. SQL的发展

SQL是当前最成功、应用最广的关系数据库语言，其发展主要经历了以下几个阶段。

(1) 1974年，由Chamberlin和Boyce提出，当时称为SEQUEL(structured english query language)。

(2) 1976年，IBM公司对SEQUEL进行了修改，将其用于System R关系数据库系统中。

(3) 1981年，IBM推出了商用关系数据库SQL/DS。由于SQL功能强大，简洁易用，得到了广泛使用。

(4) 今天，SQL广泛应用于各大、中型数据库，如Sybase、SQL Server、Oracle、DB2、MySQL、PostgreSQL等，也用于各种小型数据库，如FoxPro、Access、SQLite等。

2. SQL 标准化

随着关系数据库系统和 SQL 应用的日益广泛，SQL 的标准化工作也在紧张地进行着，30 多年来制定了多个 SQL 标准。

(1) 1982 年，美国国家标准化协会（American National Standard Institute，ANSI）开始制定 SQL 标准。

(2) 1986 年，ANSI 公布了 SQL 第一个标准版本 SQL-86。

(3) 1987 年，国际标准化组织（International Organization for Standardization，ISO）正式采纳了 SQL-86 标准作为国际标准。

(4) 1989 年，ISO 对 SQL-86 标准进行了补充，推出了 SQL-89 标准。

(5) 1992 年，ISO 推出了 SQL-92 标准（也称为 SQL2）。

(6) 1999 年，ISO 推出了 SQL-99 标准（也称为 SQL3），它增加了对象数据、递归和触发器等的支持功能。

(7) 2003 年，ISO 推出了 ISO/ICE 9075：2003 标准（也称 SQL4）。

4.1.2 SQL 的主要特点

SQL 之所以能够成为标准并被业界和用户接受，是因为它具有简单、易学、综合、一体等鲜明的特点，主要表现在以下几个方面。

(1) SQL 是类似于英语的自然语言，语法简单，且只有为数不多的几条命令，简洁易用。

(2) SQL 是一种一体化的语言，它包括数据定义、数据查询、数据操纵和数据控制等方面的功能，可以完成数据库活动中的全部工作。

(3) SQL 是一种非过程化的语言，用户不需要关心具体的操作过程，也不必了解数据的存取路径，即用户不需要一步步地告诉计算机“如何”去做，而只需要描述清楚“做什么”，SQL 语言就可将要求交给系统，系统自动完成全部工作。

(4) SQL 是一种面向集合的语言，每个命令的操作对象是一个或多个关系，结果也是一个关系。

(5) SQL 既是自含式语言，又是嵌入式语言。自含式语言可以独立使用交互命令，适用于终端用户、应用程序员和 DBA；嵌入式语言是指其可以嵌入在高级语言中使用，方便程序员开发应用程序。

(6) SQL 具有数据查询（query）、数据定义（definition）、数据操纵（manipulation）和数据控制（control）四种功能。

4.2 SQL Server 2012 简介

SQL Server 是一个支持关系模型的关系数据库管理系统，是 Microsoft 公司的产品。最初是由 Microsoft、Sybase 和 Ashton Tate 三家公司联合开发，于 1988 年推出了第一个 OS/2 版本。后来，Ashton Tate 公司退出了 SQL Server 的开发。在 Windows NT 操作系统推出后，Sybase 与 Microsoft 在 SQL Server 的开发上就分道扬镳了。其中，Sybase 专注于 SQL Server 在 UNIX 操作系统上的应用；Microsoft 则将 SQL Server 移植到 Windows

NT 操作系统上，专注于开发 Windows NT 版本的 SQL Server。若无特殊说明，本书所指的 SQL Server 专指 Microsoft 公司的 SQL Server。

4.2.1 SQL Server 的发展与版本

Microsoft SQL Server 目前已历经多个版本的发展演化。Microsoft 公司于 1995 年发布 SQL Server 6.0 版本；1996 年发布 SQL Server 6.5 版本；1998 年发布 SQL Server 7.0 版本，其在数据存储和数据引擎方面做了根本性的变化，确立了 SQL Server 在数据库管理工具中的主导地位；2000 年发布的 SQL Server 2000，在数据库性能、可靠性、易用性方面做了重大改进；2005 年发布的 SQL Server 2005 可为各类用户提供完整的数据库解决方案；2008 年发布的 SQL Server 2008 R2 在安全性、延展性和管理能力等方面进一步提高。

现在比较流行的 SQL Server 2012 不仅继承了早期版本的优点，同时增加了许多新的功能，具有高安全性、高可靠性、高效智能等优点。SQL Server 2012 包括以下几个常见版本。

(1) 精简版(Express Edition)：免费的精简版与其前身 MSDE 相似，使用核心 SQL Server 数据库引擎。但其缺少管理工具、高级服务(如 Analysis Services)及可用性功能(如故障转移)。然而，精简版在一些关键方面对其前身进行了改进。其中最值得一提的是，微软消除了 MSDE 的“节流”限制——在数据库同时处理超过 5 个查询时性能下降。精简版限于不超过 1GB 的内存，而且只能使用单颗处理器运行(而在 MSDE 中可以访问两颗处理器和 2GB 内存)。

精简版的每个实例可以支持高达 4GB 的数据库，而 MSDE 是 2GB。精简版包含 Reporting Services。此版本仅能使用 SQL Server 关系数据库作为报表数据源，并且数据库必须位于运行报表服务器的物理机器上。此外，精简版不包含 Report Builder 功能。需要说明的是，精简版是完全免费的，若用户需要使用精简版 SQL Server 可以到微软官方网站下载。

(2) 商业智能版。SQL Server 2012 的商业智能版主要是应对目前数据挖掘和多维数据分析的需求应运而生的。它可以为用户提供全面的商业智能解决方案，并增强了其在数据浏览、数据分析和数据部署安全等方面的功能。

(3) 标准版(Standard Edition)：提供完整的数据管理和商业智能平台，提供了最佳的易用性和可管理性，适用于部门级等中小规模的应用。

(4) 企业版(Enterprise Edition)：企业版位于产品系列的高端，取消了大部分可伸缩性限制。企业版是一个全面的数据管理与商业智能平台，为关键业务应用提供企业级的可扩展性、数据仓库、安全、高效分析和报表支持。可作为大型 Web 站点、企业 OLTP(联机事务处理)以及数据仓库系统等的数据库服务器。

(5) 开发者版(Developer Edition)：允许开发人员构建和测试基于 SQL Server 的任意类型应用。这一版本拥有企业级版的特性，但只限于在开发、测试和演示中使用。基于这一版本开发的应用和数据库可以很容易地升级到企业版。

除上述主流版本外，SQL Server 2012 还有工作组版(Workgroup Edition)、速成班(Express Edition)和移动版(Compact Edition)，用户可根据实际情况选择相应的 SQL

Server 版本。本书以 Microsoft SQL Server 2012 标准版(为叙述简洁,后文简称 SQL Server 2012)为例,进行有关内容的讲解。

4.2.2 SQL Server 2012 的主要组件

SQL Server 2012 提供了完善的管理工具套件,主要包括以下几个部分。

1. SQL Server 数据库引擎

SQL Server 数据库引擎包括用于存储、处理和保护数据的核心引擎,复制、全文搜索以及用于管理关系数据和 XML 数据的工具。

2. SQL Server Management Studio

SQL Server Management Studio(后文简称 Management Studio)是一个集成环境,用于配置和管理 SQL Server 的主要组件。Management Studio 提供了直观易用的图形工具和强大的脚本环境,使各种技术水平的开发人员和管理人员都能访问 SQL Server。

3. 分析服务

分析服务(Analysis Services)包括用于创建和管理联机分析处理(OLAP)以及数据挖掘应用的工具。

4. 报表服务

报表服务(Reporting Services)是一个开发报表应用程序的可扩展平台,用于创建、管理和部署表格报表、矩阵报表、图形报表以及自由格式报表等应用。

5. 集成服务

集成服务(Integration Services)是一组图形工具和可编程对象,用于移动、复制和转换数据。

6. 配置管理器

SQL Server 配置管理器(Configuration Manager)为 SQL Server 服务、服务器协议、客户端协议和客户端别名提供配置管理。

7. 数据库引擎优化顾问

数据库引擎优化顾问可协助创建索引、索引视图和分区的最佳组合,提升数据库的访问性能。

8. 商业智能开发向导

商业智能开发向导(Business Intelligence Development Studio)是一个集成开发环境(IDE),集成了上述分析服务、报表服务和集成服务的功能。

9. 连接组件

安装客户端和服务器通信的组件,以及用于 DB-Library、ODBC 和 OLE DB 的网络库。

10. 联机文档

SQL Server 2012 提供了大量的联机文档,用户可以查询到许多有价值的信息。一个优秀的 SQL Server 管理员和应用程序员,应能熟练使用联机文档。

4.3 SQL Server 2012 的安装

任务描述与分析

在"后勤宿舍报修系统"数据库的物理设计阶段,先要选择一个合适的数据库管理系统(DBMS),才能在这个平台上进行相应的数据库物理设计和实现,包括安装和配置数据库管理系统,创建和维护相应的数据库。在反复论证并通过了系统设计方案的基础上,项目经理周教授考虑到学院软硬件以及今后系统的维护等实际情况,选择了Microsoft 公司开发的基于关系数据库模型的数据库管理系统 SQL Server 2012。

SQL Server 自发布以来,由于其具有功能强大、操作快捷、用户界面友好、安全可靠性高等优点而受到了用户的广泛欢迎,并应用于银行、邮电、铁路、财税和制造等众多行业和领域。项目经理要求第 3 项目小组一天内在一台服务器上安装好数据库管理软件(SQL Server 2012)。

SQL Server 2012 各版本除了在 CPU 数量、内存使用量、数据库容量和功能模块等方面有限制外,还对操作系统、CPU 类型、应用软件等方面有不同的要求。

精简版 SQL Server 提供了 32 位和 64 位的版本,它可以运行在 Windows 7、Windows 8、Windows Server 2008、Windows Server 2012 和 Windows Visa 等操作系统上。

商业智能版提供了 32 位和 64 位的版本,它只能运行在 Windows Server 2008、Windows Server 2012 操作系统上。

标准版同时提供了 32 位和 64 位的版本。它可以运行在 Windows 7、Windows 8、Windows Server 2008、Windows Server 2012 和 Windows Visa 等操作系统上。

企业版和商业智能版相同,提供了 32 位和 64 位的版本,而且只能运行在 Server 版的操作系统上。

另外,Reporting Service 是发布在 IIS 上的,所以安装 Reporting Service 时必须先在操作系统中安装 IIS。其他一些支持文件如. NET Framework,则会在安装 SQL Server 2012 的同时自动安装到系统中。

在获得了需要安装的 SQL Server 光盘或安装文件,并确认计算机的操作系统、硬件和相关软件满足该版本的 SQL Server 的需求后,就可以安装配置 SQL Server 2012 了。

SQL Server 2012 的具体安装步骤如下。

(1) 将 SQL Server 的安装光盘放入光驱。若使用镜像文件安装则使用虚拟光驱工具将镜像文件载入虚拟光驱。

(2) 双击光盘驱动器,安装程序将检测当前的系统环境。如果没有安装. NET Framework 3.5 SP1,应先安装该软件。

(3) 安装程序检测当前系统的补丁。如果必需的系统补丁并未安装,则会先安装系统补丁。

(4) 安装补丁后重启系统。再次双击光盘驱动器,SQL Server 2012 安装中心将启动。

单击“安装”选项，切换到安装界面，如图 4-1 所示。

(5) 单击“全新 SQL Server 独立安装或向现有安装添加功能”选项，系统将打开【SQL Server 2012 安装程序】界面，并检测当前环境是否符合 SQL Server 2012 的安装条件，如图 4-2 所示。

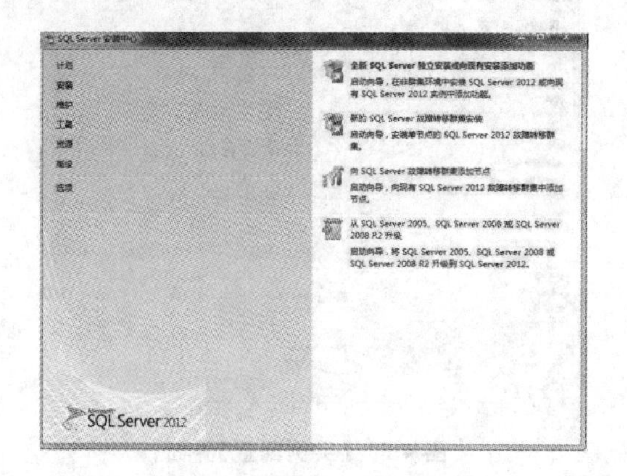

图 4-1 系统安装主界面

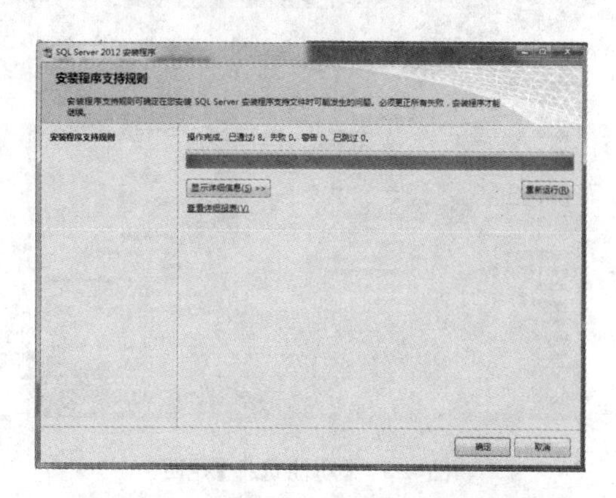

图 4-2 【SQL Server 2012 安装程序】界面

单击【确定】按钮，进入产品密钥设置界面。输入产品密钥，然后接受许可条款。单击【安装】按钮，系统将安装程序支持文件。安装完支持文件后，系统将再次检测【安装程序支持规则】，如图 4-3 所示。

(6) 单击【下一步(N)】按钮，进入【设置角色】界面，如图 4-4 所示。

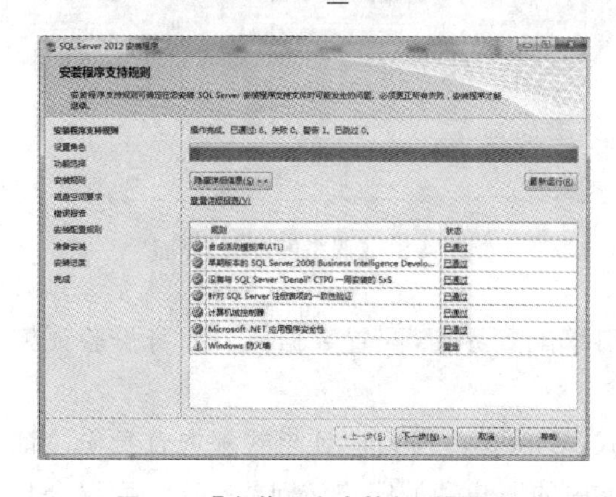

图 4-3 【安装程序支持规则】界面

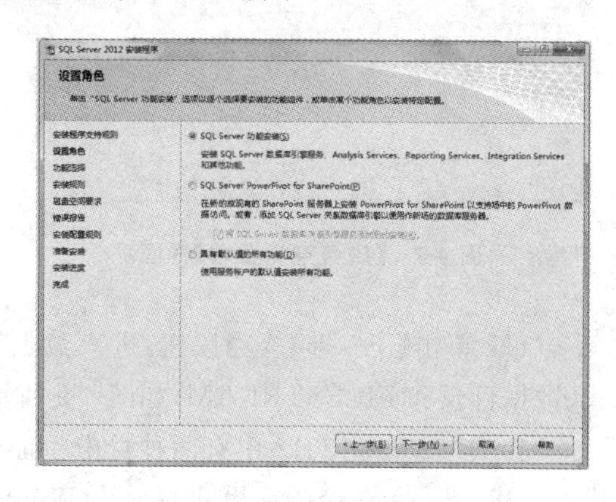

图 4-4 【设置角色】界面

(7) 单击【下一步(N)】按钮，进入【功能选择】界面，如图 4-5 所示。共享功能目录可以安装到【d:】盘，以减少系统盘【c:】的空间占用。

(8) 单击【下一步(N)】按钮，进入【实例配置】界面，如图 4-6 所示。如果需要安装成默认实例，则选择【默认实例】单选按钮，否则选择【命名实例】单选按钮并在文本框中输入具体的实例名。SQL Server 允许在同一台计算机上同时运行多个实例。

(9) 单击【下一步(N)】按钮，进入【磁盘空间要求】界面，如图 4-7 所示。该界面列出了安装 SQL Server 2012 需要的硬盘空间大小。

(10) 单击【下一步(N)】按钮，进入服务器配置界面。该界面主要配置服务的账户名、启动类型、排序规则等，如图 4-8 所示。这里将账户名设置为 SYSTEM。由于 SQL Server

Analysis Services 和另外两个服务是商务智能中使用的，一般情况下不使用，所以将其【启动类型】设置为【手动】。SQL Server 代理的【启动类型】设置为【手动】。排序规则一般情况下采用默认值。

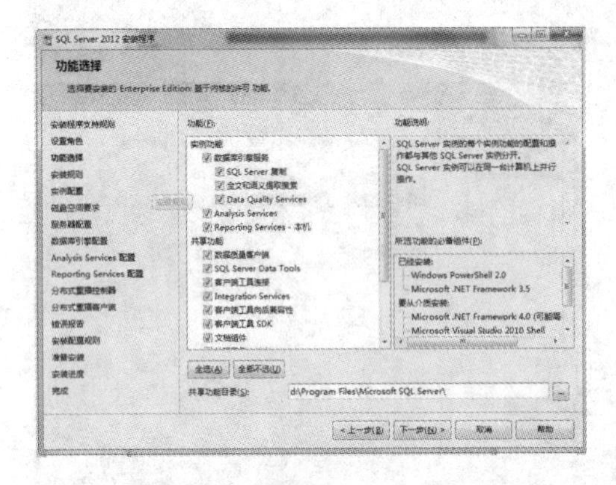

图 4-5 【功能选择】界面

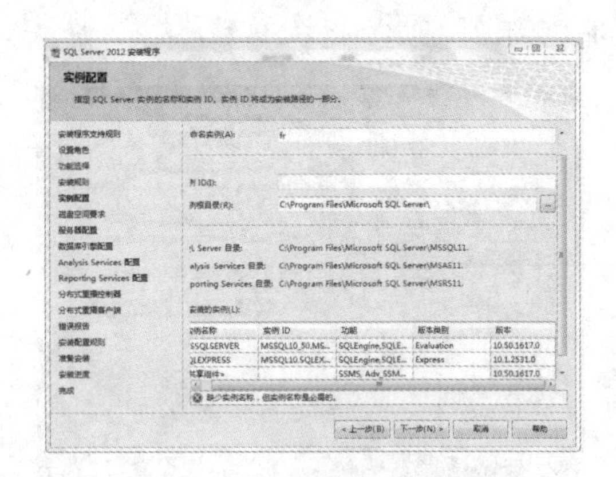

图 4-6 【实例配置】界面

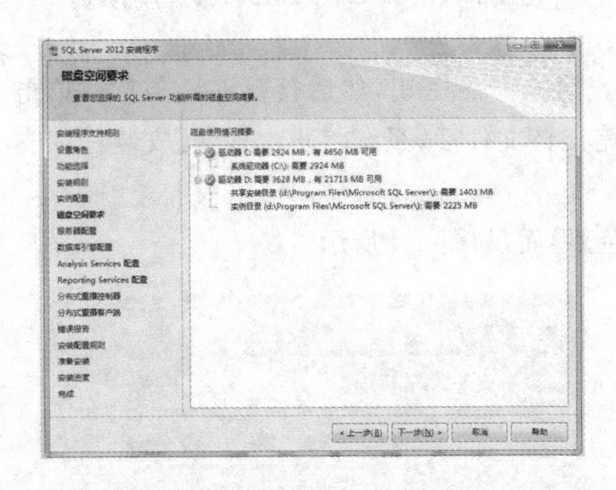

图 4-7 【磁盘空间要求】界面

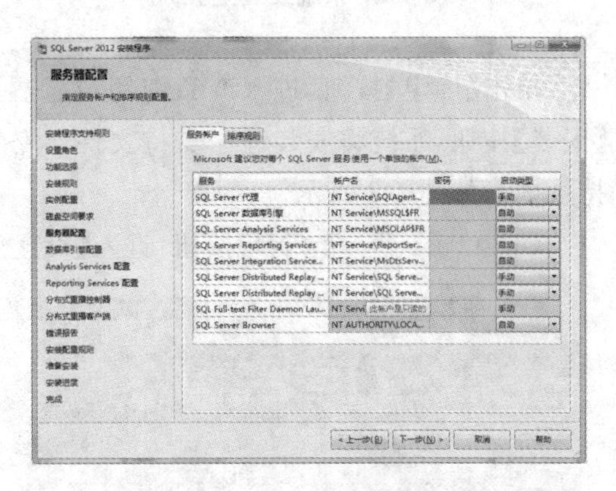

图 4-8 【服务器配置】界面

(11) 单击【下一步(N)】按钮，进入数据库引擎配置界面，配置数据库引擎身份验证模式、数据目录和 FILESTREAM，如图 4-9 所示。

在 SQL Server 2012 中有两种身份验证模式：Windows 身份验证模式和混合身份验证模式。Windows 身份验证模式只允许 Windows 中的账户和域账户访问数据库。而混合身份验证模式除了允许 Windows 账户和域账户访问数据库外，还可以使用 SQL Server 中配置的用户名和密码来访问数据库。如果使用混合模式则可以通过 sa 账户登录，在该界面中需要设置 sa 的密码。单击【添加当前用户(C)】按钮，可以快速将当前 Windows 用户添加到 SQL Server 的 Windows 身份认证用户中。若要添加其他用户，则单击【添加(A)…】按钮。【数据目录】选项卡中可以设置数据库文件保存的默认目录。

(12) 单击【下一步(N)】按钮，进入【Analysis Services 配置】界面，如图 4-10 所示。使用同样的方法为该服务配置用户和数据目录。

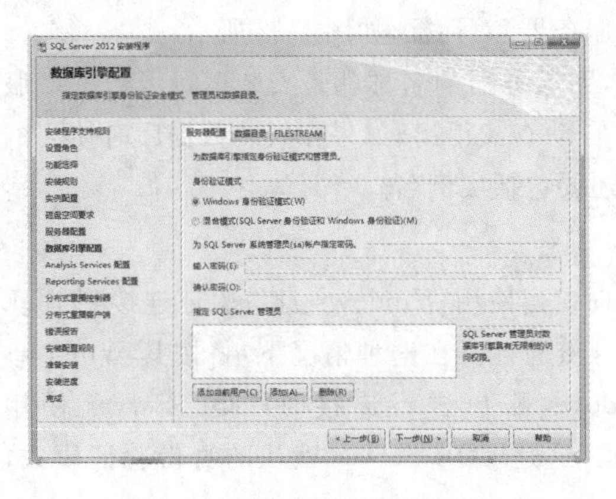

图 4-9 【数据库引擎配置】界面

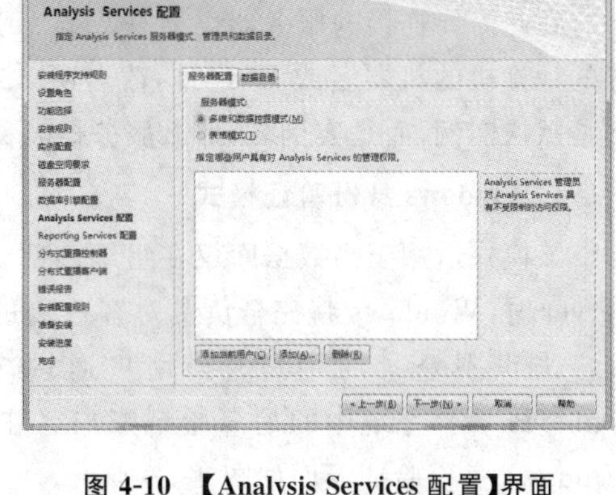

图 4-10 【Analysis Services 配置】界面

(13) 单击【下一步(N)】按钮,系统将检查前面的配置是否满足 SQL Server 的安装规则。如果规则没有全部通过,则根据提示修改数据库或服务器中的对应配置,直到全部通过。

继续单击【下一步(N)】按钮直到【安装】按钮出现。然后单击【安装】按钮,SQL Server 2012 将按照向导中的配置将数据库安装到计算机中。在数据库安装完成后向导将显示安装完成的页面,至此 SQL Server 2012 顺利安装完成,如图 4-11 所示。

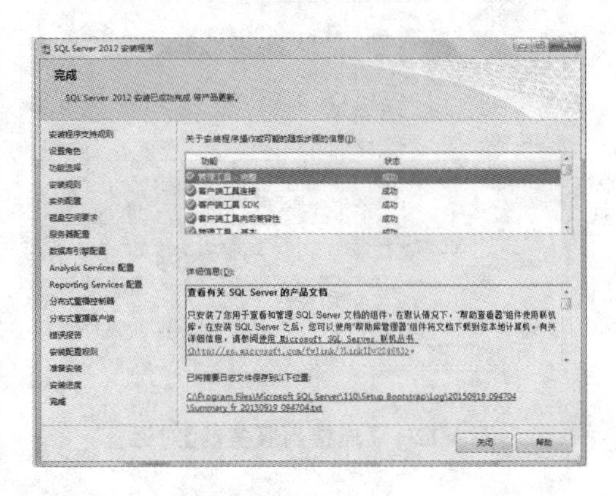

图 4-11 【完成】界面

4.4 启动和连接 SQL Server 2012

任务描述与分析

第 3 项目小组在服务器上安装 SQL Server 2012 系统结束后,为了便于今后项目的设计和开发,在首次启动和连接服务器时,要对系统进行如下相应的配置:

① 将服务器【启动类型】设置为【手动】;

② 将服务器身份验证方式设置为【混合模式(SQL Server 身份验证和 Windows 身份验证)(M)】;

③ 修改系统 sa 账户的密码,防止由于密码过于简单而使系统存在安全隐患。

4.4.1 SQL Server Management Studio 简介

在正确安装 SQL Server 2012 后,Windows【开始】菜单中的程序列表中就会出现 Microsoft SQL Server 2012 的快捷方式,选择 SQL Server Management Studio(SSMS)命令

便可启动 SSMS。SSMS 启动后将弹出【连接到服务器】对话框，如图 4-12 所示。

在此需要连接的服务器类型是数据库引擎，而服务器的名称就是安装运行了数据库服务的计算机的机器名或 IP 地址，改名由 SSMS 自动查找得出，如果在安装数据库时使用的不是默认实例，而是实例名，那么服务器名称中还要包括实例名。

1. Windows 身份验证模式

该模式适用于当数据库仅在组织内部访问时。当使用 Windows 身份验证连接到 SQL Server 时，Windows 将完全负责对客户端进行身份验证。在这种情况下，将按其 Windows 账户来识别登录的用户。当用户通过 Windows 账户进行连接时，SQL Server 使用 Windows 操作系统中的信息验证账户名和密码，这是 SQL Server 默认的身份验证模式，Windows 身份验证界面如图 4-13 所示。

图 4-12 【连接到服务器】对话框

图 4-13 SQL Server Windows 身份验证界面

2. 混合身份验证模式

该模式适用于当外界的用户需要访问数据库时或当用户不能使用 Windows 域时。

使用混合身份验证模式时，用户必须提供登录账户名称和密码，SQL Server 首先确定用户的连接是否使用有效的 SQL Server 账户登录。如果用户有有效的登录账户和正确的密码，则接受用户的连接；此时，如果密码不正确，则用户的连接被拒绝。仅当用户没有有效的 SQL Server 登录账户时，SQL Server 才检测 Windows 账户的信息，在这样的情况下，SQL Server 确定 Windows 账户是否有连接到服务器的权限。如果有权限，连接被接受；否则，连接被拒绝。SQL Server 混合身份验证的界面如图 4-14 所示。

图 4-14 SQL Server 混合身份验证界面

【sa】是 SQL Server 系统管理员的账户，在默认安装 SQL Server 2012 的时候，【sa】账户没有被指派密码。

SSMS 采用微软统一的界面风格，如图 4-15 所示。窗口最上面两排是菜单栏和工具栏，左侧是对象资源管理器窗口。所有已经连接的数据库服务器及其对象将以树状结构显示在该窗口中。中间区域是 SSMS 的主区域,SQL 语句的编写、表的创建、数据表的展示和报表展示等都是在该区域完成。右侧是属性区域,主要用于查看和修改某对象的属性作用。属性区域可以自动隐藏到窗口最右侧,当鼠标移动到属性选项卡上时则会自动显示出来。

图 4-15　数据库登录成功进入 SSMS 窗口

4.4.2　设置 SQL Server 2012 的启动模式

(1) 选择【开始】/【程序】/【Microsoft SQL Server 2012】/【配置工具】/【SQL Server Configuration Manager】命令,打开如图 4-16 所示的配置管理器窗口。

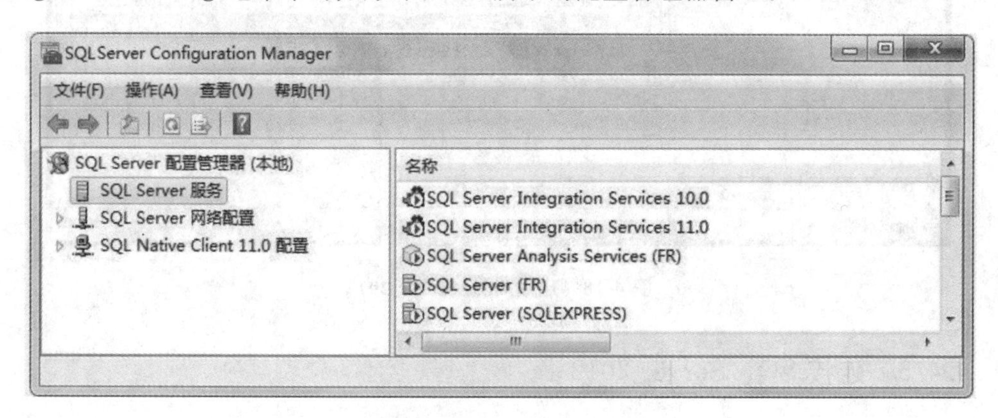

图 4-16　SQL 配置管理器窗口

(2) 在 SQL Server 配置管理器的左边窗格中,展开【SQL Server 服务】,在右边窗格中右击【SQL Server (MSSQLSERVER)】,在弹出的快捷菜单中选择【属性(R)】命令,打开如图 4-17(a)所示的【SQL Server (MSSQLSERVER)属性】窗口。

(3) 在图 4-17(a)所示的【SQL Server(MSSQLSERVER)属性】窗口中点击【服务】选项卡,如图 4-17(b)所示,在【启动模式】组合框中,选择【手动】选项,单击【确定】按钮即可。

(4) 右击图 4-16 所示界面右边窗格中的【SQL Server (MSSQLSERVER)】,单击图示快捷菜单中的【启动(S)】命令,即可启动 SQL Server 2012,如图 4-18 所示。

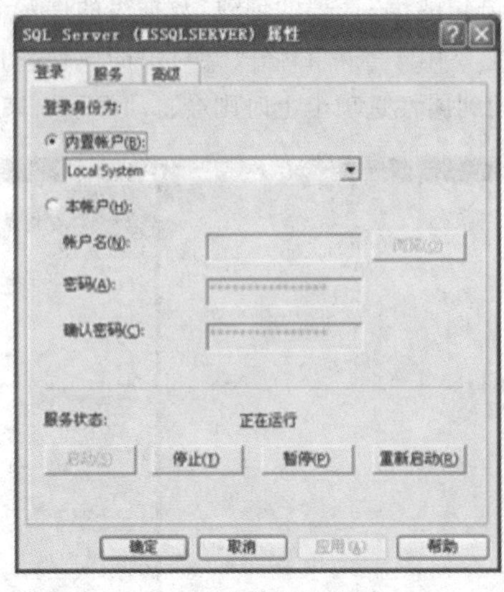

(a)【登录】选项卡

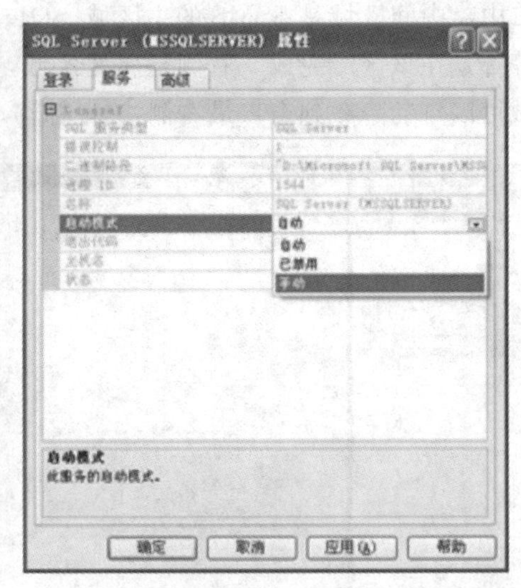

(b)【服务】选项卡

图 4-17 【SQL Server（MSSQLSERVER）属性】对话框

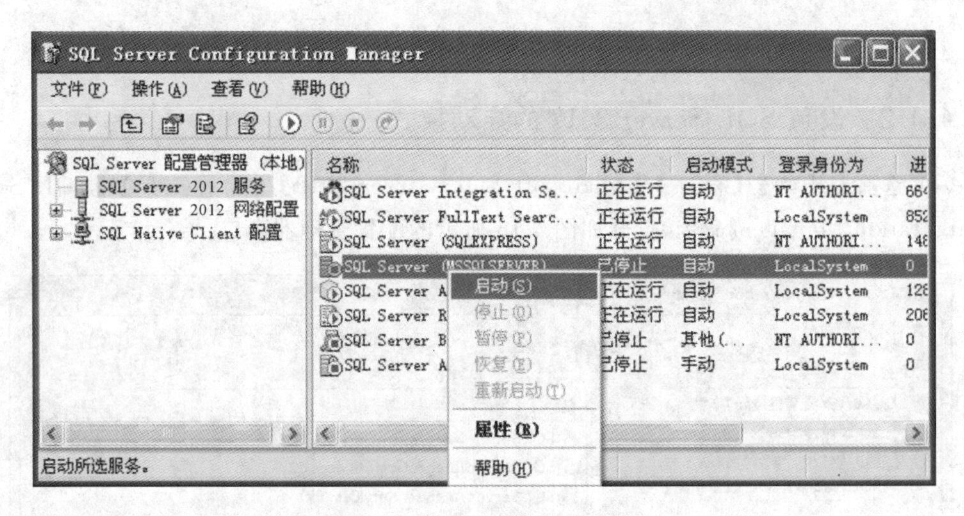

图 4-18 启动 SQL Server 2012

4.4.3 连接 SQL Server 2012

（1）选择【开始】/【程序】/【Microsoft SQL Server 2012】/【SQL Server Management Studio】命令，打开如图 4-19 所示的【连接到服务器】对话框。

图 4-19 【连接到服务器】对话框

（2）在图 4-19 所示对话框中的【服务器名称(S)】下拉列表框中，可以选择相关的服务器，也可以选择【<浏览更多…>】选项来查找其他服务器。

（3）同样，在【身份验证(A)】下拉列表框中，还需要选择身份认证的方式：【Windows 身份验证】或【SQL Server 身份验证】。

(4) 如果选择【SQL Server 身份验证】,则还要输入正确的【用户名】和【密码】。

(5) 单击前图中的【连接(C)】按钮,即可连接到相应的服务器。如果连接成功,则将显示对象资源管理器,并将相应的服务器设置为焦点。

4.4.4 设置服务器身份验证模式

(1) 选择【开始】/【程序】/【Microsoft SQL Server 2012】/【SQL Server Management Studio】命令,连接到 SQL Server 2012 后,出现【Microsoft SQL Server Management Studio】窗口,右击【对象资源管理器】中要设置的服务器,弹出快捷菜单,如图 4-20 所示。

(2) 选择快捷菜单中的【属性(R)】命令,打开【服务器属性】窗口,选择【安全性】页面,出现如图 4-21 所示的【服务器身份验证】设置界面。

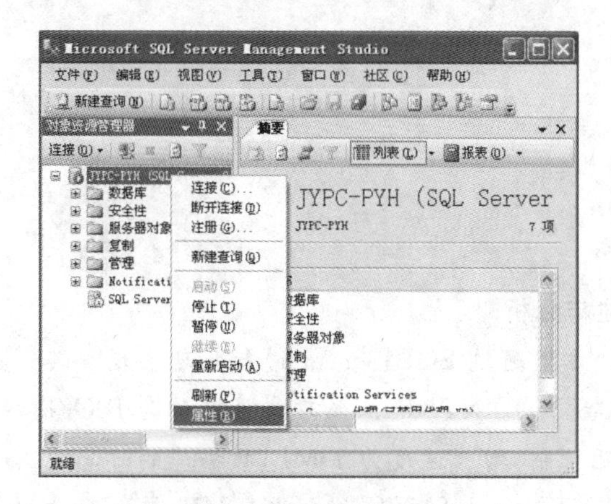

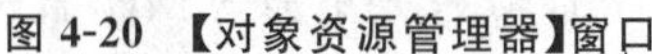
图 4-20 【对象资源管理器】窗口

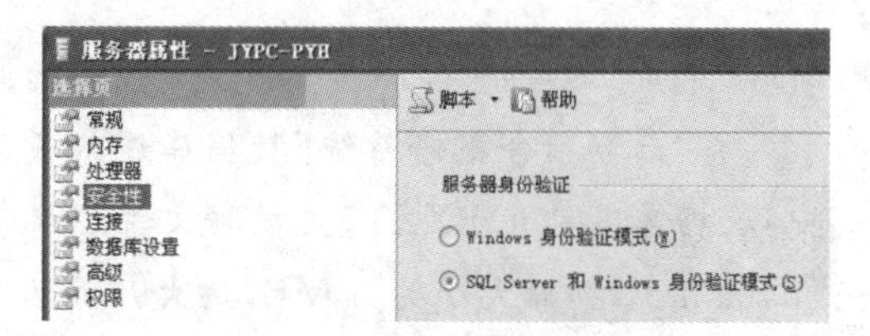

图 4-21 "服务器属性"窗口

(3) 选择【SQL Server 和 Windows 身份验证模式(S)】项,单击【确定】按钮即可完成相应的设置。

4.4.5 修改登录账户 sa 的密码

(1) 在【Microsoft SQL Server Management Studio】窗口的【对象资源管理器】窗格中展开要设置的服务器,展开【安全性】/【登录名】/【sa】,右击【sa】,弹出如图 4-22 所示的快捷菜单。

(2) 选择图 4-22 快捷菜单中的【属性(R)】项,弹出如图 4-23 所示的窗口,在【登录名(N)】的【密码(P)】和【确认密码(C)】框中输入要修改的密码,勾选【强制实施密码策略(F)】和【强制密码过期(X)】两个复选框。

(3) 单击图 4-23 中的【确定】按钮,即可完成【sa】登录名的密码修改。

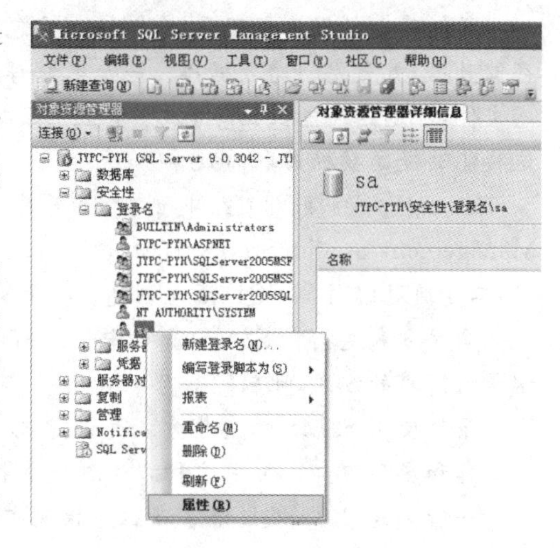

图 4-22 快捷菜单

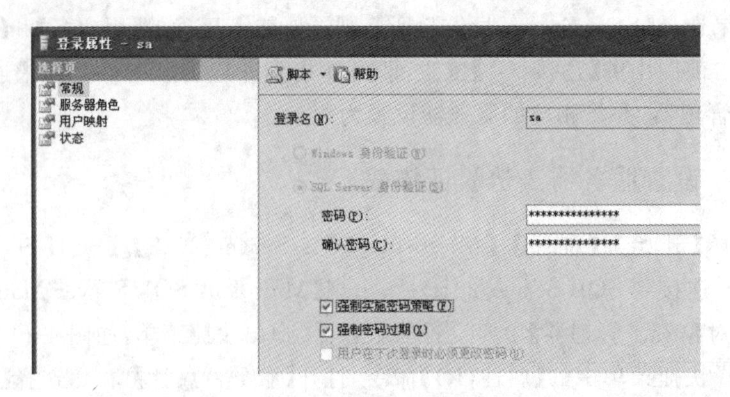

图 4-23 【登录属性-sa】窗口

4.5 数据库的创建和使用

任务描述与分析

将"后勤宿舍报修系统"数据库逻辑设计方案通过 SQL Server 进行物理实现。其中:数据库名称为 BXXT,主数据文件逻辑名称为 BXXT_data,物理文件名称为 BXXT_data. mdf,初始大小为 5 MB,最大尺寸为无限制,增长速度为 1 MB;数据库的日志文件逻辑名称为 BXPT_log,物理文件名为 BXXT_log. ldf,初始大小为 5 MB,最大尺寸为无限制,增长速度为 10%,文件存放在 D:\MyDB 路径下。

相关知识与技能

数据库是数据库管理系统的核心,它包括了系统运行所需的全部数据,使用数据库存储数据,首先要创建数据库。一个数据库必须至少包含一个数据文件和一个事务日志文件,在创建大型数据库时,尽量把主数据文件放在和事务日志文件不同的路径下,这样能够提高数据读取的效率。

在 SQL Server 2012 中创建数据库的方法主要有两种:一是在 SQL Server Management Studio(SSMS)窗口中使用现有命令和功能,通过方便的图形化向导创建,二是通过编写 T-SQL 语句创建。下面分别介绍这两种创建数据库的方法。

向导方式是指在 SSMS 窗口中使用可视化的界面,通过提示向导来创建数据库。这是最简单的方式,比较适合于初学者。

虽然使用 SSMS 的向导方式是创建数据库的一种有效而又简单的方法,但在实际的工作和应用中却不常用这种方法创建数据库。在设计一个数据库应用系统时,开发人员一般都是用 T-SQL 语言在程序代码中创建数据库及其他数据库对象的。

要熟练地理解和创建数据库,必须先对数据库的一些基本组成部分有一个清楚的认识。

◆ 4.5.1 SQL Server 2012 系统数据库

系统数据库指的是随 SQL Server 2012 安装程序一起安装，用于协助 SQL Server 2012 系统共同完成管理操作的数据库，它们是 SQL Server 2012 运行的基础。在 SQL Server 2012 中，有 5 个默认的系统数据库，分别为：master、model、msdb、tempdb 和 resource。

1. master 数据库

master 数据库由一些系统表组成，这些系统表负责跟踪整个数据库系统的安装和随后创建的其他数据库。master 数据库中记录了数据库的磁盘空间、文件分配和使用、系统层次的配置信息、断电和登录账号等信息。

如果 master 数据库不可用，则 SQL Server 无法启动。由于 master 数据库对系统来说至关重要，所以随时都应该保存一个其当前环境的备份。对数据库进行如创建、修改或删除数据库，改变服务器配置值或添加、修改登录账号的操作之后，都应该备份一次 master 数据库。

2. model 数据库

model 数据库是一个模板数据库。当用户创建一个新的数据库时，系统将会复制 model 数据库作为新数据库的基础。如果希望每一个新的数据库在创建时还有某对象或权限，可以将这些对象或权限存放在 model 数据库中，以后创建的数据库中将会包含这些对象或权限。

3. msdb 数据库

系统数据库 msdb 为 SQL Server 提供队列和可靠消息传递。SQL Server 服务中心有一项 SQL Server 代理服务，该服务主要用于数据库的自动化管理，定时执行某些 SQL 脚本，定时进行数据库备份、复制任务，以及其他计划任务。SQL Server 代理服务将会使用 msdb 数据库。msdb 为 SQL Server 提供队列和可靠消息传递。当不需要在数据库上执行备份和其他维护任务时，通常可以忽略 msdb 数据库。

在 SSMS 的对象资源管理器中可以访问 msdb 的所有信息，所以通常不需要直接访问该数据库的表。一般情况下，都不应该直接在 msdb 数据表中添加、删除数据，除非用户对自己的操作了解得十分透彻。

4. tempdb 数据库

tempdb 被用来作为一个工作区。tempdb 相对于其他 SQL Server 数据库的一个很大的不同之处在于，每次 SQL Server 启动以后，系统将以 model 数据库为模板重新创建该数据库。tempdb 的这个特性使用户不能将数据长期保存到该数据库中。在 SQL Server 再次启动时，tempdb 中的所有数据将不复存在。

5. resource 数据库

resource 数据库为只读数据库，它包含 SQL Server 2012 的所有系统对象。SQL Server 系统对象(如 sys. objects)物理上保留在 resource 数据库中，但在逻辑上却显示在每个数据库的 sys 架构中。resource 数据库不包含用户数据或用户元数据。利用 resource 数据库可以比较便捷地升级到新的 SQL Server 版本。由于 resource 数据库文件包含所有系统对象，因此，现在仅通过将单个 resource 数据库文件复制到本地服务器便可完成升级。SQL Server 不能备份 resource 数据库。

4.5.2 数据库文件

每个 SQL Server 2012 数据库都有一个与它相关联的事务日志。事务日志是对数据库的修改的历史记录。SQL Server 2012 用它来确保数据库的完整性，对数据库的所有更新首先写到事务日志，然后应用到数据库。如果数据库更新成功，则事务完成并记录为成功。如果数据库更新失败，SQL Server 2012 将使用事务日志还原数据库到初始状态（称为事务回滚）。这两个阶段的提交进程可以使 SQL Server 2012 能在进入事务时发生源故障，服务器无法使用或其他问题的情况下自动还原数据库。

SQL Server 2012 数据库和事务日志包含在独立的数据库文件中。这意味着每个数据库至少需要两个关联的存储文件，即一个数据文件和一个事务日志文件，也可以有辅助数据文件。因此在一个 SQL Server 2012 数据库中可以使用三种类型的文件来存储信息。

（1）主数据文件。主数据文件包含数据库的启动信息，并指向数据库中的其他文件。用户数据和对象存储在此文件中，也可以存储在辅助数据文件中。每个数据库只能有一个主数据文件，其默认的文件扩展名是.mdf，主数据文件的最小起始长度为 5 MB。

（2）辅助数据文件。辅助数据文件是可选的，由用户定义并存储用户数据。辅助数据文件可用于将数据分散到多个磁盘上。另外，如果数据库超过了单个 Windows 文件的最大大小，可以使用辅助数据文件，使用数据库就能继续增长。辅助数据文件的默认文件扩展名为.ndf。

（3）事务日志文件。事务日志文件用于保存恢复数据库的日志信息。每个数据库至少有一个事务日志文件，它的默认文件扩展名是.ldf。

为了便于分配和管理，可以将数据库文件集合起来放到文件组中。文件组是针对数据文件而创建的，是数据库中数据文件的集合。利用文件组可以优化数据存储，并可以将不同的数据库对象存储在不同的文件组中，以提高输入/输出读写的性能。

创建并使用文件组还需要遵守下列规则。

（1）主要数据文件必须存储在主文件组中。

（2）与系统相关的数据库对象必须存储在主文件组中。

（3）一个数据文件只能存储在一个文件组中，而不能同时存储在多个文件组中。

（4）数据库的数据信息和日志信息不能放在同一个文件组中，必须分开存放。

（5）日志文件不能存放在任何文件组中。

4.5.3 数据库对象

1. 基本表（base table）

一个关系对应一个基本表。基本表是独立存在的表，不是由其他表导出的。一个或多个基本表对应一个存储文件。

2. 视图（view）

视图是从一个或几个基本表导出的表，是一个虚表。数据库中只存放视图的定义而不存放视图对应的数据，这些数据仍存放在导出视图的基本表中。当基本表中的数据发生变化时，从视图查询出来的数据也随之改变。

例如，设教学数据库中有一个学生基本情况表 S(SNO,SN,Sex,Age,Dept)，此表对应一个存储文件。可以在其基础上定义一个男生基本情况表 S_Male(SNO,SN,Age,Dept),它是从 S 中选择 Sex='男'的各个行,然后在 SNO,SN,Age,Dept 上投影得到的。在数据库中只存储 S_Male 的定义,而 S_Male 的记录不重复存储。

在用户看来,视图是通过不同路径去看一个实际表,就像一个窗口一样,通过窗口去看外面的高楼,可以看到高楼的不同部分,同理透过视图可以看到数据库中用户感兴趣的内容。

SQL 支持数据库的三级模式结构,如图 4-24 所示。其中,外模式对应于视图和部分基本表,模式对应于基本表,内模式对应于存储文件。

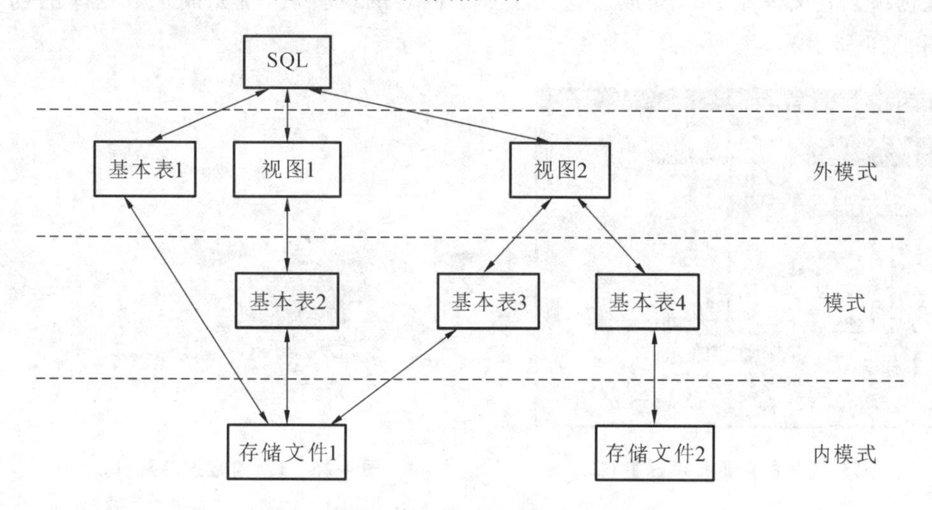

图 4-24 SQL 支持的关系数据库的三级模式结构

3. 存储过程和触发器

存储过程和触发器是两个特殊的数据库对象。在 SQL Server 2012 中,存储过程的存在独立于表,而触发器则与表紧密结合。可以使用存储过程来完善应用程序,提高应用程序的运行效率;可以使用触发器来实现复杂的业务规则,更加有效地实施数据的完整性。

4. 用户和角色

用户是对数据库有存取权限的使用者。角色是指一组数据库用户的集合,与 Windows 中的用户组类似。数据库中的用户组可以根据需要添加,用户如果被加入某一角色,则将具有该角色的所有权限。

5. 其他数据库对象

(1) 索引:索引是提供无须扫描整张表就能实现对数据快捷访问的途径,使用索引可以快速访问数据库表中的特定信息。

(2) 约束:约束是 SQL Server 实施数据一致性和完整性的方法,是数据库服务器强制的业务逻辑关系。

(3) 规则:用来限制表字段的数据范围。例如,限制性别字段只能是"男"或者"女"。

(4) 类型:除了系统给定的数据类型外,用户还可以根据自己的需要在系统类型的基础上定义自己的数据类型。

(5) 函数:除了系统提供的函数外,用户还可以根据自己的需要定义符合自己要求的函数。

上面介绍的数据库对象,在本书后面的部分都会提及并对其进行讲解。

4.5.4 创建和维护"后勤宿舍管理系统"数据库

1. 使用向导方式创建数据库

(1) 打开 SSMS 窗口,在【对象资源管理器】窗格中展开服务器,然后右击【数据库】节点,从弹出的快捷菜单中选择【新建数据库(N)...】命令,如图 4-25 所示。

(2) 此时弹出【新建数据库】窗口,如图 4-26 所示。在这个窗口中有三个选择页,分别是【常规】【选项】和【文件组】页,完成对这三个页中内容的设置后,就完成了数据库的创建工作,如图 4-26 所示。

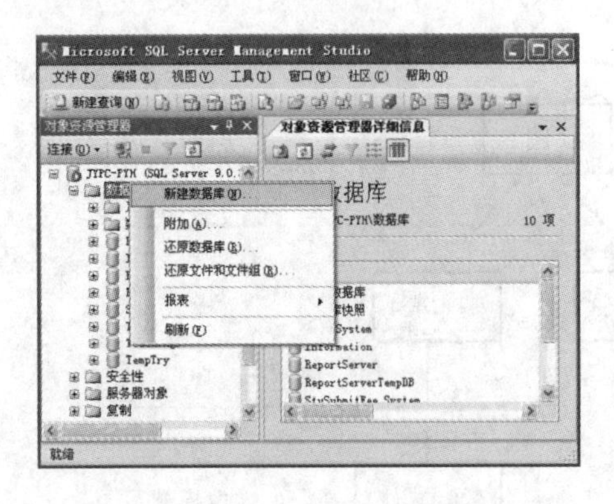

图 4-25 【对象资源管理器】窗口

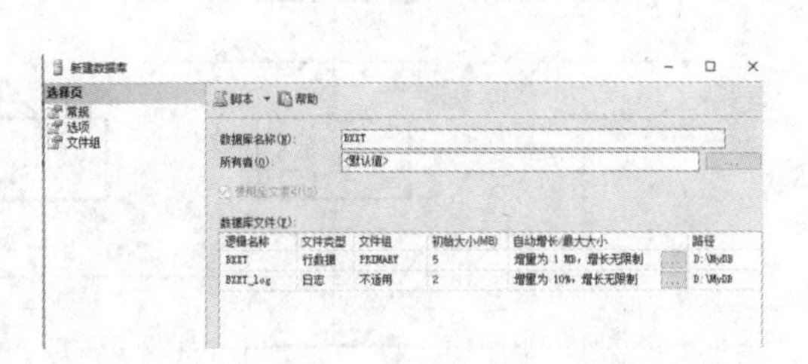

图 4-26 【新建数据库】窗口

(3) 在【常规】页中的【数据库名称(N)】文本框中输入数据库的名称【BXXT】。

(4) 在【数据库文件(F)】列表中包括两行,一行是数据文件,一行是日志文件。该列表中各字段的含义如下:

① 逻辑名称:指定数据库文件的逻辑文件名称,此处根据要求输入 BXXT 逻辑文件名。

② 文件类型:用于区别当前文件是数据文件还是日志文件。

③ 文件组:显示当前数据库文件所属的文件组。一个数据库文件只能存在于一个文件组中。不同的数据库文件可以存放在不同的文件组中,除主文件组外,其余文件组要提前定义才能使用。

④ 初始大小:设定文件的初始大小,数据文件的默认大小是 5MB,这样才能容纳下 model 数据库的副本,日志文件的默认大小是 1MB。

⑤ 自动增长:当设置的文件大小不够用时,系统会根据某种设定的增长方式自动增长。通过单击上图中【自动增长】栏中的【...】按钮,打开【更改 BXXT 的自动增长设置】对话框进行设置,如图 4-27 所示为创建数据库 BXXT 时对数据文件 BXXT.mdf 的自动增长方式进行设置的情形,同样的方法可以对数据库 BXXT 的日志文件进行自动增长方式设置。

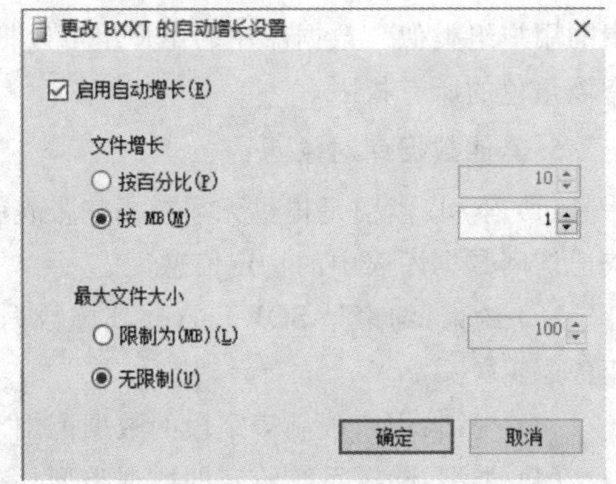

图 4-27 "更改 BXXT 的自动增长设置"对话框

⑥ 路径:指定存放数据库文件的路径目录。默认情况下,SQL Server 2012 将存放文件的

路径设置为安装路径下的data文件夹中。单击图4-26中【路径】栏中的【…】按钮，打开【定位文件夹】对话框，在其中更改BXXT数据库文件的存储路径为D:\MyDB。

(5) 打开【选项】页，在这里可以定义所创建数据库的排序规则、恢复模式、兼容级别、恢复和游标等选项，本任务均采用默认值，不进行任何设置。

(6) 在【文件组】页中可以设置数据库文件所属的文件组，还可以通过【添加】或【删除】按钮来更改数据库文件所属的文件组，本任务均采用默认值，不进行任何设置。

(7) 完成上述操作后，单击【确定】按钮，关闭【新建数据库】窗口。至此，成功创建了数据库BXXT，可以在【对象资源管理器】窗格中看到新建的数据库BXXT，如图4-28所示。

图4-28 新建的BXXT数据库

2. 使用T-SQL方式创建数据库

(1) 在SSMS窗口中单击【新建查询】按钮，打开一个查询输入窗口。

(2) 在窗口中输入如下创建数据库BXXT的T-SQL语句(见图4-29)，并保存。

```
CREATE DATABASE BXXT                          --数据库名
ON PRIMARY                                    --主文件
 ( NAME=BXXT_Data,                            --数据库主文件逻辑名
   FILENAME='D:\MyDB\BXXT_Data.mdf',          --数据库主文件物理名称
   SIZE=5MB,                                  --数据库初始容量大小
   MAXSIZE=UNLIMITED,                         --数据库容量最大尺寸
   FILEFROWTH=1MB                             --数据库容量增长率
 )
LOG ON                                        --事务日志文件
 ( NAME=BXXT_Log,                             --事务日志逻辑名
   FILENAME='D:\MyDB\BXXT_Log.ldf',           --事务日志文件物理名称
   SIZE=5MB,                                  --数据库初始容量大小
   MAXSIZE=UNLIMITED,                         --数据库容量最大尺寸
   FILEFROWTH=10%                             --数据库容量增长率
 )
```

图4-29 创建数据库BXXT的T-SQL语句

(3) 单击SSMS窗口中的【分析】按钮√，检查语法错误，如果通过，在结果窗格中显示【命令已成功完成】提示消息。

(4) 单击【执行】按钮执行语句，如果成功执行，在结果窗格中同样显示【命令已成功完成】提示消息。

(5) 在【对象资源管理器】窗格中刷新数据库，可以看到新建的数据库BXXT，如图4-28所示。

3. 查看数据库状态

要查看数据库当前处于什么状态，最简单的方法是在SSMS窗口的【对象资源管理器】窗格中右击要查看的数据库，打开快捷菜单，选择【属性(R)】项，打开【数据库属性】窗口即可查看数据库的基本信息、文件信息、选项信息、文件组信息和权限信息等，如图4-30所示。

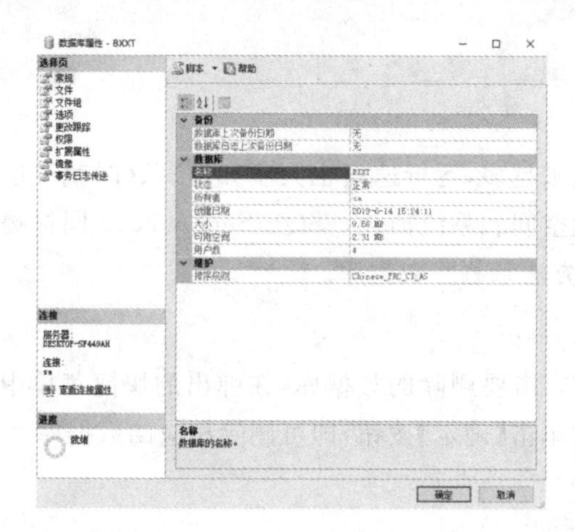

图4-30 【数据库属性-BXXT】窗口

4. 修改数据库名称

一般情况下，不建议用户修改创建好的数据库名称。因为许多应用程序可能已经使用了该数据库的名称，在更改了数据库的名称之后，还需要修改相应的应用程序中使用的数据库名称。

1）向导方式

在 SSMS 窗口的【对象资源管理器】窗格中，右击要修改的数据库名称节点（如 BXXT），弹出相应的快捷菜单，选择【重命名(M)】项，即可直接修改数据库名称。

2）T-SQL 语句

ALTER DATABASE 语句修改数据库名称时只更改了数据库的逻辑名称，对于该数据库的数据文件和日志文件没有任何影响。将 BXXT 数据库改名为 DB_BXXT 的 T-SQL 语句如下。

```
ALTER DATABASE BXXT MODIFY NAME= DB_BXXT
```

5. 收缩数据库容量

如果设计数据库时设置的容量过大，或者删除了数据库中大量的数据，就需要根据实际需要来收缩数据库以释放磁盘空间。收缩数据库有三种方式。

1）自动收缩

在 SSMS 窗口中右击要收缩的数据库，打开【数据库属性】窗口，选择【选项】页，在右边的【其他选项】列表中找到【自动收缩】选项，将其值改为 True，单击【确定】按钮即可。

2）手动收缩

在 SSMS 窗口中右击要收缩的数据库，从弹出的快捷菜单中选择【任务】/【收缩】/【数据库】命令，打开【收缩数据库】窗口，在该窗口中可以查看当前数据库的大小及可用空间，并可以自行设置收缩后数据库的大小，设置完毕后，单击【确定】按钮即可。

3）DBCC SHRINKDATABASE 语句

DBCC SHRINKDATABASE 语句是一种比前两种方式更加灵活的收缩数据库方式，可以对整个数据库进行收缩。例如，将 BXXT 数据库收缩到只保留 10％的可用空间的 T-SQL 语句如下。

```
DBCC SHRINKDATABASE ('BXXT',10)
```

6. 删除数据库

随着数据库数量的增加，系统的资源消耗越来越多，运行速度也大不如前。这时就要删除那些不再需要的数据库，以释放被占用的磁盘空间和系统消耗。SQL Server 2012 同样提供了向导方式和 DROP DATABASE 语句两种方法来删除数据库。

1）向导方式

在 SSMS 窗口的【对象资源管理器】窗格中右击要删除的数据库，在弹出的快捷菜单中选择【删除】项，然后在打开的【删除对象】窗口中单击【确定】按钮，即可删除相应的数据库。

2）DROP DATABASE 语句

使用 T-SQL 语句删除 BXXT 数据库的语句如下。

```
DROP DATABASE BXXT
```

如果一次要同时删除多个数据库，则要用逗号将要删除的多个数据库名称隔开。

使用 DROP DATABASE 语句删除数据库时不会出现确认信息，所以使用这种方法要小心谨慎。此外，千万不要删除系统数据库，否则会导致 SQL Server 2012 系统无法使用。

7. 数据库的分离与附加

在系统的开发过程中，由于某些特殊情况（如数据库服务器的硬件出了些问题，数据库要移植到其他服务器上），经常要将数据库从某个数据库实例中分离出来，然后附加到其他的数据库实例中。

分离数据库是指将数据库从 SQL Server 2012 实例上删除，但该数据库的数据文件和事务日志文件仍然保留下来不变，这时可以将该数据库的数据文件和事务日志文件再附加到其他任何 SQL Server 2012 实例上，再生成数据库。

如果要分离的数据库出现下列情况之一，都将不能分离。

(1) 已复制并发布数据库。如果进行复制，则数据库必须是未发布的。如果要分离已经发布的数据库，必须先通过系统存储过程 sp_replicationdboption 禁用发布后再分离。

(2) 数据库中存在数据库快照。必须先删除所有的数据库快照，然后才能分离数据库。

(3) 数据库处于未知状态。无法分离可疑和未知状态的数据库，此时必须将数据库设置为紧急模式，才能对其进行分离操作。

数据库的分离与附加操作实现方式有向导方式和 T-SQL 语句方式。

1) 向导方式

① 连接要分离数据库的服务器，打开 SSMS 窗口，在【对象资源管理器】窗格中右击要分离的数据库 BXXT，在弹出的快捷菜单中选择【任务】/【分离】命令，打开【分离数据库】窗口。

② 在【分离数据库】窗口中单击【确定】按钮，即可分离数据库 TeachingMS，如图 4-31所示。

③ 在【对象资源管理器】窗格中的【数据库】节点上右击，单击弹出快捷菜单中的【刷新】命令，可以发现数据库 BXXT 已经被分离。

④ 连接要附加数据库的服务器，打开 SSMS 窗口，在【对象资源管理器】窗格中的【数据库】节点上右击，单击弹出快捷菜单中的【刷新】命令，打开【附加数据库】窗口，如图 4-32 所示。

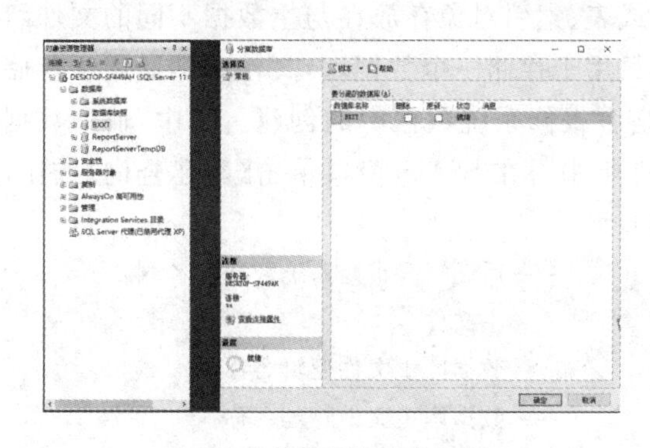

图 4-31 【分离数据库】窗口

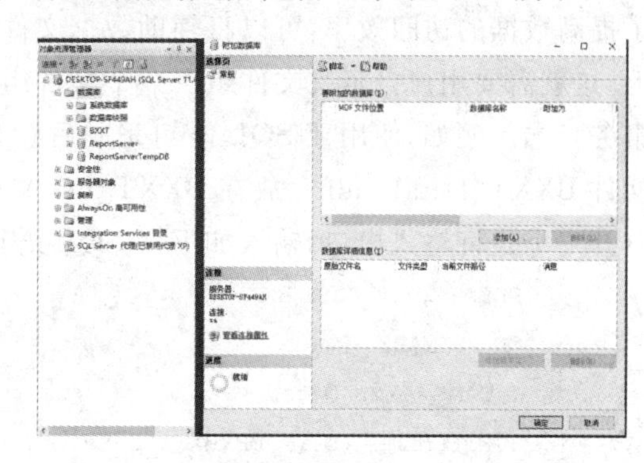

图 4-32 【附加数据库】窗口

⑤ 在【附加数据库】窗口单击【添加(A)…】按钮，然后从打开的【定位数据库文件】窗口中选择要附加的数据库文件，如图 4-33 所示，单击【确定】按钮，回到【附加数据库】窗口。

⑥ 单击如图 4-34 所示的【附加数据库】窗口中的【确定】按钮，即可将数据库 TeachingMS

重新附加到数据库实例中。

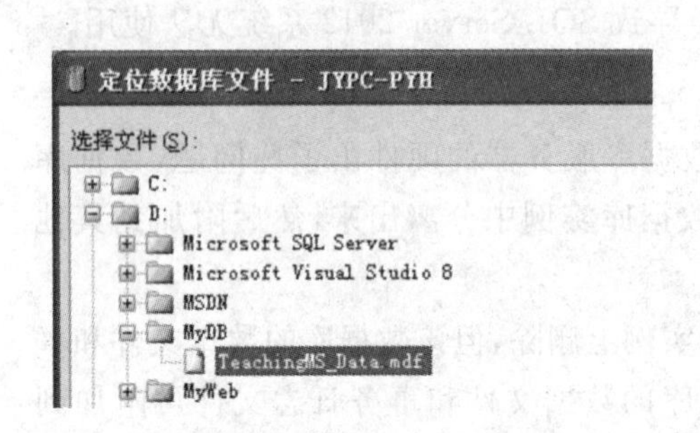

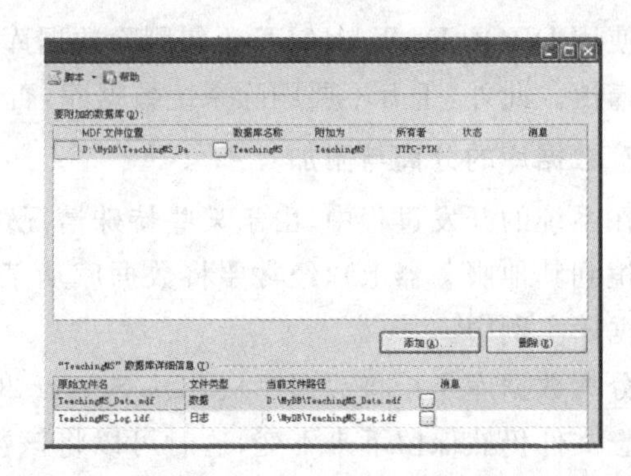

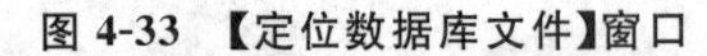

图 4-33 【定位数据库文件】窗口　　图 4-34 将数据库 TeachingMS 重新附加到数据库实例中

注意：

在附加数据库时必须要找到原始数据文件保存的地址，数据文件位置不清楚也会给附加数据库操作带来困难。

2）T-SQL 语句

可以使用系统存储过程 sp_detach_db 和 sp_attach_db 来分离和附加数据库。

分离数据库 BXXT 的代码如下。

```
EXEC sp_detach_db BXXT
```

附加数据库 BXXT 的代码如下。

```
EXEC sp_attach_db @ dbname=N'BXXT',
@filename1=N'D:\MyDB\BXXT_Data.mdf',
@filename2=N'D:\MyDB\BXXT_log.ldf'
```

8. 创建数据库文件组

文件组是文件的逻辑集合，用于存储数据文件和数据库对象。SQL Server 自动创建一个名为 PRIMARY 的主文件组，系统默认将数据文件、表、索引对象存放在主文件组上。为了提高数据的访问效率，可以将辅助数据文件或表、索引对象存放在与主数据不同的文件组上，这就需要用户自定义文件组。一个文件组只用于存储一个数据库，文件组不适用于存储事务日志。例如，使用 T-SQL 语句完成后勤宿舍报修系统数据库的创建。其中，辅助数据文件 BXXT_Data1.ndf 存放在 BXXT_FG 文件组中。在 SSMS 窗口单击【新建查询】按钮，打开一个查询输入窗口，输入如下 T-SQL 语句。

```
CREATE DATABASE BXXT                          --后勤宿舍报修系统数据库名称
ON PRIMARY                                    --主文件
{ NAME=BXXT_Data,                             --数据库主文件逻辑名称
  FILENAME='D:\MyDB\BXXT_Data.mdf',           --数据库主文件物理名称
  SIZE=5MB,                                   --数据库初始容量大小
  MAXSIZE=UNLIMITED,                          --数据库容量最大尺寸
  FILEGROWTH=10%                              --数据库容量增长率
}
FILEGROUP BXXT_FG                             --BXXT_FG 文件组
```

```
{ NAME=BXXT_Data1,                              --次文件逻辑名称
  FILENAME='D:\MyDB\BXXT_Data1.ndf',            --次文件物理名称
  SIZE=5MB,                                     --次文件初始大小
  MAXSIZE=UNLIMITED,                            --次文件最大尺寸
  FILEGROWTH=10%                                --此文件增长率
}
LOG ON                                          --事务日志文件
{ NAME=BXXT_Log,                                --事务日志逻辑名称
  FILENAME='D:\MyDB\BXXT_Log.ldf',              --事务日志文件物理名称
  SIZE=3MB,                                     --事务日志文件初始容量大小
  MAXSIZE=UNLIMITED,                            --事务日志文件最大尺寸
  FILEGROWTH=5MB                                --事务日志文件增长率
}
```

4.6 数据表的创建和使用

创建完"后勤宿舍报修系统"数据库后，就要根据逻辑设计阶段完成的设计在数据库中创建物理表结构，然后向创建好的物理表中插入表数据。

表是数据库中操作最多的对象。表是数据管理的基本单元，所有数据都是以表为容器存放在数据库中的。本节将主要讲解通过 T-SQL 语句和 SSMS 实现表的创建、修改和删除操作。

任务描述与分析

尝试用向导方式和 T-SQL 语句方式来创建如下四个数据表：tb_ld、tb_ss、tb_wx 和 tb_bx，如表 4-1 至表 4-4 所示。

表 4-1　tb_ld(楼栋表)

PK	字段名称	字段类型	NOT NULL	默认值	约束	字段说明
√	ldID	nvarchar(10)	√		主键	楼栋编号
	ldname	nvarchar(50)				楼栋名称
	dormadmin	nvarchar(50)	√			管理员
	remark	nvarchar(200)				备注

表 4-2　tb_ss(宿舍表)

PK	字段名称	字段类型	NOT NULL	默认值	约束	字段说明
√	ssID	nvarchar(10)	√		主键	宿舍编号
	ssname	nvarchar(50)				名称
	bednum	int				床位数
	remark	nvarchar(200)				备注
	ldID	nvarchar(10)	√		外键	所属楼栋编号

表 4-3　tb_wx（维修人员表）

PK	字段名称	字段类型	NOT NULL	默认值	约束	字段说明
√	wxID	nvarchar(10)	√		主键	维修人员工号
	wxname	nvarchar(50)	√			姓名
	sex	char(1)	√	M		性别
	tel	nvarchar(20)	√			电话
	remark	nvarchar(500)				备注

表 4-4　tb_bx（报修信息表）

PK	字段名称	字段类型	NOT NULL	默认值	约束	字段说明
√	bxID	nvarchar(10)	√		主键	报修信息编号
	bxdate	datetime	√			报修时间
	ssID	nvarchar(10)	√		外键	宿舍号
	bxstu	nvarchar(50)	√			报修人
	tel	nvarchar(20)				联系方式
	bxinfo	nvarchar(200)	√			报修内容
	bxstat	nvarchar(10)				状态
	rejectinfo	nvarchar(200)				退回原因
	wxID	nvarchar(10)	√		外键	维修人员工号
	remark	nvarchar(200)				备注
	checked	nvarchar(10)				是否审核

相关知识与技能

在使用数据库的过程中，接触最多的就是数据库中的表。表是存储数据的地方，可用来存储某种特定类型的数据集合，是数据库中最重要的部分，管理好表也就管理好了数据库。在关系数据库中每一个对象关系都可以对应为一张表。表是用来存储和操作数据的逻辑结构，关系数据库中的所有数据都以表的形式存储和管理。

4.6.1　表的类型

在 SQL Server 2012 中，主要有四种类型的表，即系统表、普通表、临时表和文件表。每种类型的表都有其自身的作用和特点。

1. 系统表

系统表存储了有关 SQL Server 2012 服务器的配置、数据库设置、用户和表对象的描述等系统信息。一般来说，只能由 DBA 来使用该表。

2. 普通表

普通表又称为标准表,简称为表,就是通常提到的在数据库中存储数据的表,是最经常使用的对象。

3. 临时表

临时表是临时创建的、不能永久生存的表。临时表又可以分为本地临时表和全局临时表。本地临时表的名称以符号#开头,它们仅对当前的用户连接是可见的,当用户从SQL Server 2012实例断开连接时被删除;全局临时表的名称以两个##号开头,创建后对任何用户都是可见的,当所有引用该表的用户从SQL Server 2012断开连接时被删除。

4. 文件表

SQL Server 2012提供一种特殊的"文件表"(File Table)。File Table是一种专用的用户表,它包含存储FILESTREAM数据的预定义架构以及文件和目录层次结构信息、文件属性。File Table为SQL Server中存储的文件数据提供对Windows文件命名空间的支持以及与Windows应用程序的兼容性支持,即可以在SQL Server中将文件和文档存储在称为File Table的特别的表中,但是从Windows应用程序访问它们时,就好像它们存储在文件系统中,而不必对客户端应用程序进行任何更改。

4.6.2 表的约束

为了防止数据库中出现不符合规定的数据,维护数据的完整性,数据库管理系统必须提供一种机制来检查数据库中的数据是否满足规定的条件,这些加在数据库之上的约束条件就是数据库中数据完整性约束规则。数据完整性约束包括实体完整性约束、参照完整性约束和CHECK检查约束三种。

1. 实体完整性约束

1) 主键约束

通过在表中设置主键(PRIMARY KEY)的方式,可以确保表中没有重复记录出现,这就是满足实体完整性要求。主键可以是表的一列或由多列数据组成,主键列不允许为空。IMAGE、TEXT类型的列不能被定义为主键约束。

2) 唯一性约束

与主键设置相似的还有唯一性(UNIQUE)约束。加了唯一性约束的字段可以确保在该列中不出现重复的值。可以对一个表定义多个唯一性约束,但只能定义一个主键约束。另外,唯一性约束允许有NULL值,主键约束不允许字段有NULL值。不过,当加了唯一性约束的一条记录的字段为NULL值时,其余的记录的唯一性约束字段就不允许再为NULL值了,否则,将违反唯一性规则。

2. 参照完整性约束

参照完整性约束(FOREIGN KEY约束)要求关系中不允许引用不存在的实体,目的是保证数据使用过程中的一致性。可以通过在表中设置主外键联系的方法实现实体参照完整性约束。当两个表之间存在主外键约束关系,那么:

① 当向外键表中插入数据时,首先检查该数据是否能在对应的主键表中找到相同的值,如果主键表中不存在相同的值,则不允许在外键表中添加该数据;

② 当删除或更新主键表的数据时,系统会自动检查与之关联的外键表,如果外键表存

在与主键表被修改记录相同的数据,则系统会拒绝删除或更新主键表的数据。

3. CHECK 检查约束

CHECK 检查约束也可以称为自定义检查约束。它是通过检查输入列的数据值来维护值域的完整性,使输入表中的数据更加科学合理。

CHECK 检查约束与参照完整性约束(FOREIGN KEY)有相同之处,它们都是通过检查数据的值的合理性来实现数据完整性的维护。CHECK 检查约束是通过判断一个逻辑表达式的结果来对数据进行检查。例如,可以限制学生或教师的性别列必须是 M 或 F 两种取值,不允许用户向表中输入其他非法字符,通过这种方式保护数据输入的有效性。

4.6.3 级联的删除和更新

级联删除是指在创建主外键约束关系的数据表之间,当删除主键表中某行的操作,还会级联删除其他外键表中对应的行(外键值与主键值相同的行)。

级联更新指的是在创建主外键约束关系的数据表之间,当更新主键表中某行的主键值操作,还会级联更新其他外键表中对应的行的外键值(外键值与主键值相同的行)。

创建具有级联更新和删除的主外键约束关系的语法如下:

```
FOREIGN  KEY(字段 1,字段 2,……)
REFERENCES 主键表名(引用字段 1,引用字段 2,……)
[ON  DELETE  CASCADE| NO ACTION]
[ON  UPDATE  CASCADE| NO ACTION]
```

其中,ON DELETE CASCADE| NO ACTION 用于指定在删除表中数据时,对关联的表所做的相关操作。在子表中有数据行与父表中的对应数据行相关联的情况下,如果指定了值 CASCADE,则在删除父表数据行时会将子表中对应的数据行删除;如果指定的是 NO ACTION,则 SQL Server 会产生一个错误,并将父表中的更新操作回滚,NO ACTION 是默认值。如果没有指定 ON DELETE 或 ON UPDATE,则默认为 NO ACTION。

对已经创建好的表,增加具有级联更新和删除的主外键约束关系的语法如下。

```
ALTER  TABLE 表名
ADD
  CONSTRAINT 外键名
  FOREIGN KEY  (字段 1,字段 2……)
  REFERENCES 主键表名(引用字段 1,引用字段 2……)
  [ON  DELETE  CASCADE| NO ACTION]
  [ON  UPDATE  CASCADE| NO ACTION]
```

4.6.4 创建 tb_ld 表

1. 向导方式

(1) 打开 SSMS 窗口,在【对象资源管理器】窗格中展开【数据库】/【BXXT】数据库节点。

(2) 右击【表】节点,在弹出的快捷菜单中选择【新建表】命令,打开表设计窗口。

(3) 在表设计窗口中,根据表 tb_ld 的逻辑设计要求,输入相应的列名、选择数据类型、设置是否为空等。具体如图 4-35 所示。

(4) 右击字段 ldID,选择【设置主键(Y)】项,如图 4-36 所示,ldID 字段旁出现一个小钥匙形状,则主键设置成功。

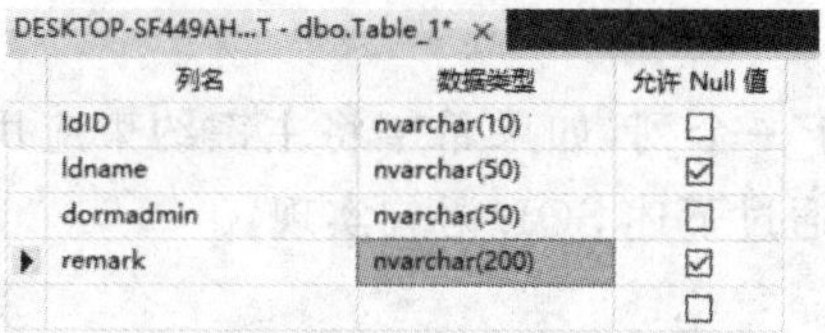

DESKTOP-SF449AH...T - dbo.Table_1*

列名	数据类型	允许 Null 值
ldID	nvarchar(10)	☐
ldname	nvarchar(50)	☑
dormadmin	nvarchar(50)	☐
remark	nvarchar(200)	☑
		☐

图 4-35　tb_ld 表设计窗口

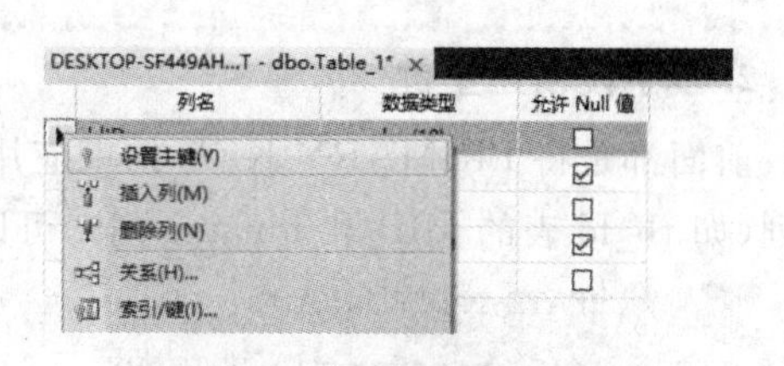

图 4-36　设置主键

(5) 设计完成后，按【Ctrl+S】组合键或单击工具栏上的【保存】按钮保存，在弹出的【选择名称】对话框里输入表名为“tb_ld”，如图 4-37 所示。

选择名称

输入表名称(E):

tb_ld

确定　取消

图 4-37　表的保存

(6) 单击【确定】按钮，保存创建的楼栋表。

(7) 可以在【表】节点下看见刚刚创建的表。

2. T-SQL 方式

(1) 在 SSMS 窗口中单击【新建查询】按钮，打开一个查询输入窗口。

(2) 在窗口中输入如下创建表 tb_ld 的 SQL 语句，并保存。

```
CREATE TABLE tb_ld                              - - 表名
(  ldID nvarchar(10) PRIMARY KEY,               - - 主键
     ldname nvarchar(50),
     dormadmin nvarchar(50),NOT NULL,           - - 不为空
     remark nvarchar(200)
  )
```

(3) 单击【执行】按钮执行语句，如果成功执行，在结果窗格中同样显示【命令已成功完成】提示消息。

(4) 在【对象资源管理器】窗格中 BXXT 数据库中刷新表，可以看到新建的表 tb_ld。

注意：

上表中的主键约束是通过隐性方式创建的。下面介绍显性方式等创建主键的方法。

任务拓展

1. 显性方式创建主键

将 tb_ld 表中的 ldID 字段显性地创建为主键约束，主键约束名称为 PK_ldID。

```
CREATE TABLE tb_ld                              - - 表名
(  ldID nvarchar(10) NOT NULL,
     ldname nvarchar(50),
     dormadmin nvarchar(50),NOT NULL,           - - 不为空
     remark nvarchar(200)
     CONSTRAINT PK_ldID PRIMARY KEY(ldID)       - - 主键约束，约束名为 PK_ldID
  )
```

2. 多字段创建主键

前面都是将 PRIMARY KEY 约束应用于一个列，如果希望将主键约束应用于多个列（如 tb_ld 表的 ldID 和 ldname 列），可以通过下述 SQL 语句实现。

```
CREATE TABLE tb_ld
(  ldID nvarchar(10) PRIMARY,
     ldname nvarchar(50),
     dormadmin nvarchar(50),NOT NULL,
     remark nvarchar(200),
     CONSTRAINT PK_ldID&ldname PRIMARY KEY(ldID,ldname)
 )
```

在多个列上定义的主键约束，表示允许在某个列上出现重复值，但是却不能有相同的列值的组合。

3. 向已经创建的表中添加主键

假设 tb_ld 表已经存在，但在表创建时并没有同时创建主键约束，那么就可以使用下列语句向 tb_ld 表中添加主键约束。

```
ALTER TABLE tb_ld
ADD
CONSTRAINT PK_ldID PRIMARY KEY(ldID)
```

4. 删除主键约束

如果 tb_ld 表中创建的主键约束 PK_ldID 不再需要，可以通过 SQL 语句将其删除。

```
ALTER TABLE tb_ld
DROP
CONSTRAINT PK_ldID
```

4.6.5 创建 tb_ss 表

1. 向导方式

(1) 与创建 tb_ld 表一样，先在表设计窗口中，根据表 tb_ss 的逻辑设计要求，输入如图 4-38 所示的字段，并进行相应的字段类型等设置。

(2) 设计完成后，保存该表，表名为 tb_ss。

(3) 单击工具栏上的【关系】按钮，弹出【外键关系】对话框，如图 4-39 所示。

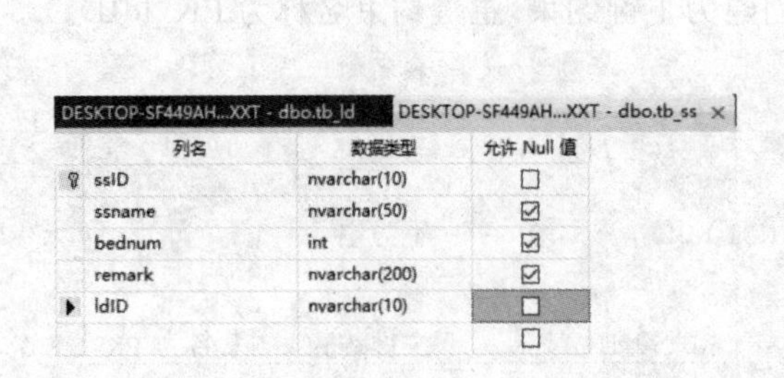

图 4-38　tb_ss 表设计窗口

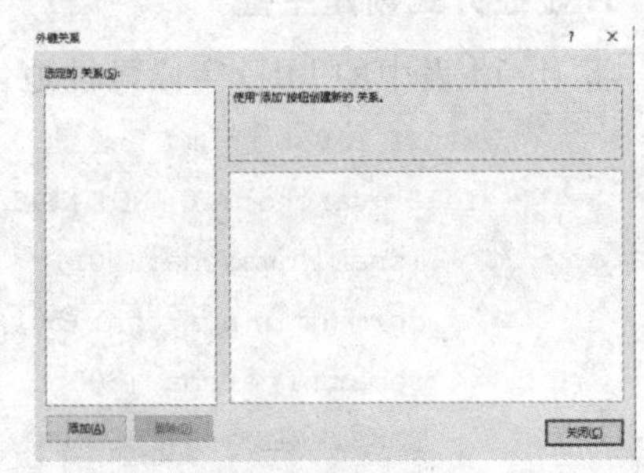

图 4-39　添加外键关系表

(4) 单击【添加(A)】按钮，为标添加一个新关系。

(5) 单击【表和列规范】右侧的按钮 ... ，弹出【表和列】对话框。修改关系名为【FK_tb_ss_ldID】。主键表是【tb_ld】，主键字段是该表的【ldID】，外键表是【tb_ss】，外键字段是【ldID】，如图 4-40 所示。这样就完成了 tb_ss 表和 tb_ld 表的主外键设计，从而在两表之间建立了一对多联系。

(6) 添加关系的同时，可以对关系进行级联删除、级联更新的设计。选中需要设置级联操作的关系，在如图 4-41 所示的【外键关系】对话框中的【INSERT 和 UPDATE 规范】下拉选项中的【更新规则】和【删除规则】都选择【级联】类型，这样就完成了 tb_ss 表和 tb_ld 表的级联更新和级联删除操作。

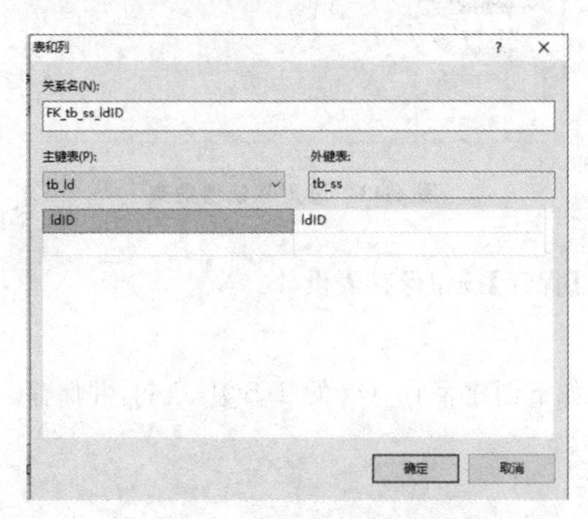

图 4-40　添加外键约束对话框

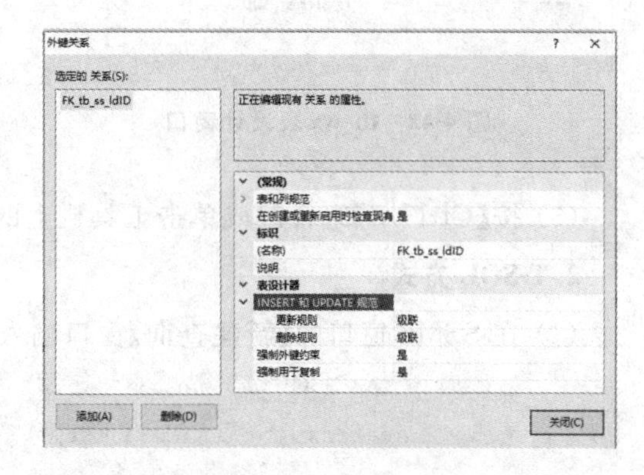

图 4-41　设置级联操作

(7) 按【Ctrl+S】组合键或单击工具栏上的【保存】按钮保存表设计。

2. T-SQL 方式

(1) 在 SSMS 窗口的【新建查询】窗口输入如下创建表 tb_ss 的 T-SQL 语句，并保存。

```
CREATE TABLE tb_ss
( ssID nvarchar(10) PRIMARY KEY,
    bednum  int,
    remark nvarchar(200),
    ldID nvarchar(10) NOT NULL REFERENCES tb_ld(ldID)  --设置外键
)
```

(2) 单击【执行】按钮执行语句，右击【对象资源管理器】窗格中的 BXXT 数据库中的【表】结点，在弹出的快捷菜单中选择【刷新】命令，可以看到新建的表 tb_ss。

(3) 单击工具栏上的【关系】按钮，从弹出的【外键关系】对话框中可以看见刚刚创建的外键关系。

4.6.6　创建 tb_wx 表

1. 向导方式

(1) 与创建 tb_ss 表一样，先在表设计窗口中，根据表 tb_wx 的逻辑设计要求，输入相应字段，并进行如图 4-42 所示的相应的字段类型等设置。

（2）在表设计窗口，定位到 sex 字段，然后在表设计窗口下部的【列属性】选项卡中的【默认值或绑定】项中输入“（‘M’）”，具体如图 4-43 所示。

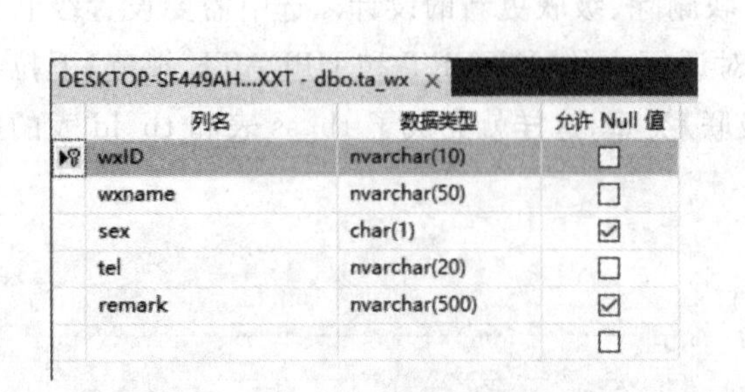

图 4-42　tb_wx 表设计窗口

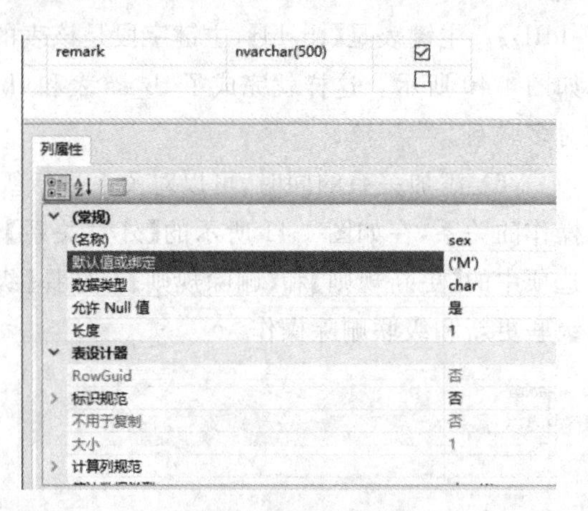

图 4-43　设置默认值约束

（3）按【Ctrl＋S】组合键或单击工具栏上的【保存】按钮保存表设计。

2. T-SQL 方式

（1）在 SSMS 窗口的【新建查询】窗口输入如下创建表 tb_wx 的 T-SQL 语句，并保存。

```
CREATE TABLE tb_wx
(  wxID nvarchar(10) PRIMARY KEY,
     wxname   nvarchar(50) NOT NULL,
     sex char(1) NOT NULL DEFAULT('M'),
     remark nvarchar(500),
)
```

（2）单击【执行】按钮执行语句，右击【对象资源管理器】窗格中的 BXXT 数据库中的【表】结点，在弹出的快捷菜单中选择【刷新】命令，可以看到新建的表 tb_wx。

4.6.7　创建 tb_bx 表

1. 向导方式

（1）与创建 tb_ss 表一样，先在表设计窗口中，根据表 tb_bx 的逻辑设计要求，输入相应字段，并进行如图 4-44 相应的字段类型等设置。

（2）单击工具栏上的【关系】按钮，弹出【外键关系】对话框，单击【添加】按钮，为表添加一个新关系。单击【表和列规范】右侧的按钮 ...，弹出【表和列】对话框。修改关系名为【FK_tb_bx_ssID】，主键表是【tb_ss】，主键字段是该表的【ssID】，外键表是【tb_bx】，外键字段是【ssID】，如图 4-45 所示。

（3）继续添加第二个外键。单击【添加】按钮，为表添加一个新关系。单击【表和列规范】右侧的按钮 ...，弹出【表和列】对话框。修改关系名为【FK_tb_bx_wxID】，主键表是【tb_wx】，主键字段是该表的【wxID】，外键表是【tb_bx】，外键字段是【wxID】，如图 4-46 所示。添加完成后可以看到 tb_bx 表中即有两个外键关系：FK_tb_bx_ssID 和 FK_tb_bx_wxID，如图4-47所示。

列名	数据类型	允许 Null 值
bxID	nvarchar(10)	☐
bxdate	datetime	☐
ssID	nvarchar(10)	☐
bxstu	nvarchar(50)	☐
tel	nvarchar(20)	☑
bxinfo	nvarchar(200)	☐
bxstat	nvarchar(10)	☑
rejectinfo	nvarchar(200)	☑
wxID	nvarchar(10)	☐
remark	nvarchar(200)	☑
checked	nvarchar(10)	☑
		☐

图 4-44　tb_bx 表设计窗口

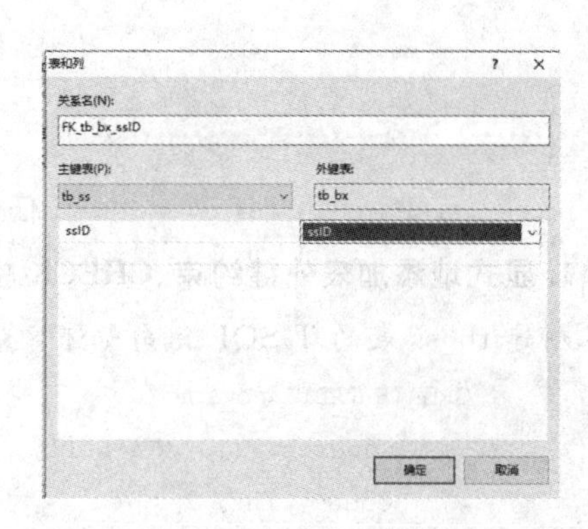

图 4-45　添加 FK_tb_bx_ssID 外键约束

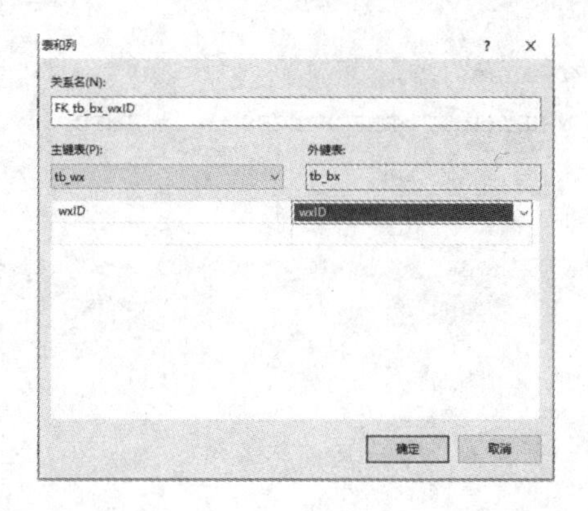

图 4-46　添加 FK_tb_bx_wxID 外键约束

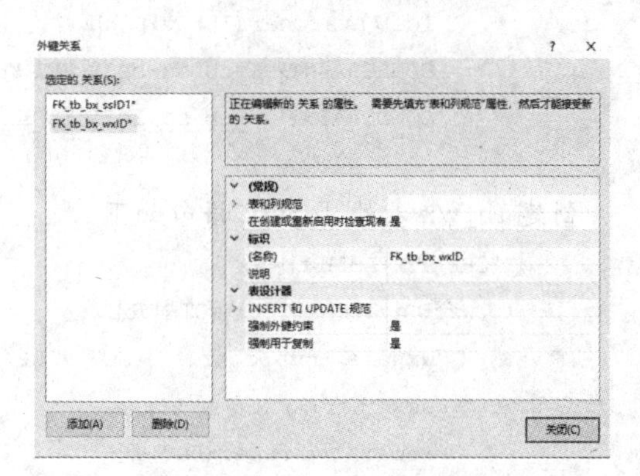

图 4-47　tb_bx 表中的外键关系

(4) 添加完成后，可以对关系进行级联删除、级联更新的设计，具体方法同创建 tb_ss 表，最后保存表设计。

2. T-SQL 方式

(1) 在 SSMS 窗口的【新建查询】窗口输入如下创建表 tb_bx 的 T-SQL 语句，并保存。

```
CREATE TABLE tb_bx
(  bxID nvarchar(10) PRIMARY KEY,
    bxdate   datetime NOT NULL,
    ssID nvarchar(10) NOT NULL REFERENCES tb_ss(ssID),
    bxstu nvarchar(50) NOT NULL,
    tel nvarchar(20),
    bxinfo nvarchar(200) NOT NULL,
    bxstat nvarchar(10),
    rejectinfo nvarchar(200),
    wxID nvarchar(10) NOT NULL REFERENCES tb_wx(wxID),
    remark nvarchar(200),
    checked nvarchar(10)
)
```

(2) 单击【执行】按钮执行语句，右击【对象资源管理器】窗格中的 BXXT 数据库中的【表】结点，在弹出的快捷菜单中选择【刷新】命令，可以看到新建的表 tb_bx。

(3) 单击工具栏上的【关系】按钮，从弹出的【外键关系】对话框中可以看见刚刚创建的外键关系。

任务拓展

1. 显式地添加表外键约束、CHECK 检查约束和默认值约束

创建 tb_ss 表的 T-SQL 语句如下。

```
CREATE TABLE tb_ss
(  ssID nvarchar(10) NOT NULL,
    bednum  int,
    remark nvarchar(200),
    ldID nvarchar(10) NOT NULL,
    CONSTRAINT PK_tb_ss_ssID PRIMARY KEY(ssID),
    CONSTRAINT FK_tb_ss_ldID FOREIGN KEY(ldID) REFERENCES tb_ld(ldID)
)
```

创建 tb_wx 表的 T-SQL 语句如下。

```
CREATE TABLE tb_wx
(  wxID nvarchar(10) NOT NULL,
    wxname  nvarchar(50) NOT NULL,
    sex char(1) NOT NULL,
    remark nvarchar(500),
    CONSTRAINT PK_tb_wx_wxID PRIMARY KEY(wxID),
    CONSTRAINT PK_tb_wx_sex CHECK (sex IN ('M','F'))
)
```

注意:

同一个数据库内不能有同名的约束名称,即使这些约束是处于不同表中。显式地添加约束是指在创建字段时不定义约束,而是将约束的定义放在所有字段创建完毕之后,用 CONSTRAINT 关键字引导定义的一种形式,具有较好的可读性和可维护性。

2. 删除外键约束、CHECK 检查约束和默认值约束

如果不再需要 tb_ss 表中创建的外键约束,则可通过下述 T-SQL 语句将其删除。

```
ALTER tb_ss
    DROP CONSTRAINT FK_tb_ss_ldID
```

3. 删除表

删除表就是将表中的数据和表的结构从数据库中永久删除。删除表之后,就不能再恢复该表的定义。删除表可以使用 DROP TABLE 语句来完成,语句的语法格式如下。

```
DROP TABLE table_name
```

注意:

不能使用 DROP TABLE 语句删除正在被其他表中的外键约束参考的表。当需要删除这种有外键约束参考的表时,必须首先删除外键约束,然后才能删除该表。

4.6.8 向表中添加数据

创建完“后勤宿舍报修系统”数据库的所有数据表后，应将后勤部门提供的系统样例测试数据插入到前面创建的各个表中。一方面通过数据的插入来检测前面创建的表是否正确无误；另一方面，将系统样例数据插入到数据库的各个表中，为今后的应用开发提供完整的测试数据。

1. 向导方式

(1) 展开左侧【数据库】/【BXXT】/【表】，右击 tb_ld 表，在弹出的快捷菜单中选择【编辑前 200 行(E)】，如图 4-48 所示。

(2) 打开编辑表窗口，如图 4-49 所示，依次将测试数据输入。

图 4-48　插入测试数据

DESKTOP-SF449AH.BXPT - dbo.tb_ld × DESKTOP-SF449AH.BXXT - dbo.tb_ss

	ldID	ldname	dormadmin	remark
	1		NULL	NULL
*	NULL	NULL	NULL	NULL

图 4-49　数据插入窗口

(3) 保存表设计。

2. T-SQL 方式

使用 INSERT INTO 语句插入数据，它的基本语法结构如下。

```
INSERT INTO 数据表名 (字段名 1,字段名 2,字段名 3……)
VALUES (字段值 1,字段值 2,字段值 3……)
```

- “INSERT INTO”子句中的“数据表名”用于指定要插入数据的数据表名称。
- “INSERT INTO”子句中的“字段名 1，字段名 2，字段名 3……”用于指定要插入数据的数据表中的列，多个列用逗号隔开。
- “VALUES”子句中的“字段值 1，字段值 2，字段值 3……”用于对应“INSERT INTO”子句中要插入数据的字段的值，多个值用逗号隔开。
- “INSERT INTO”子句中的字段数量与“VALUES”子句中字段数量必须一致，而且二者的顺序也必须一致。

以 tb_ld 表为例，插入数据的步骤如下。

(1) 在 SSMS 窗口的【新建查询】窗口输入如下 T-SQL 语句，并保存。

```
USE BXXT
GO
INSERT INTO tb_ld (ldID,ldname,dormadmin)
VALUES ('1','1栋男生公寓','赵永琴')
INSERT INTO tb_ld (ldID,ldname,dormadmin)
VALUES ('2','2栋女生公寓','左云')
INSERT INTO tb_ld (ldID,ldname,dormadmin)
VALUES ('3','3栋男生公寓','赵明宇')
INSERT INTO tb_ld (ldID,ldname,dormadmin)
VALUES ('4','4栋女生公寓','李增宇')
INSERT INTO tb_ld (ldID,ldname,dormadmin)
VALUES ('5','5栋男生公寓','孙祥东')
INSERT INTO tb_ld (ldID,ldname,dormadmin)
VALUES ('6','6栋男生公寓','李国庆')
```

(2)单击【执行】按钮执行语句。打开【对象资源管理器】窗格中的 tb_ld 表,可以看到插入的测试数据,如图 4-50 所示。

DESKTOP-SF449AH.BXXT - dbo.tb_ld × DESKTOP-SF449AH.BXPT - dbo.tb

	ldID	ldname	dormadmin	remark
▶	1	1栋男生公寓	赵永琴	NULL
	2	2栋女生公寓	左云	NULL
	3	3栋男生公寓	赵明宇	NULL
	4	4栋女生公寓	李增宁	NULL
	5	5栋男生公寓	孙祥东	NULL
	6	6栋男生公寓	李国庆	NULL
*	NULL	NULL	NULL	NULL

图 4-50 插入测试数据之后的 tb_ld 表

(3) 按相同的方法向其他三张表中插入相应的测试数据。

本章总结

本章重点介绍了创建数据库表的两种方法:向导方式和 T-SQL 命令方式。同时详细介绍了与数据完整性有关的各种约束。最后,结合"后勤宿舍报修系统"已经创建的表,进行了测试数据的插入。与之相关的关键知识点主要有如下几点。

- SQL Server 2012 中数据库的概述和表的类型。
- 主键约束的概念、特点和各种创建方法。
- 外键约束的概念、特点和各种创建方法,级联删除和更新的相关特性和机制。
- CHECK 检查约束的概念、特点和创建方法。
- 默认值约束的概念、特点和创建方法。
- "INSERT INTO"数据插入语句的用法。

习题4

一、选择题

1. 下面是有关主键和外键之间的描述，正确的是(   )。

A. 一个表中最多只能有一个主键约束，但可以有多个外键约束

B. 一个表中最多只能有一个主键约束和一个外键约束

C. 在定义主键外键约束时，应该首先定义主键约束，然后定义外键约束

D. 在定义主键外键约束时，应该首先定义外键约束，然后定义主键约束

2. 在数据库中，产生数据不一致的根本原因是(   )。

A. 数据存储量太大　　B. 没有严格数据保护

C. 数据冗余　　D. 未对数据进行完整性控制

3. 创建图书借阅表时，还书日期默认当天，且要大于借书日期，应创建(   )。

A. 检查约束　　B. 主键约束　　C. 默认约束　　D. 外键约束

4. 用来维护两个表之间的一致性关系的约束是(   )。

A. FOREIGN KEY 约束　　B. CHECK 约束

C. UNIQUE 约束　　D. DEFAULT 约束

5. 创建数据库时，系统自动将(   )系统数据库中所有用户定义的对象复制到新建的数据库中。

A. master　　B. msdb　　C. model　　D. tempdb

6. 在 SQL Server 数据库中，主数据文件的扩展名是(   )。

A. mdf　　B. ndf　　C. ldf　　D. snp

7. 在 SQL Server 2012 中，下面说法错误的是(   )。

A. 一个数据库至少有一个数据文件，但可以没有日志文件

B. 一个数据库至少有一个数据文件和一个日志文件

C. 一个数据库可以有多个数据文件

D. 一个数据库可以有多个日志文件

二、填空题

1. 在 Microsoft SQL Server 2012 系统中，数据表可以分为四种类型，即________、________、________、和________。

2. SQL Server 2012 中，默认五个系统数据库分别为________、________、msdb、tempdb 和 resource 数据库。

3. 每个数据库至少需要两个关联的存储文件：一个________和一个________，也可以有辅助数据文件。

4. SQL 是____________的缩写。

三、操作题

1. 自己尝试分别用两种方法(向导方式和 T-SQL 命令方式)创建“后勤宿舍管理系统”中的 4 张表。

2. 分别为 4 张表插入测试数据。

第5章　后勤宿舍报修系统数据库的运行

内容概要

随着第4章中创建“后勤宿舍报修系统”数据库、建立相关数据表，以及插入一部分样例测试数据等操作的完成，接下来如何运用数据查询语言来进行有效数据的查询和利用，并提供给用户所要求的各种查询报表，是本章将要探讨和学习的内容。

所谓查询，就是对数据库中的数据进行查找、创建、修改或删除等特定操作，数据查询语言是数据库管理系统的重要组成部分。SELECT语句是用SQL语言编写的从数据库获取信息的基本语句。该语句功能非常强大，其选项也非常丰富，使用它可以按照不同的方式查看、更改和分析数据。查询的设计是数据库应用程序开发中的重要组成部分。

而在实际应用系统中，随着处理的业务逻辑和数据量的增大，数据查询的难度也越来越大，因此查询效率需要一定程度的优化。数据库管理系统中通常采用索引技术实现数据的快速定位、加快访问速度，使用视图简化复杂查询过程，对数据提供安全保护。

本章主要介绍各种查询方式，包括简单查询、连接查询、嵌套查询、统计查询和集合运算等；介绍视图的基本概念，视图的创建、修改和删除，使用视图实现对基本表中数据的操作；索引的基本概念，索引的分类以及创建、修改和删除索引等操作。

任务描述与分析

在项目的每周例会上，由徐老师指导的第2项目小组对第1项目小组设计的“后勤宿舍报修系统”数据库进行了充分的理解与分析，详细梳理了数据库中各个数据表，表内的数据以及表与表之间的联系。项目经理周教授认为第2项目小组可以接着推进“后勤宿舍报修系统”数据库的运行，他说：“现在已经设计好合理的数据存储方式，接下来我们要从用户的使用和系统的运行两方面考虑，如何更高效快捷地向用户提供其需求的结果。”

相关知识与技能

在数据库运行阶段，最核心的工作就是按用户的指定要求提供查询结果。首先，我们要熟悉SELECT语法的基本结构，掌握将不同查询需求转化为SELECT语句中的对应子句，并能熟练应用。

5.1 数据查询

查询是针对数据表中的数据行进行的筛选，当数据表响应查询请求的时候，可以简单理解为逐行选取数据，判断所选取的数据是否符合查询条件。如果符合条件就提取出来，最终将全表扫描完后把所有符合条件的行组织在一起，形成一个结果集(result set)，类似于一个新的表。

1. SELECT 语句基本结构

SELECT 查询的基本语句结构需要包括要返回的字段、选择之后的行、行记录的排列顺序和如何对信息分组等相关规范，其语句的语法格式如下。

```
SELECT select_list [ INTO new_table_name]
FROM table_list
[WHERE search_conditions ]
[GROUPT BY group_by_list [HAVING search_conditions]]
[ORDER BY order_list [ASC|DESC]]
```

其中，参数说明如下。

(1) select_list 表示需要查询的字段的列表，这个列表可以直接引用来自源表或视图中的字段，也可以使用包含常量、变量或函数的其他表达式，列表各项之间必须用逗号进行分隔。

(2) INTO new_table_name 表示将查询出来的结果集保存到一个新的数据表中，new_table_name 指定新表的名称。

(3) FROM table_list 表示查询的数据来源，table_list 指定源表名或源视图名。

(4) WHERE 子句是一个筛选条件，它定义了源表或源视图中的数据行满足要求所必须达到的条件。search_conditions 则具体以一个或多个表达式连接成条件表达式。

(5) GROUP BY 子句根据 group_by_list 提供的字段中的值将结果进行分组，该属性列值相等的元组划分到一个组，通常用于计算每个分组的聚集函数值。

(6) HAVING 子句是应用于查询结果的附加筛选，用来向使用 GROUP BY 子句的查询中添加数据过滤准则。search_conditions 定义筛选条件。从逻辑上来说，HAVING 子句对中间结果集的记录进行筛选，这些中间结果集是用 SELECT 语句中的 FROM、WHERE 或 GROUP BY 子句创建的。

(7) ORDER BY 子句定义了结果集中数据行的排列顺序，order_list 指定排序时需要依据的字段的列表，字段之间使用逗号分隔。默认情况下为升序，升序使用 ASC 关键字，降序使用 DESC 关键字。

2. SELECT 语句的执行过程

(1) 读取 FROM 子句中的源表或源视图中的数据,执行笛卡尔积操作。

(2) 选取满足 WHERE 子句中给出的条件表达式的元组。

(3) 按 GROUP BY 子句中指定字段的值分组,同时提取满足 HAVING 子句中分组条件表达式的那些组。

(4) 按 SELECT 子句中给出的字段名或表达式计算值后输出。

(5) 使用 ORDER BY 子句对输出的结果集进行升序或降序排列。

5.1.1 简单查询

简单查询指数据来源仅为单张表的情况,包括投影、选择及聚合函数查询等。

1. 投影查询

投影查询对应关系代数中的投影运算,当只需要获取表中部分字段信息时,可进行投影查询。通过 SELECT 语句中的 select_list 项指定结果集的列。

投影查询的格式如下:

```
SELECT [ ALL | DISTINCT ] [ Top n [ PERCENT ] ]
* | column_name | expression [ [ AS ] column_alias ] | column_alias= expression [,…
n ]
```

其中,参数含义如下。

(1) ALL 表示将查询结果集全部显示出来,即使有重复行也原样输出,ALL 是默认设置。

(2) DISTINCT 将查询结果集全部显示,但会去掉多余的重复行。

(3) Top n [PERCENT]将查询结果集的前 n 行或前百分之 n 行输出显示。

(4) * 表示所有表中字段。

(5) column_name 指定结果集中的字段名。

(6) expression 由字段名、常量、函数或由运算符连接的字段名、常量和函数组成的任意组合。

(7) column_alias 在查询结果中用此别名代替原表中的字段名,可用于 ORDER BY 子句,但不能用于 WHERE、GROUP BY 和 HAVING 子句。

1) 选择表中的若干列

【例 5-1】 分别查询数据库中 tb_ld、tb_ss、tb_wx 和 tb_bx 表的全部数据信息。

具体程序如下。

```
①SELECT *  FROM tb_ld
②SELECT *  FROM tb_ss
③SELECT *  FROM tb_bx
④SELECT *  FROM tb_wx
```

查询结果如图 5-1 至图 5-4 所示。为了简化显示结果便于理解,本章仅节选数据库表中的部分数据做示例。

语句中用“*”表示表中所有的列,查询结果中列的排列顺序与用户创建表时声明的先后顺序一致。也可以在 SELECT 子句后面列出所有表中的列名,但通常以前一种方式更为简洁。

	ldID	ldname	dormadmin	remark
1	1	1栋男生公寓	赵永琴	NULL
2	2	2栋女生公寓	左云	NULL
3	3	3栋男生公寓	赵明宇	NULL
4	4	4栋女生公寓	李增宁	NULL
5	5	5栋男生公寓	孙祥东	NULL
6	6	6栋男生公寓	李国庆	NULL

图 5-1　tb_ld 表数据

	ssID	ssname	bednum	remark	ldID
1	1-111	1-111宿舍	5	NULL	1
2	1-112	1-112宿舍	5	NULL	1
3	1-113	1-113宿舍	4	NULL	1
4	2-211	2-211宿舍	5	NULL	2
5	2-212	2-212宿舍	5	NULL	2
6	2-213	2-213宿舍	4	NULL	2
7	3-311	3-311宿舍	5	NULL	3
8	3-312	3-312宿舍	5	NULL	3
9	3-313	3-313宿舍	4	NULL	3
10	4-411	4-411宿舍	5	NULL	4
11	4-412	4-412宿舍	5	NULL	4
12	4-413	4-413宿舍	4	NULL	4
13	5-511	5-511宿舍	5	NULL	5
14	5-512	5-512宿舍	5	NULL	5
15	5-513	5-513宿舍	4	NULL	5
16	6-611	6-611宿舍	5	NULL	6
17	6-612	6-612宿舍	5	NULL	6
18	6-613	6-613宿舍	4	NULL	6

图 5-2　tb_ss 表数据

	bxID	orderID	bxdate	ssID	bxstu	tel	bxinfo	bxstat	rejectinfo	wxID	remark	checked
1	201903180010	12559	2019-03-19 00:00:00.000	5-512	郭书明	13663528561	宿舍上面两根灯管坏了一根	已处理	NULL	2003	NULL	已审核
2	201903190001	12560	2019-03-19 00:00:00.000	2-211	孙玲	13296082543	宿舍花洒需要换新	已处理	NULL	2001	NULL	已审核
3	201903190002	12561	2019-03-19 00:00:00.000	2-211	孙玲	13296082543	宿舍花洒需要换新	已退回	重复报修	NULL	NULL	已审核
4	201903190003	12562	2019-03-19 00:00:00.000	1-112	赵义	18872705639	桌子下面那个小柜子，柜门掉了，	处理中	NULL	2001	NULL	已审核
5	201903190004	12563	2019-03-19 00:00:00.000	2-213	蒋纪红	17861454342	洗手台处的下水管道被堵住了，池子里...	已退回	请先找宿管...	2004	NULL	已审核
6	201903190005	12564	2019-03-19 00:00:00.000	3-312	戴浩鹏	19972536291	水龙头松动	已处理	NULL	2002	NULL	已审核
7	201903200001	12566	2019-03-20 00:00:00.000	1-113	沈学安	15007835404	空调不制热	处理中	NULL	2005	NULL	已审核
8	201903200002	12567	2019-03-20 00:00:00.000	2-213	张小鸿	13437742695	热水器水管漏水	已处理	NULL	2006	NULL	已审核
9	201903200003	12568	2019-03-20 00:00:00.000	6-611	王年强	15592279429	门锁不牢固 经常自己开了 需要固定门...	已处理	NULL	2003	NULL	已审核
10	201903200004	12569	2019-03-20 00:00:00.000	5-512	赵利勇	18762358027	厕所淋浴的花洒坏了和花洒底座掉了，...	已处理	NULL	2003	NULL	已审核
11	201903210001	12570	2019-03-21 00:00:00.000	6-613	王沐	13096858335	上床的那个铁的那个绿色的踏板掉了	处理中	NULL	2007	NULL	已审核
12	201903210002	12571	2019-03-21 00:00:00.000	4-412	李辉	15392614542	水龙头的开关坏了，没办法用	已处理	NULL	2002	NULL	已审核
13	201903220001	12572	2019-03-22 00:00:00.000	2-213	李天福	18916298265	左边的洗脸的水龙头漏水，关上也是漏...	已处理	NULL	2001	NULL	已审核
14	201903230001	12573	2019-03-23 00:00:00.000	2-212	肖一童	13626282612	浴室梳妆镜掉了，挂不上去	待处理	NULL	NULL	NULL	未审核
15	201903230002	12574	2019-03-23 00:00:00.000	5-512	张俊杰	15822960743	衣柜挂杆掉下来，挂不上	待处理	NULL	NULL	NULL	未审核

图 5-3　tb_wx 表数据

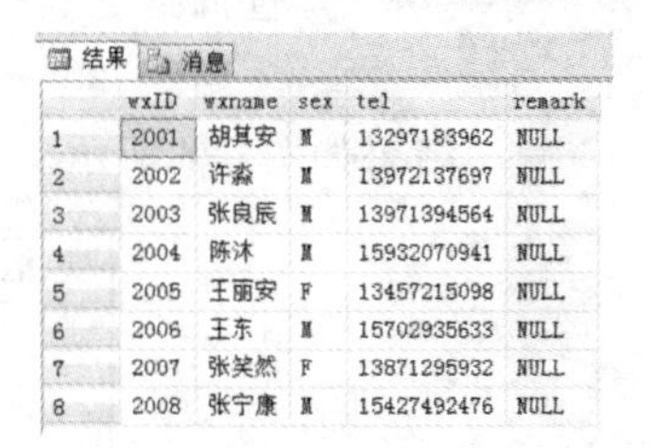

	wxID	wxname	sex	tel	remark
1	2001	胡其安	M	13297183962	NULL
2	2002	许淼	M	13972137697	NULL
3	2003	张良辰	M	13971394564	NULL
4	2004	陈沐	M	15932070941	NULL
5	2005	王丽安	F	13457215098	NULL
6	2006	王东	M	15702935633	NULL
7	2007	张笑然	F	13871295932	NULL
8	2008	张宁康	M	15427492476	NULL

图 5-4　tb_wx 表数据

如果只对表中的部分字段信息感兴趣，可使用 SELECT 语句选择一个表中的部分列，各列之间用逗号分隔，并且逗号必须在英文输入状态下录入。

查询楼栋表中的楼栋编号、楼栋名字和管理员信息。

具体程序如下。

```
SELECT ldID,ldname,dormadmin FROM tb_ld
```

查询结果如图 5-5 所示。

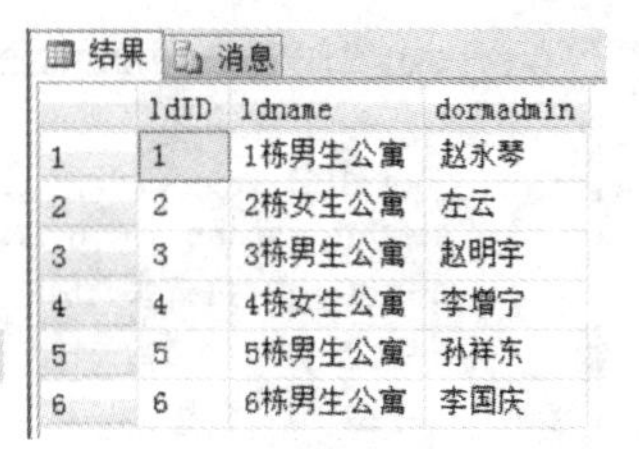

	ldID	ldname	dormadmin
1	1	1栋男生公寓	赵永琴
2	2	2栋女生公寓	左云
3	3	3栋男生公寓	赵明宇
4	4	4栋女生公寓	李增宁
5	5	5栋男生公寓	孙祥东
6	6	6栋男生公寓	李国庆

图 5-5　例 5-2 查询结果图

结果集中字段的显示顺序可以由用户指定，不必与源表顺序一致。

【例 5-3】 依据床位数来查询各楼栋宿舍的不同房型。

具体程序如下。

```
SELECT ldID,bednum FROM tb_ss
```

查询结果如图 5-6 所示。部分投影查询进行后可能在查询结果中产生重复行，这些重复行可使用 DISTINCT 关键字过滤掉。DISTINCT 关键字必须紧跟在 SELECT 关键字后面书写。

```
SELECT DISTINCT ldID,bednum FROM tb_ss
```

查询结果如图 5-7 所示。

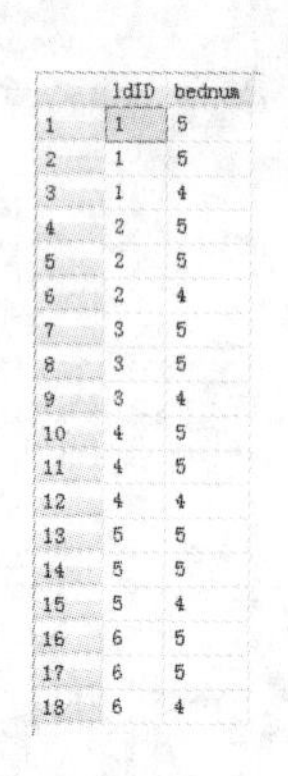

	ldID	bednum
1	1	5
2	1	5
3	1	4
4	2	5
5	2	5
6	2	4
7	3	5
8	3	5
9	3	4
10	4	5
11	4	5
12	4	4
13	5	5
14	5	5
15	5	4
16	6	5
17	6	5
18	6	4

图 5-6　例 5-3 查询结果图 1

	ldID	bednum
1	1	4
2	1	5
3	2	4
4	2	5
5	3	4
6	3	5
7	4	4
8	4	5
9	5	4
10	5	5
11	6	4
12	6	5

图 5-7　例 5-3 查询结果图 2

在进行数据查询时，经常要查询最好的、最差的、最前的、最后的几条记录，这时可以使用 TOP 关键字。

【例 5-4】　查询宿舍表的前三行信息。

```
SELECT TOP 3 *  FROM tb_ss
```

查询结果如图 5-8 所示。

结果　消息

	ssID	ssname	bednum	remark	ldID
1	1-111	1-111宿舍	5	NULL	1
2	1-112	1-112宿舍	5	NULL	1
3	1-113	1-113宿舍	4	NULL	1

图 5-8　宿舍表前 3 行数据

【例 5-5】　查询宿舍表的前 50%行的信息。

```
SELECT TOP 50 PERCENT *  FROM tb_ss
```

结果　消息

	ssID	ssname	bednum	remark	ldID
1	1-111	1-111宿舍	5	NULL	1
2	1-112	1-112宿舍	5	NULL	1
3	1-113	1-113宿舍	4	NULL	1
4	2-211	2-211宿舍	5	NULL	2
5	2-212	2-212宿舍	5	NULL	2
6	2-213	2-213宿舍	4	NULL	2
7	3-311	3-311宿舍	5	NULL	3
8	3-312	3-312宿舍	5	NULL	3
9	3-313	3-313宿舍	4	NULL	3

图 5-9　宿舍表前 50%行数据

查询结果如图 5-9 所示。

2）改变查询结果中标题的显示

在 SELECT 语句中，用户可以根据实际需要对查询数据的字段标题进行改变，或者为没有标题的字段加上临时的标题。

常用的方式有以下三种。

(1) 在列表达式后面给出列名。

(2) 用“=”连接表达式。

(3) 用 AS 关键字连接列表达式和指定的列名。

注意：

列标题的别名只在定义的语句中有效，即只显示标题，对原表中的字段名没有任何影响。

【例 5-6】　查询楼栋表中的楼栋名称和管理员信息，将结果列中各列的标题指定为汉

字“楼栋名”和“管理员”。

【解】 指定别名有三种方法。

方法1：

```
SELECT ldname AS 楼栋名,dormadmin AS 管理员 FROM tb_ld
```

方法2：

```
SELECT 楼栋名= ldname,管理员= dormadmin FROM tb_ld
```

方法3：

```
SELECT ldname  楼栋名,dormadmin  管理员 FROM tb_ld
```

三种方法的查询结果如图5-10所示。

	楼栋名	管理员
1	1栋男生公寓	赵永琴
2	2栋女生公寓	左云
3	3栋男生公寓	赵明宇
4	4栋女生公寓	李增宁
5	5栋男生公寓	孙祥东
6	6栋男生公寓	李国庆

图5-10 楼栋管理员查询结果

3）查询计算列值

在进行数据查询时经常需要对查询到的数据进行再次计算处理，用户可以直接在SELECT语句中使用计算列。计算列并不存在于数据表所存储的数据中，它是通过对某些字段的数据进行计算后得到的结果，所以没有列名。通常通过定义列别名来改变查询结果的列标题。

【例5-7】 查询每楼栋及其对应的宿管员。

```
SELECT ldname 宿舍,'宿管员:'+ dormadmin 楼管 FROM tb_ld
```

查询结果如图5-11所示。本例将字段中的行数据与字符串常量进行连接运算，计算列不包含在原表中，因此无列名，查询中为其指定显示的别名。

	宿舍	楼管
1	1栋男生公寓	宿管员:赵永琴
2	2栋女生公寓	宿管员:左云
3	3栋男生公寓	宿管员:赵明宇
4	4栋女生公寓	宿管员:李增宁
5	5栋男生公寓	宿管员:孙祥东
6	6栋男生公寓	宿管员:李国庆

图5-11 计算列查询

2. 选择查询

投影查询是从列的角度进行的查询，一般对行不进行任何过滤(DISTINCT除外)。但是一般的查询都不会是针对全表所有行的查询，只是从整个表中选出满足指定条件的内容，这就要用到WHERE子句进行选择查询。选择查询对应关系代数中的选择运算。

选择查询的格式如下。

```
SELECT select_list FROM table_list WHRER search_conditions
```

其中，search_conditions为选择的查询条件。SQL Server支持比较、范围、列表、字符串匹配等筛选方法。WHERE子句中常用的条件表达式如表5-1所示，SQL Server对WHERE子句中的查询条件的数目没有限制。

表5-1 常用查询条件

查询条件	谓词
比较	=、<、>、<=、>=、<>、!=、!<、!>
确定范围	BETWEEN AND、NOT BETWEEN AND
确定集合	IN、NOT IN
字符匹配	LIKE、NOT LIKE
空值	IS NULL、IS NOT NULL
逻辑查询	AND、OR、NOT

1）比较查询条件

比较查询条件由比较运算符连接，用于比较两个表达式的值，共有 9 个，分别为：=（等于）、<（小于）、>（大于）、<=（小于等于）、>=（大于等于）、<>（不等于）、! =（不等于）、! <（不小于）、! >（不大于）。比较运算的格式为：

```
expression  = | ! = | < > |< | > | < = | > = | ! < | ! >  expression
```

其中，表达式是除 text、ntext、image 以外类型的表达式。

【例 5-8】 查询 2019 年 3 月 21 日的报修宿舍、报修人和报修信息。

具体程序如下。

```
SELECT ssID,bxstu,bxinfo
FROM tb_bx
WHERE bxdate= '2019- 3- 21'
```

查询结果如图 5-12 所示。

结果 | 消息

	ssID	bxstu	bxinfo
1	6-613	王沐	上床的那个踩的那个绿色的踏板掉了
2	4-412	李陈	水龙头的开关坏了，没办法用

图 5-12　比较运算符“=”查询示例

注意：

日期时间型的常量必须加单引号。

【例 5-9】 查询报修表中单号大于 12565 的报修日期、报修宿舍、报修人、联系电话和报修详情。

具体程序如下。

```
SELECT orderId,bxdate,ssId,bxstu,tel,bxinfo
    FROM tb_bx
    WHERE orderID> 12565
```

查询结果如图 5-13 所示。

	orderId	bxdate	ssId	bxstu	tel	bxinfo
1	12566	2019-03-20 00:00:00.000	1-113	沈学安	15007835404	空调不制热
2	12567	2019-03-20 00:00:00.000	2-213	张小鸿	13437742695	热水器水管漏水
3	12568	2019-03-20 00:00:00.000	6-611	王年强	15592279429	门锁不牢固 经常自己开了 需要固定门锁 纱窗坏了破的 厕所门坏的关不上
4	12569	2019-03-20 00:00:00.000	5-513	赵利勇	18762358027	厕所淋浴的花洒坏了和花洒底座掉了，麻烦修一下，谢谢
5	12570	2019-03-21 00:00:00.000	6-613	王沐	13095858335	上床的那个踩的那个绿色的踏板掉了
6	12571	2019-03-21 00:00:00.000	4-412	李陈	15392614542	水龙头的开关坏了，没办法用
7	12572	2019-03-22 00:00:00.000	2-213	李天福	18916298265	左边的洗脸的水龙头漏水，关上也是滴水，麻烦修一下
8	12573	2019-03-23 00:00:00.000	2-212	肖一童	13626282612	浴室梳妆镜掉了，按不上去
9	12574	2019-03-23 00:00:00.000	5-511	张俊杰	15822950743	衣柜挂杆掉下来，挂不上

图 5-13　比较运算符“>”查询示例

2）逻辑查询条件

逻辑查询是由逻辑运算符 NOT、AND、OR 及其组合作为条件的查询。其中：NOT 用于反转查询条件的结果；AND 用于连接多个查询条件，当所有的条件都成立时为真；OR 用于连接多个条件，只要有一个条件成立就为真。

当一个语句中使用了多个逻辑运算符时，计算顺序依次为 NOT、AND 和 OR。一般建议用户使用括号改变优先级，从而减少细微错误的可能性并提高查询的可读性。

【例 5-10】 查询报修表中已处理和已审核的报修编号、报修单号以及报修信息。

具体程序如下。

```
SELECT bxId,orderID,bxinfo
FROM tb_bx
WHERE bxstat='已处理' AND checked='已审核'
```

查询结果如图 5-14 所示。

	bxId	orderID	bxinfo
1	201903180010	12559	宿舍上面两根灯管坏了一根
2	201903190001	12560	宿舍花洒需要换新
3	201903190005	12564	水龙头松动
4	201903200002	12567	热水器水管漏水
5	201903200003	12568	门锁不牢固 经常自己开了 需要固定门锁 纱窗坏了破的 厕所门坏的关不上
6	201903200004	12569	厕所淋浴的花洒坏了和花洒底座掉了，麻烦修一下，谢谢
7	201903210002	12571	水龙头的开关坏了，没办法用
8	201903220001	12572	左边的洗脸的水龙头漏水，关上也是滴水，麻烦修一下

图 5-14 逻辑运算符查询示例

【例 5-11】 查询报修表中 3 月 19 和 3 月 21 日两天的报修单号、报修宿舍、报修人、联系电话以及报修详情信息。

具体程序如下。

```
SELECT orderId,ssId,bxstu,tel,bxinfo
FROM tb_bx
WHERE bxdate='2019-3-19' OR bxdate='2019-3-21'
```

查询结果如图 5-15 所示。

	orderId	ssId	bxstu	tel	bxinfo
1	12560	2-211	孙玲	13295082543	宿舍花洒需要换新
2	12561	2-211	孙玲	13295082543	宿舍花洒需要换新
3	12562	1-112	赵义	18872705639	桌子下面那个小柜子，柜门掉了。
4	12563	2-213	陈纪红	17561454342	洗手台处的下水管道被堵住了，池子里的水排不下去
5	12564	3-312	戴池鹏	18972536291	水龙头松动
6	12570	6-613	王沐	13095858335	上床的那个踩的那个绿色的踏板掉了
7	12571	4-412	李陈	15392614542	水龙头的开关坏了，没办法用

图 5-15 逻辑运算符查询示例

3）确定范围查询条件

使用 BETWEEN…AND…谓词可以更加方便地限制查询数据的范围，其中 BETWEEN 后面是范围的下限（即低值），AND 后面是范围的上限（即高值）。其语法格式如下。

```
表达式[NOT] BETWEEN 下限值 AND 上限值
```

使用 BETWEEN 表达式进行查询的效果完全可以用含有“＞＝”和“＜＝”的逻辑表达式来代替，使用[NOT] BETWEEN 进行查询的效果完全可以用含有“＜”和“＞”的逻辑表达式来代替。

BETWEEN…AND 和 NOT BETWEEN…AND 一般用于对数值型数据和日期型数据进行比较，表达式的类型应与上限及下限值的类型相同。

【例 5-12】 查询报修表中单号在 12560 和 12570 之间的报修宿舍、报修人、联系电话和报修详情。

具体程序如下。

```
SELECT orderId,ssId,bxstu,tel,bxinfo
FROM tb_bx
WHERE orderID BETWEEN 12560 AND 12570
```

等价于：

```
SELECT orderId,ssId,bxstu,tel,bxinfo
FROM tb_bx
WHERE orderID> = 12560 AND orderID< = 12570
```

查询结果如图 5-16 所示。

结果 消息

	orderId	ssId	bxstu	tel	bxinfo
1	12560	2-211	孙玲	13295082543	宿舍花洒需要换新
2	12561	2-211	孙玲	13295082543	宿舍花洒需要换新
3	12562	1-112	赵义	18872705639	桌子下面那个小柜子，柜门掉了。
4	12563	3-313	陈纪红	17561454342	洗手台处的下水管道被堵住了，池子里的水排不下去
5	12564	3-312	戴池鹏	18972536291	水龙头松动
6	12565	4-411	陈柏瑶	13457039626	厕所的暖灯开关坏了，灯打开后关不了
7	12566	1-113	沈学安	15007835404	空调不制热
8	12567	2-213	张小鸿	13437742695	热水器水管漏水
9	12568	6-611	王年强	15592279429	门锁不牢固 经常自己开了 需要固定门锁 纱窗坏了破的 厕所门坏的关不上
10	12569	5-513	赵利勇	18762358027	厕所淋浴的花洒坏了和花洒底座掉了，麻烦修一下，谢谢
11	12570	6-613	王沐	13095858335	上床的那个踩的那个绿色的踏板掉了

图 5-16 确定范围查询示例

【例 5-13】 查询报修表中日期 3 月 20 日之前或 3 月 22 号以后的报修日期、报修宿舍、报修人、联系电话和报修详情。

具体程序如下。

```
SELECT bxdate,ssId,bxstu,tel,bxinfo
FROM tb_bx
WHERE bxdate NOT BETWEEN '2019- 3- 20' AND '2019- 3- 22'
```

等价于：

```
SELECT bxdate,ssId,bxstu,tel,bxinfo
    FROM tb_bx
    WHERE bxdate< '2019- 3- 20' OR bxdate> '2019- 3- 22'
```

查询结果如图 5-17 所示。

结果 | 消息

	bxdate	ssId	bxstu	tel	bxinfo
1	2019-03-18 00:00:00.000	5-512	郭书明	13663325361	宿舍上面两根灯管坏了一根
2	2019-03-19 00:00:00.000	2-211	孙玲	13295082543	宿舍花洒需要换新
3	2019-03-19 00:00:00.000	2-211	孙玲	13295082543	宿舍花洒需要换新
4	2019-03-19 00:00:00.000	1-112	赵义	18872705639	桌子下面那个小柜子，柜门掉了。
5	2019-03-19 00:00:00.000	2-213	陈纪红	17561454342	洗手台处的下水管道被堵住了，池子里的水排不下去
6	2019-03-19 00:00:00.000	3-312	戴池鹏	18972536291	水龙头松动
7	2019-03-23 00:00:00.000	2-212	肖一董	13626282612	浴室梳妆镜掉了，按不上去
8	2019-03-23 00:00:00.000	5-512	张俊杰	15822950743	衣柜挂杆掉下来,挂不上

图 5-17　确定范围查询示例

4）确定集合查询条件

使用IN(属于)谓词和BETWEEN关键字一样，IN的引入也是为了更方便地限制检索数据的范围。其语法格式如下。

```
表达式 [NOT] IN (常量 1,常量 2,常量 3,…,常量 n)
```

当表达式值与IN集合中的某个常量值相等时，则结果为TRUE；当表达式值与IN集合中的任何一个常量值都不相等时，则结果为FALSE。使用IN的条件表达式的结果等价于下面的条件表达式的结果。

```
表达式= 常量 1  OR 表达式= 常量 2 OR … OR 表达式= 常量 n
```

【例 5-14】 查询维修编号为'2001','2003','2005','2008'的维修员信息。

具体程序如下。

```
SELECT *  FROM tb_wx
WHERE wxId IN ('2001','2003','2005','2008')
```

等价于：

```
SELECT *  FROM tb_wx
WHERE wxId= '2001' OR wxId= '2003' OR wxId= '2005' OR wxId= '2008'
```

查询结果如图5-18所示。

结果 | 消息

	wxID	wxname	sex	tel	remark
1	2001	胡其安	M	13297183962	NULL
2	2003	张良辰	M	13971394564	NULL
3	2005	王丽安	F	13457215098	NULL
4	2008	张宁康	M	15427492476	NULL

图 5-18　确定集合查询示例

5）字符匹配查询条件

使用LIKE谓词的字符匹配查询又称为模糊查询，LIKE确定特定字符串是否与指定匹配串匹配。匹配串可以包含常规字符和通配符。匹配过程中，常规字符必须与字符串中指定的字符完全匹配。但是，通配符可以与字符串的任意部分相匹配。在字符串中可以包含四种通配符的任意组合，在搜索条件中可用的通配符如表5-2所示。

表 5-2　常用通配符及含义

通配符	含义
%	包含零个或多个字符的任意字符串
_	任何单个字符
[ ]	代表指定范围内的单个字符，在[]中可以是单个字符，也可以是字符范围
[^]	代表不在指定范围内的单个字符，在[]中可以单个字符，也可以是字符范围

其语法格式如下。

```
表达式 [ NOT ] LIKE '匹配串'
```

其含义是查找指定的表达式与“匹配串”相匹配或不匹配的元组。“匹配串”可以是一个完整的字符串,也可以是包含通配符的字符串。

【例 5-15】 查询姓“张”的维修员信息。

```
SELECT * FROM tb_wx WHERE wxname LIKE '张%'
```

查询结果如图 5-19 所示。

	wxID	wxname	sex	tel	remark
1	2003	张良辰	M	13971394564	NULL
2	2007	张笑然	F	13871295932	NULL
3	2008	张宁康	M	15427492476	NULL

图 5-19 通配符查询示例

【例 5-16】 查询姓“张”、姓“陈”的维修员信息。

具体程序如下。

```
SELECT * FROM tb_wx WHERE wxname LIKE '[张陈]%'
```

查询结果如图 5-20 所示。

6) 空值查询条件

空值表示值未知,不同于空白或零值。没有两个相等的空值,比较两个空值或将空值与任何其他值进行比较均返回未知,这是因为每个空值均为未知情况。空值一般表示数据未知或将在以后使用中添加数据。

在 SQL Server 中查看查询结果时,空值体现为 NULL。若要在查询中测试空值则应在 WHERE 子句中使用空值表达式来判断某个列值是否为空值。其语法格式如下。

```
表达式 IS [NOT] NULL
```

【例 5-17】 查询还未分配维修员的报修信息。

```
SELECT bxID,orderID FROM tb_bx WHERE wxID IS NULL
```

查询结果如图 5-21 所示。

	wxID	wxname	sex	tel	remark
1	2003	张良辰	M	13971394564	NULL
2	2004	陈沐	M	15932070941	NULL
3	2007	张笑然	F	13871295932	NULL
4	2008	张宁康	M	15427492476	NULL

图 5-20 通配符查询示例

	bxID	orderID
1	201903190002	12561
2	201903230001	12573
3	201903230002	12574

图 5-21 空值查询示例

注意:

不能使用普通的比较运算符(如=、!=)来判断某个表达式是否为 NULL 值。

7）复合条件查询

在 WHERE 子句中可以使用逻辑运算符把若干个搜索条件联合起来，组成复杂的复合搜索条件，这些逻辑运算符包括 AND、OR 和 NOT。

- AND 运算符：表示只有在所有条件都为真时才返回真。
- OR 运算符：表示只要有一个条件为真时就可以返回真。
- NOT 运算符：取反。

当在一个 WHERE 子句中同时包含多个逻辑运算符时，其优先级从高到低依次是 NOT、AND、OR。

【例 5-18】 查询姓张和姓郭的学生报修并且已处理的报修信息，包括报修单号、报修人、报修详情和维修员。

具体程序如下。

```
SELECT orderID,bxstu,bxinfo,wxID
FROM tb_bx WHERE bxstat= '已处理' AND
(bxstu LIKE '郭% ' OR bxstu LIKE '张% ')
```

查询结果如图 5-22 所示。

结果 | 消息

	orderID	bxstu	bxinfo	wxID
1	12559	郭书明	宿舍上面两根灯管坏了一根	2003
2	12567	张小鸿	热水器水管漏水	2006

图 5-22 复合条件查询示例

5.1.2 分组和汇总

查询可以直接对查询结果进行汇总计算，也可以对查询结果进行分组计算。分组查询是聚合函数与 GROUP BY 子句相结合实现的查询，其中聚合函数是在查询中完成汇总计算的函数。

1. 聚合函数查询

聚合函数是指通过这些函数把存储在数据库的数据描述为一个整体而不是一行行孤立的记录，通过使用这些函数可以实现数据集合的汇总或是求平均值等运算。常用的聚合函数见表 5-3。

在 SELECT 子句中可以使用聚合函数进行运算，运算结果作为新列出现在结果集中，但此列无列名，在聚合运算的表达式中可以包括列名、常量以及由算术运算符连接起来的函数。

其允许与统计函数一起使用 DISTINCT 关键字来处理列或表达式中不同的值。如果指定了 DISTINCT 选项，则表示在计算时要去除指定列中的重复值。如果不指定 DISTINCT 选项或指定 ALL 选项，默认值为 ALL，则表示不取消重复值。聚合函数计算时一般均忽略空值，即不统计空值。

表 5-3 常用的聚合函数

函数名	功能
SUM(列名)	对一个数字列求和
AVG(列名)	对一个数字列计算平均值

续表

函数名	功能
MIN(列名)	返回一个数字、字符串或日期列的最小值
MAX(列名)	返回一个数字、字符串或日期列的最大值
COUNT(列名)	返回一个列的数据项数
COUNT(*)	返回找到的行数

其中,函数 SUM 和 AVG 所涉及的属性必须是数值型,特殊函数 COUNT(*)一般用于统计涉及的元组数。

【例 5-19】 查询后勤报修系统数据库中宿舍的总数。

具体程序如下。

```
SELECT COUNT(* ) FROM tb_ss
```

查询结果如图 5-23 所示。

```
SELECT COUNT(remark) FROM tb_ss
```

查询结果如图 5-24 所示。

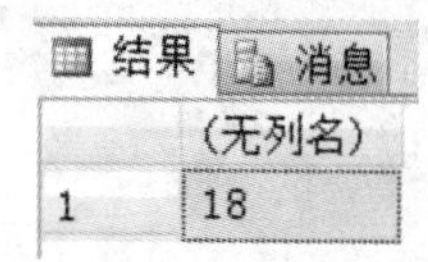

图 5-23 统计个数查询示例

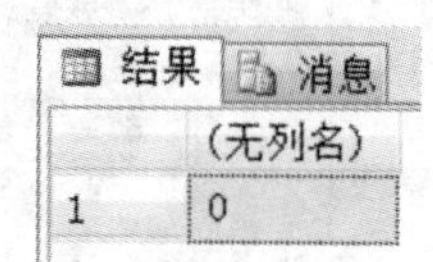

图 5-24 统计行记录查询示例

注意:

除了 count(*)以外,聚合函数都会忽略空值。本例中对包含空值的字段统计元组数时会发生错误。

【例 5-20】 统计报修过宿舍数量。

具体程序如下。

```
SELECT COUNT(DISTINCT ssID) 报修过宿舍总数 FROM tb_bx
```

查询结果如图 5-25 所示。每个宿舍可能会发生多种报修状况,因此对应的记录条数可能有多条,为了避免重复计算宿舍数量,必须在 COUNT 函数中使用 DISTINCT 选项。

【例 5-21】 查询所有宿舍的床位总数。

具体程序如下。

```
SELECT SUM(bednum) 床位总数 FROM tb_ss
```

查询结果如图 5-26 所示。

图 5-25 统计报修过的宿舍数目

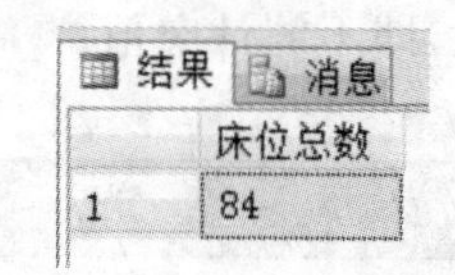

图 5-26 统计床位总数

【例 5-22】 查询最大的楼栋编号和最小的楼栋编号。

具体程序如下。

```
SELECT MAX(ldID) 最大楼栋编号,MIN(ldID) 最小楼栋编号 FROM tb_ld
```

查询结果如图 5-27 所示。

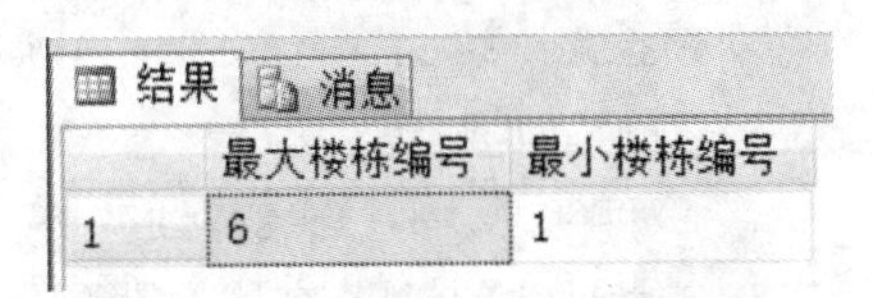

图 5-27 统计楼栋编号最大值及最小值

2. 分组查询

使用聚合函数返回的是所有行数据的统计结果。如果需要按某一列数据的值进行分类,在分类的基础上再进行查询,就要使用 GROUP BY 子句了。分组技术是指使用 GROUP BY 子句完成分组操作的技术,GROUP BY 分组查询的一般语法格式如下。

```
SELECT select_list [,…n],<聚合函数> [,…n] FROM table_list
[WHERE search_conditions ]
GROUP BY group_by_list [,…n]
[HAVING group_search_conditions]
```

其中,参数的含义如下。

(1) SELECT 子句中和 GROUP BY 子句中的 group_by_list[,…n]是相对应的,它们指出按什么标准进行分组。分组依据列可以只有一列,也可以有多列。分组依据列不能是 text、ntext、image 和 bit 类型的列。

(2) WHERE 子句中的 search_conditions 是与分组无关的,用来筛选 FROM 子句中指定的数据源所产生的行。执行查询时,先从数据源中筛选出满足 search_conditions 的元组,然后再对满足条件的元组进行分组。

(3) GROUP BY 子句用来对 WHERE 子句的输出进行分组。

(4) HAVING 子句用来从分组的结果中筛选行。所以该子句中的 group_search_conditions 是分组后的元组应该满足的条件。通常 HAVING 与 GROUP BY 成对使用。HAVING 子句可以使用 WHERE 子句中使用的条件谓词,具体见表 5-1。

(5) WITH CUBE 和 WITH ROLLUP 指定在查询结果集中不仅包含由 GROUP BY 提供的行,还包含汇总行。

尤其应注意:有分组时查询列表中的列只能为分组依据列和聚合函数。

【例 5-23】 统计每栋楼及其对应的宿舍房间总数量。

具体程序如下。

```
SELECT ldID,COUNT(* ) dormcount FROM tb_ss GROUP BY ldID
```

查询结果如图 5-28 所示。本例如果在查询语句中没有 GROUP BY 子句,则聚合函数是对整个数据表中满足条件的所有元组进行统计计算的。

【例 5-24】 统计报修表中维修单数大于等于两单的维修员编号和维修任务数量。

具体程序如下。

```
SELECT tb_bx.wxID,COUNT(* ) 维修任务量
FROM tb_wx, tb_bx
WHERE tb_wx.wxID= tb_bx.wxID
GROUP BY tb_bx.wxID HAVING COUNT(* )> = 2
```

查询结果如图 5-29 所示。

【例 5-25】 统计报修表中各维修员编号和维修任务数量以及汇总任务总量。

具体程序如下。

```
SELECT tb_bx.wxID,COUNT(* ) 维修任务量
FROM tb_wx,tb_bx
WHERE tb_wx.wxID= tb_bx.wxID
GROUP BY tb_bx.wxID WITH CUBE
```

查询结果如图 5-30 所示。从图中可以看到，GROUP BY 汇总行在最末行显示为 NULL，但用来表示所有值。

结果 消息

	ldID	dormcount
1	1	3
2	2	3
3	3	3
4	4	3
5	5	3
6	6	3

图 5-28 统计楼栋宿舍房间总数

结果 消息

	wxID	维修任务量
1	2001	3
2	2002	2
3	2003	3

图 5-29 带筛选的分组查询

结果 消息

	wxID	维修任务量
1	2001	3
2	2002	2
3	2003	3
4	2004	1
5	2005	1
6	2006	1
7	2007	1
8	NULL	12

图 5-30 分组汇总统计

5.1.3 连接查询

以上的查询操作都是从一个表中检索数据。在实际应用中，经常需要同时从两个表或两个以上的表中检索数据，并且每个表中的数据往往作为一个单独的列出现在结果集中。

实现从两个或两个以上的表中检索数据，并且结果集中出现的列来自于两个或两个以上的表中的检索操作称为连接技术，或者说连接技术是指对两个表或两个以上的表中的数据执行乘积运算的技术。

连接操作又可以细分为交叉连接、内连接、自连接、外连接等。下面分别介绍这些连接技术。

1. 交叉连接

交叉连接也称为笛卡尔乘积，返回两个表的乘积。它的结果集列举了所连接的两个表中所有行的全部可能组合。例如，如果对 A 表和 B 表执行交叉连接，A 表中有 3 行数据，B 表中有 8 行数据，那么结果集中最终可以有 24 行数据。

交叉连接使用 CROSS JOIN 关键字创建，在实际应用中，部分交叉连接穷举出的组合是无意义的，因此交叉连接使用得比较少。但是它是理解外连接和内连接的基础。

其语法格式如下。

```
SELECT select_list FROM 表 1 CROSS JOIN 表 2
```

DBMS 执行交叉连接操作的过程，首先在表 1 中取得第 1 个元组，依次与表 2 中的所有元组逐行拼接起来，形成结果集中的多个元组。然后再从表 1 中取得第 2 个元组，依次与表 2 中的所有元组逐行拼接起来，形成结果集中的多个元组。重复上述操作，直到表 1 中的全部元组都处理完毕为止。

【例 5-26】 使用交叉连接查询楼栋信息和宿舍信息。

```
SELECT *  FROM tb_ld CROSS JOIN tb_ss
```

查询结果如图 5-31 所示。

结果 | 消息

	ldID	ldname	dormadmin	remark	ssID	ssname	bednum	remark	ldID
1	1	1栋男生公寓	赵永琴	NULL	1-111	1-111宿舍	5	NULL	1
2	1	1栋男生公寓	赵永琴	NULL	1-112	1-112宿舍	5	NULL	1
3	1	1栋男生公寓	赵永琴	NULL	1-113	1-113宿舍	4	NULL	1
4	1	1栋男生公寓	赵永琴	NULL	2-211	2-211宿舍	5	NULL	2
5	1	1栋男生公寓	赵永琴	NULL	2-212	2-212宿舍	5	NULL	2
6	1	1栋男生公寓	赵永琴	NULL	2-213	2-213宿舍	4	NULL	2
7	1	1栋男生公寓	赵永琴	NULL	3-311	3-311宿舍	5	NULL	3
8	1	1栋男生公寓	赵永琴	NULL	3-312	3-312宿舍	5	NULL	3
9	1	1栋男生公寓	赵永琴	NULL	3-313	3-313宿舍	4	NULL	3
10	1	1栋男生公寓	赵永琴	NULL	4-411	4-411宿舍	5	NULL	4
11	1	1栋男生公寓	赵永琴	NULL	4-412	4-412宿舍	5	NULL	4
12	1	1栋男生公寓	赵永琴	NULL	4-413	4-413宿舍	4	NULL	4
13	1	1栋男生公寓	赵永琴	NULL	5-511	5-511宿舍	5	NULL	5
14	1	1栋男生公寓	赵永琴	NULL	5-512	5-512宿舍	5	NULL	5
15	1	1栋男生公寓	赵永琴	NULL	5-513	5-513宿舍	4	NULL	5

图 5-31　交叉连接查询示例

2. 内连接

内连接将两个表中的数据连接生成第 3 个表，第 3 个表中仅包含那些满足连接条件的数据行，在内连接中，使用 INNER JOIN 连接运算符，并且使用 ON 关键字指定连接条件。

内连接是最常用的一种连接方式，如果在 JOIN 关键字前面没有明确地指定连接类型，那么默认的连接类型就是内连接。内连接的语法格式如下。

```
SELECT select_list FROM 表 1 INNER JOIN 表 2 ON 连接条件
```

或

```
SELECT select_list FROM 表 1,表 2 WHERE 连接条件
```

连接条件的格式如下。

```
表名 1.列名 比较运算符 表名 2.列名
```

其中，当比较运算符为“＝”时，称为等值连接。使用其他运算符称为非等值连接。连接条件中的列名称为连接字段。连接条件的各连接字段类型必须是可以比较的，但不必是相同的。当列名不同时，在列名前可以不加表名，但为增强代码的可读性，建议加上表名。

DBMS 执行内连接操作的过程，首先在表 1 中取得第 1 个元组，依次扫描表 2 中的所有元组，判断其是否满足连接条件，若满足条件则将其与表 1 中的第 1 个元组拼接起来，形成结果集中的一个元组。然后再从表 1 中取得第 2 个元组，依次扫描表 2 中的所有元组，判断其是否满足连接条件，若满足条件则将其与表 1 中的第 2 个元组拼接起来，形成结果集中的一个元组。重复上述操作，直到表 1 中的全部元组都处理完毕。

【例 5-27】 使用内连接查询楼栋和宿舍信息。

具体程序如下。

```
SELECT * FROM tb_ld ,tb_ss
WHERE tb_ld.ldID= tb_ss.ldID
```

查询结果如图 5-32 所示。

结果 消息

	ldID	ldname	dormadmin	remark	ssID	ssname	bednum	remark	ldID
1	1	1栋男生公寓	赵永琴	NULL	1-111	1-111宿舍	5	NULL	1
2	1	1栋男生公寓	赵永琴	NULL	1-112	1-112宿舍	5	NULL	1
3	1	1栋男生公寓	赵永琴	NULL	1-113	1-113宿舍	4	NULL	1
4	2	2栋女生公寓	左云	NULL	2-211	2-211宿舍	5	NULL	2
5	2	2栋女生公寓	左云	NULL	2-212	2-212宿舍	5	NULL	2
6	2	2栋女生公寓	左云	NULL	2-213	2-213宿舍	4	NULL	2
7	3	3栋男生公寓	赵明宇	NULL	3-311	3-311宿舍	5	NULL	3
8	3	3栋男生公寓	赵明宇	NULL	3-312	3-312宿舍	5	NULL	3
9	3	3栋男生公寓	赵明宇	NULL	3-313	3-313宿舍	4	NULL	3
10	4	4栋女生公寓	李增宁	NULL	4-411	4-411宿舍	5	NULL	4
11	4	4栋女生公寓	李增宁	NULL	4-412	4-412宿舍	5	NULL	4
12	4	4栋女生公寓	李增宁	NULL	4-413	4-413宿舍	4	NULL	4
13	5	5栋男生公寓	孙祥东	NULL	5-511	5-511宿舍	5	NULL	5
14	5	5栋男生公寓	孙祥东	NULL	5-512	5-512宿舍	5	NULL	5
15	5	5栋男生公寓	孙祥东	NULL	5-513	5-513宿舍	4	NULL	5

图 5-32　例 5-27 查询结果

从图中的查询结果可以看出，两张表的连接结果中包含了两张表的全部列。ldID 列有两个，一个来自 tb_ld 表，另一个来自 tb_ss 表。不同的表中列可以重名，但这两个列的值也是完全相同的，因为连接条件为 tb_ld. ldID＝tb_ss. ldID。因此，在书写多表连接查询的语句时应当将这些重复的列去掉，方法是直接在 SELECT 子句中指明所需要显示的列，而不是写 *。上例可以改写成如下形式。

```
SELECT tb_ld.ldID,ldname,dormadmin,ssID,ssname,bednum
FROM tb_ld , tb_ss
WHERE tb_ld.ldID= tb_ss.ldID
```

查询结果如图 5-33 所示。

查询报修单号、报修人、宿舍名和维修人员信息。

具体程序如下。

```
SELECT orderID,bxstu,ssname,wxID
FROM tb_ss ,tb_bx
WHERE tb_ss.ssID= tb_bx.ssID
```

或

```
SELECT orderID,bxstu,ssname,wxID
FROM tb_ss INNER JOIN tb_bx
ON tb_ss.ssID= tb_bx.ssID
```

查询结果如图 5-34 所示。

结果 消息

	ldID	ldname	dormadmin	ssID	ssname	bednum
1	1	1栋男生公寓	赵永琴	1-111	1-111宿舍	5
2	1	1栋男生公寓	赵永琴	1-112	1-112宿舍	5
3	1	1栋男生公寓	赵永琴	1-113	1-113宿舍	4
4	2	2栋女生公寓	左云	2-211	2-211宿舍	5
5	2	2栋女生公寓	左云	2-212	2-212宿舍	5
6	2	2栋女生公寓	左云	2-213	2-213宿舍	4
7	3	3栋男生公寓	赵明宇	3-311	3-311宿舍	5
8	3	3栋男生公寓	赵明宇	3-312	3-312宿舍	5
9	3	3栋男生公寓	赵明宇	3-313	3-313宿舍	4
10	4	4栋女生公寓	李增宁	4-411	4-411宿舍	5
11	4	4栋女生公寓	李增宁	4-412	4-412宿舍	5
12	4	4栋女生公寓	李增宁	4-413	4-413宿舍	4
13	5	5栋男生公寓	孙祥东	5-511	5-511宿舍	5
14	5	5栋男生公寓	孙祥东	5-512	5-512宿舍	5
15	5	5栋男生公寓	孙祥东	5-513	5-513宿舍	4
16	6	6栋男生公寓	李国庆	6-611	6-611宿舍	5
17	6	6栋男生公寓	李国庆	6-612	6-612宿舍	5
18	6	6栋男生公寓	李国庆	6-613	6-613宿舍	4

图 5-33 去掉重复列的例 5-27 查询结果

	orderID	bxstu	ssname	wxID
1	12559	郭书明	5-512宿舍	2003
2	12560	孙玲	2-211宿舍	2001
3	12561	孙玲	2-211宿舍	NULL
4	12562	赵义	1-112宿舍	2001
5	12563	陈纪红	3-313宿舍	2004
6	12564	戴池鹏	3-312宿舍	2002
7	12565	陈柏瑶	4-411宿舍	2008
8	12566	沈学安	1-113宿舍	2005
9	12567	张小鸿	2-213宿舍	2006
10	12568	王年强	6-611宿舍	2003
11	12569	赵利勇	5-513宿舍	2003
12	12570	王沐	6-613宿舍	2007
13	12571	李陈	4-412宿舍	2002
14	12572	李天福	2-213宿舍	2001
15	12573	肖一童	2-212宿舍	NULL
16	12574	张俊杰	5-511宿舍	NULL

图 5-34 例 5-28 查询结果

在对表进行连接时，最常用的连接条件是等值连接，也就是使两个表中的对应列相等所进行的连接。通常一个列是所在表的主键，另一个列是所在表的主键或外键。只有这样的等值连接才有实际意义。

为了简化输入，可以在 SELECT 查询的 FROM 子句中为表定义一个临时别名，在查询中引用，以缩写表名。上例也可写成如下形式。

```
SELECT orderID,bxstu,ssname,wxID
FROM tb_ss A INNER JOIN tb_bx B
ON A.ssID= B.ssID
```

如果在 FROM 子句中表别名被用于指定的表，那么在整个 SELECT 语句中都要使用表别名，并且该别名只在当前 SELECT 语句中有效。

【例 5-29】 查询报修单号、报修人、宿舍名、宿管员和维修人员的名字信息。

具体程序如下。

```
SELECT orderID,bxstu,ssname,dormadmin
FROM tb_bx,tb_ss,tb_ld
WHERE tb_bx.ssID= tb_ss.ssID AND tb_ld.ldID= tb_ss.ldID
```

或

```
SELECT orderID,bxstu,ssname,dormadmin
FROM tb_bx INNER JOIN tb_ss ON tb_bx.ssID= tb_ss.ssID
INNER JOIN tb_ld ON tb_ld.ldID= tb_ss.ldID
```

查询结果如图 5-35 所示。本例中查询的数据来源有三张表，使用 INNER JOIN 可以实现多表内连接，但是 INNER JOIN 一次只能连接两个表，要连接多个表，必须进行多次连接。

3. 自连接

自连接操作不仅可以在不同的表上进行，而且在同一张表内也可以进行自身连接，即将同一个表的不同行连接起来。自连接可以看成一张表的两个副本之间的连接。在自连接中必须为表指定两个别名，使之在逻辑上成为两张表。

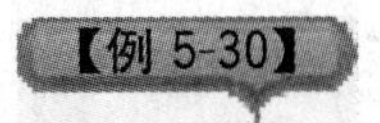

查询与陈沐同性别的维修人员信息。

具体程序如下。

```
SELECT a.*
FROM tb_WX a ,tb_wx b
WHERE a.sex= b.sex AND b.wxname= '陈沐'
```

查询结果如图 5-36 所示。

	orderID	bxstu	ssname	dormadmin
1	12559	郭书明	5-512宿舍	孙祥东
2	12560	孙玲	2-211宿舍	左云
3	12561	孙玲	2-211宿舍	左云
4	12562	赵义	1-112宿舍	赵永琴
5	12563	陈纪红	2-213宿舍	左云
6	12564	戴池鹏	3-312宿舍	赵明宇
7	12566	沈学安	1-113宿舍	赵永琴
8	12567	张小鸿	2-213宿舍	左云
9	12568	王年强	6-611宿舍	李国庆
10	12569	赵利勇	5-512宿舍	孙祥东
11	12570	王沐	6-613宿舍	李国庆
12	12571	李陈	4-412宿舍	李增宁
13	12572	李天福	2-213宿舍	左云
14	12573	肖一童	2-212宿舍	左云
15	12574	张俊杰	5-512宿舍	孙祥东

图 5-35　例 5-29 查询结果

	wxID	wxname	sex	tel	remark
1	2001	胡其安	M	13297183962	NULL
2	2002	许淼	M	13972137697	NULL
3	2003	张良辰	M	13971394564	NULL
4	2004	陈沐	M	15932070941	NULL
5	2006	王东	M	15702935633	NULL
6	2008	张宁康	M	15427492476	NULL

图 5-36　自连接查询示例

可以看到查询结果仍然包括陈沐本人，若不要显示他的信息，可以将查询改为如下形式。

```
SELECT a.*
FROM tb_WX a ,tb_wx b
WHERE a.sex= b.sex AND b.wxname= '陈沐' AND a.wxname< > '陈沐'
```

4. 外连接

在内连接操作中只包含那些满足连接条件的数据，但在外连接中不仅包含那些满足条件的数据，而且某些表不满足条件的数据也会显示在结果集中。也就是说，外连接一般只限制其中一个表的数据行，而不限制另外一个表中的数据。这种连接形式在许多情况下是非常有用的，如在为所有宿舍置办夏季防蚊纱窗时，统计信息不光需要包含那些有报修信息的宿舍，还要包含那些没有报修过的宿舍。

外连接操作以指定的表为连接主体，将主体表中不满足条件的元组一并输出，在新属性上添加空值 NULL。

外连接可分为左外连接、右外连接和全外连接，其中：

① 左外连接是对连接条件中左边的表不加限制；

② 右外连接是对连接条件中右边的表不加限制；

③ 全外连接是对两个表都不加限制，两个表中的所有行都会被包含在结果集中。

外连接的语法结构如下。

```
SELECT select_list
FROM 表 1 LEFT | RIGHT | FULL [ OUTER ] JOIN 表 2
ON 表 1.列 1= 表 2.列 2
```

【例 5-31】 查询宿舍的报修信息，要求包括那些没有报修过的宿舍。

具体程序如下。

```
SELECT tb_ss.ssID,ssname,bxinfo,wxID
FROM tb_ss LEFT JOIN tb_bx
ON tb_ss.ssID= tb_bx.ssID
```

查询结果如图 5-37 所示。

【例 5-32】 查询维修员的派修信息，要求包括那些没有报单的维修员。

具体程序如下。

```
SELECT orderID,ssID,bxinfo,tb_wx.wxID,wxname
FROM tb_bx RIGHT JOIN tb_wx
ON tb_bx.wxID= tb_wx.wxID
```

查询结果如图 5-38 所示。

结果 消息

	ssID	ssname	bxinfo	wxID
1	1-111	1-111宿舍	NULL	NULL
2	1-112	1-112宿舍	桌子下面那个小柜子，柜门掉了。	2001
3	1-113	1-113宿舍	空调不制热	2005
4	2-211	2-211宿舍	宿舍花洒需要换新	2001
5	2-211	2-211宿舍	宿舍花洒需要换新	NULL
6	2-212	2-212宿舍	浴室镜被镜掉了，按不上去	NULL
7	2-213	2-213宿舍	洗手台处的下水管道被堵住了，池子里的水排不下去	2004
8	2-213	2-213宿舍	热水器水管漏水	2006
9	2-213	2-213宿舍	左边的洗脸的水龙头漏水，关上也是滴水，麻烦修一下	2001
10	3-311	3-311宿舍	NULL	NULL
11	3-312	3-312宿舍	水龙头松动	2002
12	3-313	3-313宿舍	NULL	NULL
13	4-411	4-411宿舍	NULL	NULL
14	4-412	4-412宿舍	水龙头的开关坏了，没办法用	2002
15	4-413	4-413宿舍	NULL	NULL
16	5-511	5-511宿舍	NULL	NULL
17	5-512	5-512宿舍	宿舍上面两根灯管坏了一根	2003
18	5-512	5-512宿舍	厕所淋浴的花洒坏了和花洒底座掉了，麻烦修一下...	2003
19	5-512	5-512宿舍	衣柜挂杆掉下来，挂不上	NULL
20	5-513	5-513宿舍	NULL	NULL
21	6-611	6-611宿舍	门锁不牢固 经常自己开了 需要固定门锁 纱窗坏...	2003
22	6-612	6-612宿舍	NULL	NULL
23	6-613	6-613宿舍	上床的那个踩的那个绿色的踏板掉了	2007

图 5-37 左外连接查询示例

结果 消息

	orderID	ssID	bxinfo	wxID	wxname
1	12560	2-211	宿舍花洒需要换新	2001	胡其安
2	12562	1-112	桌子下面那个小柜子，柜门掉了。	2001	胡其安
3	12572	2-213	左边的洗脸的水龙头漏水，关上也是滴水，麻烦修一下	2001	胡其安
4	12564	3-312	水龙头松动	2002	许淼
5	12571	4-412	水龙头的开关坏了，没办法用	2002	许淼
6	12559	5-512	宿舍上面两根灯管坏了一根	2003	张良辰
7	12568	6-611	门锁不牢固 经常自己开了 需要固定门锁 纱窗坏了破的 厕所门坏的关不上	2003	张良辰
8	12569	5-512	厕所淋浴的花洒坏了和花洒底座掉了，麻烦修一下，谢谢	2003	张良辰
9	12563	2-213	洗手台处的下水管道被堵住了，池子里的水排不下去	2004	陈沐
10	12566	1-113	空调不制热	2005	王丽安
11	12567	2-213	热水器水管漏水	2006	王东
12	12570	6-613	上床的那个踩的那个绿色的踏板掉了	2007	张笑然
13	NULL	NULL	NULL	2008	张宁康

图 5-38 右外连接查询示例

5.1.4 子查询

SELECT 语句可以嵌套在其他许多语句中，这些语句包括 SELECT、INSERT、UPDATE 和 DELETE 等，这些嵌套的 SELECT 语句称为子查询。子查询也称为内部查询，包含子查询的语句也称为外部查询。

子查询可以分为无关子查询和相关子查询。

1. 无关子查询

无关子查询是指子查询条件不依赖于父查询，其操作过程为：由里向外逐层处理，即每个子查询在上一级查询处理之前求解，子查询的结果用于建立其父查询的查找条件。在无关子查询中不包含对外部查询的任何引用。

1）比较子查询

在使用子查询进行比较测试时，通过使用等于、不等于、小于、大于、小于或等于以及大于或等于等比较运算符将一个表达式的值与子查询返回原单值进行比较，如果比较运算的结果为 true，则比较测试也返回 true。

需要特别指出的是：子查询的 SELECT 语句不能使用 ORDER BY 子句，ORDER BY 子句只能对最终的查询结果排序。

【例 5-33】 用比较子查询实现例 5-30。

具体程序如下。

```
SELECT *  FROM tb_wx
WHERE sex= (
SELECT sex FROM tb_wx WHERE wxname= '陈沐')
AND wxname< > '陈沐'
```

2）SOME、ANY 和 IN 子查询

ALL 和 ANY 操作符的常见用法是结合一个相对比较操作符对一个数据列子查询的结果进行测试。它们测试比较值是否与子查询所返回的全部或一部分值匹配。比如说，如果比较值小于或等于子查询所返回的每一个值，＜＝ALL 将是 true；只要比较值小于或等于子查询所返回的任何一个值，＜＝ANY 将是 true。SOME 是 ANY 的一个同义词。

【例 5-34】 用 ANY 子查询实现例 5-30。

具体程序如下。

```
SELECT *  FROM tb_wx
WHERE sex= ANY(
SELECT sex FROM tb_wx WHERE wxname= '陈沐')
AND wxname< > '陈沐'
```

实际上，IN 和 NOT IN 操作符是"＝ANY"和"＜＞ALL"的简写。也就是说，IN 操作符的含义是等于子查询所返回的某个数据行，NOT IN 操作符的含义是不等于子查询所返回的任何数据行。

2. 相关子查询

相关子查询是指子查询的查询条件依赖于父查询，在多数情况下是子查询的 WHERE 子句中引用了外部查询的表。其操作过程为：先取外层查询中表的第一个元组，再根据它与内层查询相关的属性值处理内层查询，若 WHERE 子句返回值为真，则取此元组放入结果表，然后再取外层查询中表的下一个元组。重复这一过程，直至外层表全部遍历完为止。

1）比较子查询

【例 5-35】 查询维修单数大于等于 2 单的维修员编号及其姓名。

具体程序如下。

```
SELECT wxID,wxname
FROM tb_wx wx
WHERE (SELECT COUNT(wxID) FROM tb_bx WHERE wx.wxID= wxID)> = 2
```

查询结果如图 5-39 所示。

结果 | 消息

	wxID	wxname
1	2001	胡其安
2	2002	许淼
3	2003	张良辰

图 5-39 相关子查询示例

2）带有 EXISTS 的子查询（存在性测试）

在使用子查询进行存在性测试时，通过逻辑运算符 EXISTS 或 NOT EXISTS 检查子查询所返回的结果集中是否有行存在。在使用逻辑运算符 EXISTS 时，如果在子查询的结果集内包含有一行或多行，则存在性测试返回 true；如果该结果集内不包含任何行，则存在性测试返回 false。当在 EXISTS 前面加上 NOT 时，将对存在性测试结果取反。

因为带有 EXISTS 谓词的子查询不返回任何数据，只返回逻辑真值 true 或逻辑假值 false，所以由 EXISTS 引出的子查询，其目标属性列表达式一般用 * 表示，给出列名无实际意义。

若内层子查询结果非空，则外层的 WHERE 子句条件为真 true，否则为假 false。

在使用子查询时应注意以下几点。

(1) 子查询需要用括号()括起来。

(2) 子查询中可以再包含子查询，嵌套层数可以达到 16 层。

(3) 在子查询的 SELECT 语句中不能使用 image、text、ntext 数据类型。

(4) 子查询返回的结果的数据类型必须匹配外围查询 WHERE 语句的数据类型。

(5) 在子查询中不能使用 ORDER BY 子句。

【例 5-36】 用存在性测试实现例 5-35。

具体程序如下。

```
SELECT wxID,wxname
FROM tb_wx WHERE exists
(SELECT *  FROM tb_bx
WHERE wxID= tb_wx.wxID
GROUP BY wxId HAVING COUNT(* )> = 2)
```

5.1.5 其他查询

1. 集合查询

1) UNION 联合查询

联合查询是指将两个或两个以上的 SELECT 语句通过 UNION 运算符连接起来的查询，联合查询可以将两个或更多查询的结果组合为单个结果集，该结果集包含联合查询中所有查询的全部行。

使用 UNION 组合两个查询结果集的两个基本规则是：① 所有查询中的列数和列的顺序必须相同；② 数据类型必须兼容。

其语法格式如下。

```
Select_statement
UNION [ALL] Select_statement
UNION [ALL] Select_statement …n
```

其中，参数的含义如下。

- Select_statement：参与查询的 SELECT 语句。
- ALL：在结果中包含所有的行，包括重复行；如果没有指定，则删除重复行。

【例 5-37】 查询报修了花洒及水龙头的宿舍编号及报修的详细信息。

具体程序如下。

```
SELECT ssID,bxinfo FROM tb_bx WHERE bxinfo LIKE '% 花洒% '
UNION ALL
SELECT ssID,bxinfo FROM tb_bx WHERE bxinfo LIKE '% 水龙头% '
```

查询结果如图 5-40 所示。

	ssID	bxinfo
1	2-211	宿舍花洒需要换新
2	2-211	宿舍花洒需要换新
3	5-512	厕所淋浴的花洒坏了和花洒底座掉了，麻烦修一下，谢谢
4	3-312	水龙头松动
5	4-412	水龙头的开关坏了，没办法用
6	2-213	左边的洗脸的水龙头漏水，关上也是滴水，麻烦修一下

图 5-40　UNION 查询示例

2) EXCEPT 和 INTERSECT 查询

使用 EXCEPT 和 INTERSECT 运算符可以比较两个或多个 SELECT 语句的结果并返回非重复值。

EXCEPT 运算符返回由 EXCEPT 运算符左侧的查询返回而又不包含在右侧查询所返回的值中的所有非重复值。INTERSECT 返回由 INTERSECT 运算符左侧和右侧的查询都返回的所有非重复值。

其语法格式如下。

```
Select_statement
EXCEPT|INTERSECT Select_statement
EXCEPT|INTERSECT Select_statement …n
```

使用 EXCEPT 和 INTERSECT 的基本规则同 UNION。

【例 5-38】 查询还未安排维修员的报修信息，要求不包括退回重复的报修信息。

具体程序如下。

```
SELECT bxID,orderID,ssID,bxstu,tel,bxinfo
FROM tb_bx WHERE wxID IS NULL
EXCEPT
SELECT bxID,orderID,ssID,bxstu,tel,bxinfo
FROM tb_bx WHERE wxID IS NULL AND bxstat= '已退回'
```

查询结果如图 5-41 所示。

【例 5-39】 查询既报修灯具故障又报修衣柜问题的宿舍编号。

具体程序如下。

```
SELECT ssID FROM tb_bx WHERE bxinfo LIKE '% 灯% '
INTERSECT
SELECT ssID FROM tb_bx WHERE bxinfo LIKE '% 衣柜% '
```

查询结果如图 5-42 所示。

	bxID	orderID	ssID	bxstu	tel	bxinfo
1	201903230001	12573	2-212	肖一董	13626282612	浴室梳妆镜掉了，按不上去
2	201903230002	12574	5-511	张俊杰	15822950743	衣柜挂杆掉下来，挂不上

图 5-41　EXCEPT 查询示例

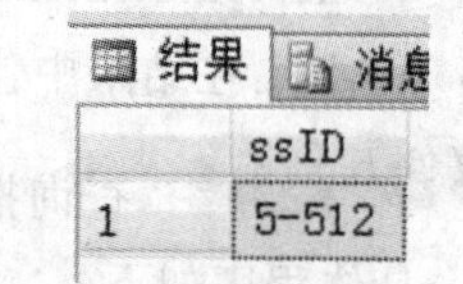

	ssID
1	5-512

图 5-42　INTERSECT 查询示例

2. 对查询结果排序

排序是指按照指定的列或其他表达式对结果集进行排列顺序的方式。SELECT 语句中的 ORDER BY 子句来完成排列顺序的操作。其语法格式如下。

```
[ ORDER BY  orderby_expression [ ASC | DESC ] [ ,… n] ]
```

其中,参数的含义如下。

(1) orderby_expression 指定排序的列,可以指定多个列。ORDER BY 子句中可以是列名、表达式或排序列在选择列表中所处位置的序号,但不能使用 ntext、text 和 image 列。

(2) ASC 表示升序,DESC 表示降序,默认情况下是升序。

(3) 空值被视为最低的可能值。对 ORDER BY 子句中的项目数没有限制。但是排序操作所需的中间工作表的行大小限制为 8060 个字节。这限制了在 ORDER BY 子句中指定的列的总大小。

【例 5-40】 查询维修员表中男性维修员的姓名和电话,并按姓名升序排列。

具体程序如下。

```
SELECT wxname,tel FROM tb_wx WHERE sex= 'M' ORDER BY wxname
```

等价于:

```
SELECT wxname,tel FROM tb_wx WHERE sex= 'M' ORDER BY 1
```

查询结果如图 5-43 所示。

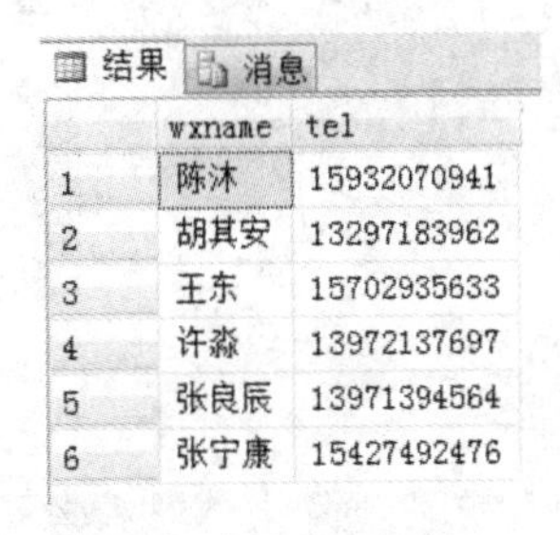

	wxname	tel
1	陈沐	15932070941
2	胡其安	13297183962
3	王东	15702935633
4	许淼	13972137697
5	张良辰	13971394564
6	张宁康	15427492476

图 5-43 查询结果排序示例

3. 存储查询结果

通过在 SELECT 语句中使用 INTO 子句可以创建一个新表,并同时将查询结果中的行添加到该表中。用户在执行一个带有 INTO 子句的 SELECT 语句时必须拥有在目标数据库上创建表的权限。

其中,new_table 为要新建的表的名称。新表中包含的列由 SELECT 子句中选择列表的内容来决定,新表中包含的行数则由 WHERE 子句指定的搜索条件来决定。

【例 5-41】 查询维修人员许淼的派修单信息。

具体程序如下。

```
SELECT orderID,ssID,bxstu,tel,bxinfo
INTO tb_taskxu FROM tb_bx,tb_wx
WHERE tb_wx.wxID=tb_bx.wxID and wxname='许淼'
SELECT * FROM tb_taskxu
```

查询结果如图 5-44 所示。

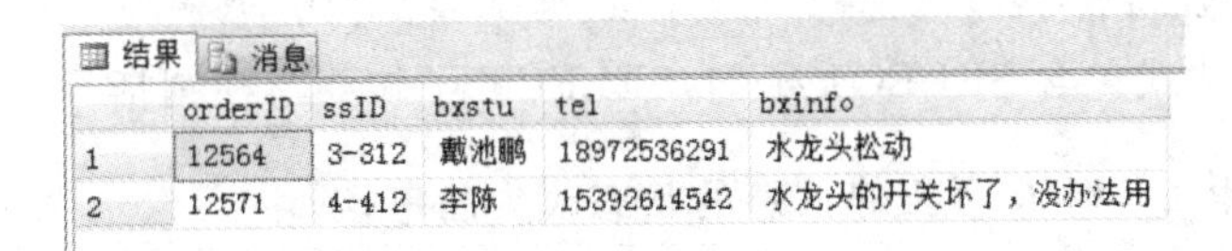

	orderID	ssID	bxstu	tel	bxinfo
1	12564	3-312	戴池鹏	18972536291	水龙头松动
2	12571	4-412	李陈	15392614542	水龙头的开关坏了,没办法用

图 5-44 另存查询结果示例

5.1.6 修改系统数据

SQL 中的数据操作是指对表中数据的修改性操作,它包括插入、更新和删除操作三种语句,即用户在 INSERT 语句,UPDATE 语句和 DELETE 语句中可以使用 SELECT 子句,完成相应数据的插入、修改和删除。这些操作不返回查询结果，只改变数据库的状态。

1. 插入数据

在 INSERT 语句中使用 SELECT 子句可以将一个或多个表或视图中的数据添加到另一个表中。使用 SELECT 子句还可以同时插入多行。

在 INSERT 语句中使用 SELECT 子句语法的格式如下。

```
INSERT [INTO] 表名 [(列名表)]
SELECT select_list FROM table_name [ WHERE search_condition]
```

【例 5-42】 在后勤宿舍报修系统库中创建 tb_ss 表的一个副本——宿舍表，将 tb_ss 表中 1 栋的宿舍信息添加到宿舍表中，并显示表中内容。

```
INSERT INTO 宿舍 SELECT *  FROM tb_ss WHERE ldID='1'
GO
SELECT *  FROM 宿舍
```

执行结果如图 5-45 所示。

结果 消息

	ssID	ssname	bednum	remark	ldID
1	1-111	1-111宿舍	5	NULL	1
2	1-112	1-112宿舍	5	NULL	1
3	1-113	1-113宿舍	4	NULL	1

图 5-45　插入数据示例

> **注意：**
>
> （1）不能把 SELECT 子句写在圆括号中。
>
> （2）INSERT 语句中的列名列表应当放在圆括号中，而且不使用 VALUES 关键字。如果源表与目标表的结构完全相同，可以省略 INSERT 语句中的列名列表。
>
> （3）SELECT 子句中的列名列表必须与 INSERT 语句中的列名列表相匹配。如果没有在 INSERT 语句中给出列名列表，SELECT 子句中的列名列表必须与目标中的列相匹配。

2. 更新数据

在 UPDATE 语句中使用 SELECT 子句可以将子查询的结果作为修改数据的条件。在 UPDATE 语句中使用 SELECT 子句的语法格式如下。

```
UPDATE 表名 SET 列名= 表达式 [,… n][WHERE 条件表达式 ]
```

其中，条件表达式包含 SELECT 子句，SELECT 子句要写在圆括号中。

【例 5-43】 将 5-511 宿舍报修信息的状态改为已审核。

具体程序如下。

```
UPDATE tb_bx SET checked= '已审核'
WHERE ssID= (
SELECT ssID FROM tb_ss
WHERE ssname= '5-511 宿舍')
```

3. 删除数据

在 DELETE 语句中使用 SELECT 子句可以将子查询的结果作为删除数据的条件。这条 DELETE 语句只删除元组,不删除表或表结构。

在 DELETE 语句中使用 SELECT 子句的语法格式如下。

```
DELETE [FROM] 表名 [ WHERE {条件表达式}]
```

其中,条件表达式中包含 SELECT 子句,SELECT 子句要写在圆括号中。

【例 5-44】 删除维修员张宁康的派单任务记录。

具体程序如下。

```
DELETE FROM tb_bx
WHERE wxID= (
SELECT wxID FROM tb_wx
WHERE wxname= '张宁康')
```

5.2 创建与使用视图

后勤宿舍报修系统数据库中存储的表是根据所有用户的使用需求,包括后勤处理管理人员、维修员、报修学生等,按照数据库设计人员的观点来设计的,并不一定符合后勤处管理人员的应用需求。因此实用中需要根据各个用户的使用需求重新定义数据表的结构,这种新的结构就是视图。这样的结构可以简化用户的操作。

任务描述与分析

在项目的每周例会上,项目经理周教授检查完第 1 小组设计的查询模式,给予了高度评价,但也提出问题:“你们现在的查询设计考虑的是从数据库中可以提取到哪些信息,但是对于我们的用户来说,他只关心与他相关的信息,而且这些内容应该是相对来说固定的。比如,报修人只关心他报修的内容受理了没有,维修员只关心他的派单任务是哪些。因此接下来的任务是根据不同用户的需求,把对应的数据提供给他。”

5.2.1 视图的基本概念

视图(view)是关系数据库系统提供给用户以多种角度查看数据库中数据的一种重要机制,在用户看来,视图是通过不同路径去查看一个基本表,通过不同视图可以看到数据库中的不同部分的数据内容。

视图作为一种数据库对象,为用户提供了一个可以检索数据表中数据的方式。视图是另一种形式的表,不同于之前在第 4 章中创建用于保存实际数据的表,视图是从一个或多个表中使用 SELECT 语句导出的表,称为虚表。用户通过视图来浏览数据表中感兴趣的部分或全部数据,而数据的存储位置仍然在基本表中。因此,视图并不是以一组数据的形式存储在数据库中,数据库中只存储视图的定义,不存储视图对应的数据,这些数据仍存储在导出视图的基本表中,视图实际上可被理解为一个查询结果。当基本表中的数据发生变化时,从视图中查询出来的数据也随之改变。

1. 视图的优点

(1) 为用户集中数据，简化用户的数据查询和处理，使得分散在多个表中的数据通过视图定义在一起，屏蔽了数据库的复杂性，用户不必输入复杂的查询语句，只需针对此视图做简单的查询即可。

(2) 保证数据的逻辑独立性，对于视图的操作，查询只依赖于视图的定义，当构成视图的基本表需要修改时，只需要修改视图定义中的子查询部分，基于视图的查询不用改变。

(3) 重新定制数据，使得数据便于共享。

(4) 数据的安全性保障，对不同的用户定义不同的视图，使用户只能看到与自己有关的数据，简化了用户权限的管理，增加了安全性。

2. 视图的分类

根据使用方式的不同，视图可以分为标准视图、索引视图和分区视图。

1) 标准视图

标准视图组合了一个或多个表中的数据，可以获得使用视图的大多数好处，可以实现对数据库的查询、修改和删除等基本操作。

2) 索引视图

索引视图是具体化了的视图，它已经经过计算并存储，可以为视图创建索引，即对视图创建一个唯一的聚集索引。索引视图可以显著提高某些类型查询的性能。索引视图尤其适合于聚合许多行的查询，但不太适于经常更新的基本数据集。

3) 分区视图

分区视图在一台或多台服务器间水平连接一组成员表中的分区数据，使得数据看上去如同来自于一个表。分区视图有本地分区视图和分布式分区视图之分，在本地分区视图中所有的参与表和视图驻留在同一个 SQL Server 实例上，在分布式分区视图中至少有一个参与表驻留在不同的(远程)服务器上。

在实现分区视图之前必须先水平分区表。原始表被分成若干个较小的成员表，每个成员包含原始表相同数量的列。成员表设计好后，每个表基于键值的范围存储原始表的一块水平区域。在每个成员服务器上定义一个分布式分区视图，并且每个视图具有相同的名称，这样引用分布式分区视图名的查询可以在任何一个成员服务器上运行。系统操作时如同每个成员服务器上都有一个原始表的副本一样，但其实每个服务器上只有一个成员表和一个分布式分区视图，数据的位置对应用程序而言是透明的。

5.2.2 创建视图

如果要使用视图，首先必须创建视图。视图在数据库中是作为一个独立的数据库对象存储的，必须遵循以下原则。

(1) 只能在当前数据库中创建视图，但是，如果使用分布式查询定义视图，则新视图所引用的表和视图可以存在于其他数据库中甚至是其他服务器上。

(2) 视图名称必须遵循标识符的规则，且对每个用户必须唯一。此外，该名称不得与该用户拥有的任何表的名称相同。

(3) 用户可以在其他视图之上建立视图。

(4) 如果视图中的某一列是一个算术表达式、内置函数或常量派生而来的，而且视图中两个或者更多的不同列拥有一个相同的名字(这种情况通常是因为在视图的定义中有一个连接,而且这两个或者多个来自不同表的列拥有相同的名字),此时用户需要为视图的每一列指定特定的名称。

(5) 定义视图的查询不可以包含 ORDER BY、COMPUTE 或 COMPUTE BY 子句或者 INTO 关键字。

在 SQL Server 中创建视图主要有两种方式:一种方式是在 SQL Server Management Studio 中使用向导创建视图;另一种方式是在查询窗口中执行 T-SQL 语句创建视图。

1. 图形界面创建视图

在 SQL Server Management Studio 中使用向导创建视图是一种在图形界面环境下最快捷的创建视图的方式,其步骤如下。

(1) 在【对象资源管理器】中展开要创建视图的数据库,展开【视图】选项,可以看到视图列表中系统自动为数据库创建的系统视图。右击【视图】选项,选择【新建视图】命令,打开【添加表】对话框,在此对话框中可以选择表、视图或者函数,然后单击【添加】按钮,就可以将其添加到视图查询中,如图 5-46 所示。

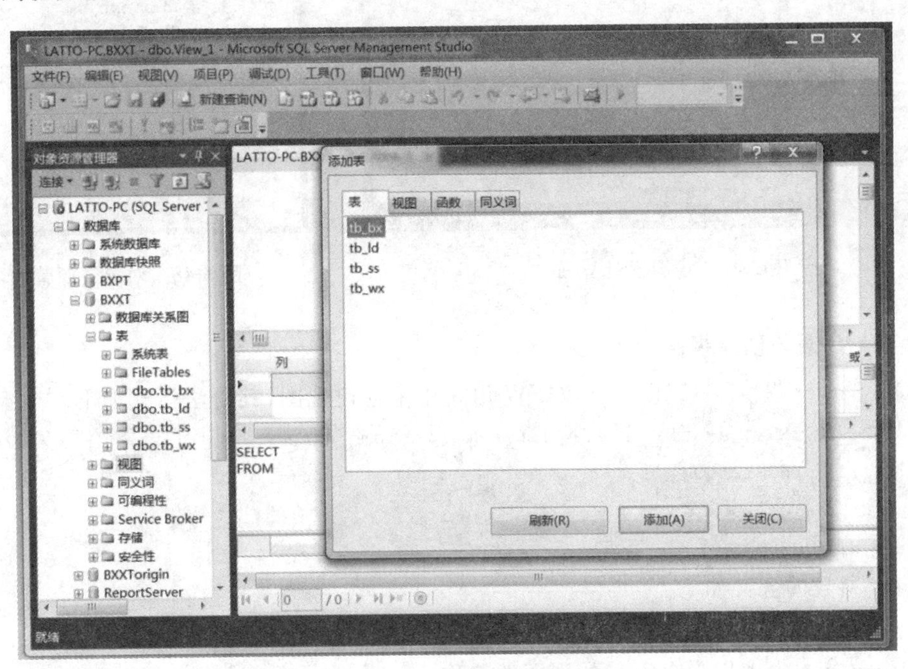

图 5-46 新建视图界面

(2) 这里以查询 5 栋宿舍楼的报修信息为例进行操作,选择 tb_ss,tb_bx 表,然后单击【添加】按钮,再单击【关闭】按钮,返回新建视图界面。

说明:

创建视图的界面包括四个窗格,从上到下依次为关系窗格、条件窗格、SQL 窗格和结果窗格等。

- 关系窗格:用于显示创建视图所依赖的基本表,以及表之间的联系。
- 条件窗格:在创建视图时可以在此窗格设置列的别名、筛选条件、排序依据等选项,若要改变结果集中列的先后顺序,可以拖动列名左侧的按钮调整。
- SQL 窗格:用于同步显示创建视图时自动生成的 SQL 语句。
- 结果窗格:用于显示视图所包含的结果集。

(3) 在新建视图界面的关系窗格可以看到添加进来的两张表,选择视图所需的列 orderID、bxdate、ssID、bxinfo 和 ldID;在条件窗格部分可以看到在关系窗格的复选框中所选择的对应的表的列,在列 ldID 的筛选器中写出筛选条件【=5】;在 SQL 窗格可以看到系统同时生成的 T-SQL 语句。单击工具栏上的【!】执行,结果窗格中显示查询结果。确认实现预期目的后单击工具栏上的【保存】按钮,将视图命名为【bx5View】,如图 5-47 所示。

在【对象资源管理器】中展开创建了视图的数据库,展开【视图】选项,就可以看到视图列表中刚创建好的 5 栋楼报修信息视图。如果用户没有看到,右击【视图】选项,选择快捷菜单中的【刷新】项,如图 5-48 所示。

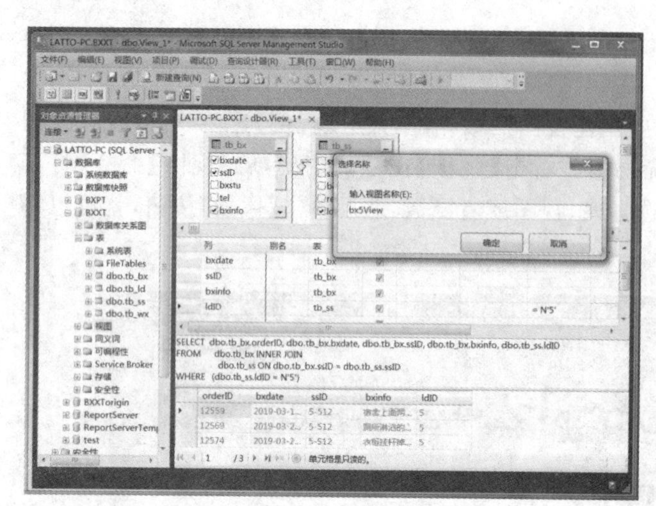

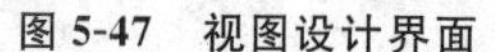
图 5-47 视图设计界面

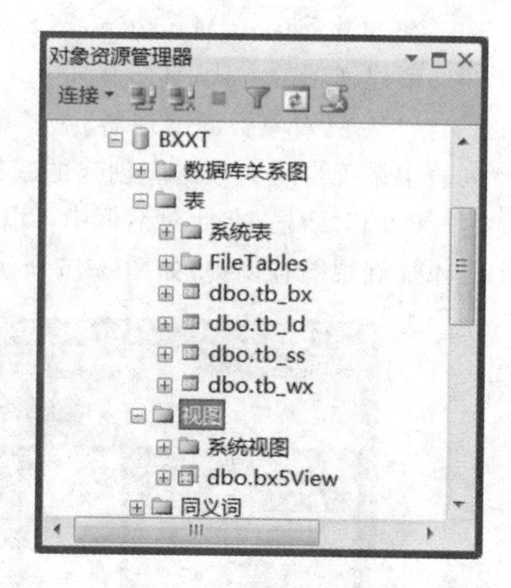

图 5-48 对象资源管理器

2. T-SQL 语句创建视图

SQL Server 提供了 CREATE VIEW 语句用来创建视图,其语法格式如下。

```
CREATE VIEW [schena_name.] view_name [(column_name[ ,… n ])]
[ with ENCRYPTION ]
AS { select_statement }
[ WITH CHECK OPTION ]
```

其中,参数的含义如下。

● Schema_name:指定视图的所有者名称,包括数据库名和所有者名。

● View_name:由用户自定义的视图的名称。

● Column_name:视图中的列名,只有在下列情况下才必须命名,当列是从算术表达式、函数或常量派生的,两个或更多的列可能会具有相同的列名,则视图列将获得与 SELECT 语句中列相同的名称。

● with ENCRYPTION:用于指定视图的属性,此属性用于 SQL Server 加密包含 CREATE VIEW 语句文本的系统表列,可防止将视图作为 SQL Server 复制的一部分发布。

● select_statement:定义视图的 SELECT 语句。该语句可以使用多个表或者其他视图。视图不必是具体某个表的行和列的简单子集,可以用具有任意复杂性的 SELECT 子句,使用多个表或其他视图表创建视图。若要从创建视图的 SELECT 子句所引用的对象中选择,必须具有适当的权限。

● WITH CHECK OPTION 强制视图上执行的所有数据修改语句都必须符合由 select_

statement 设置的准则。在通过视图修改行时，WITH CHECK OPTION 可以确保提交修改后仍可通过视图看到修改的数据。

【例 5-45】 创建 v_bx_ld4 视图，包括 4 栋宿舍的报修单号、报修日期、报修详情和状态。

具体程序如下。

```
CREATE VIEW v_bx_ld4
AS
  SELECT orderID,bxdate,bxinfo,bxstat
  FROM tb_bx,tb_ss
  WHERE tb_bx.ssID= tb_ss.ssID AND ldID= '5'
```

单击工具栏上的【!】执行按钮执行 T-SQL 语句，视图创建成功，如图 5-49 所示。

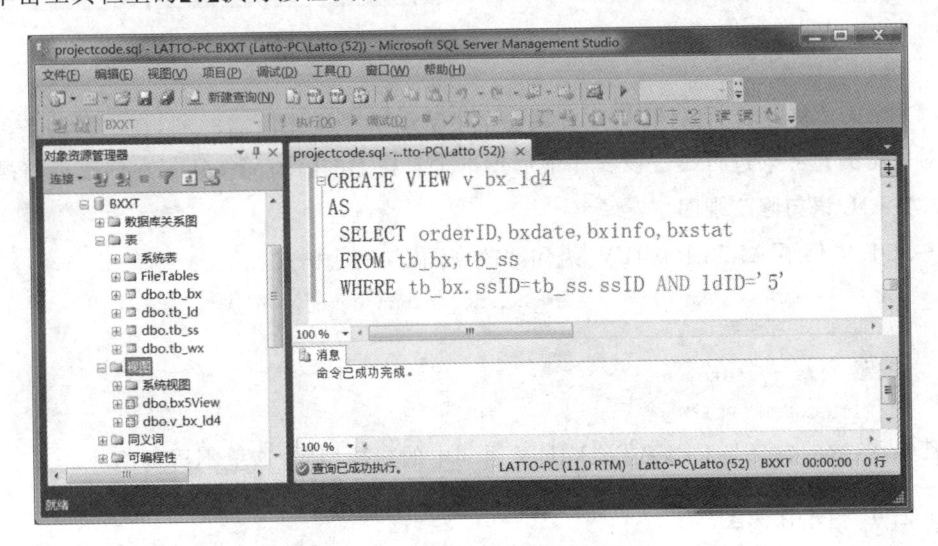

图 5-49　T-SQL 语句创建视图示例

【例 5-46】 创建维修员陈沐的派修单视图 v_wxCM，包括报修单号、楼栋编号、宿舍编号、报修人、报修电话和报修详情。

具体程序如下。

```
CREATE VIEW v_wxCM
AS
SELECT orderID,ssID,bxstu,tb_bx.tel,bxinfo
FROM tb_bx,tb_wx
WHERE tb_bx.wxID= tb_wx.wxID AND wxname= '陈沐'
```

单击工具栏上的【!】执行按钮执行 T-SQL 语句，视图创建成功。

与在 SQL Server Management Studio 中创建视图一样，在对象资源管理器中展开创建了视图的数据库，再展开【视图】选项，就可以看到视图列表中刚创建好的这两个视图。

5.2.3　修改视图

1. 图形界面修改视图

使用 SQL Server Management Studio 修改视图的步骤如下。

(1) 打开 SQL Server Management Studio 的对象资源管理器，展开相应的数据库文件夹。

(2) 展开【视图】选项，右击要修改的视图，选择【设计】命令。

(3) 如果要向视图中再添加表，可以在关系窗格中右击，选择【添加表(B)…】命令，如图 5-50 所示。如果要移除表，则右击要被移除的表，选择【删除(V)】命令，如图 5-51 所示。

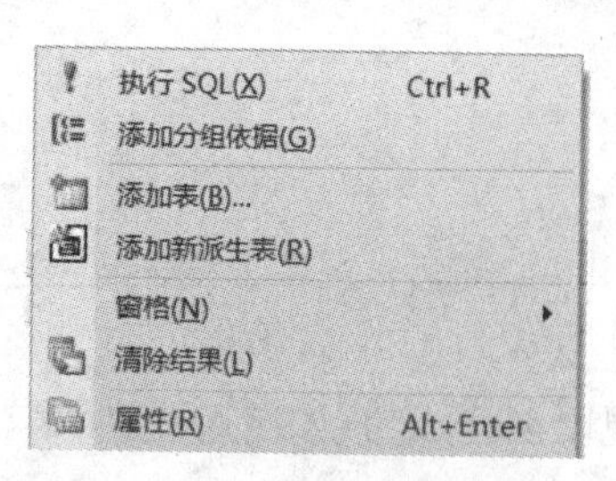

图 5-50　添加表命令

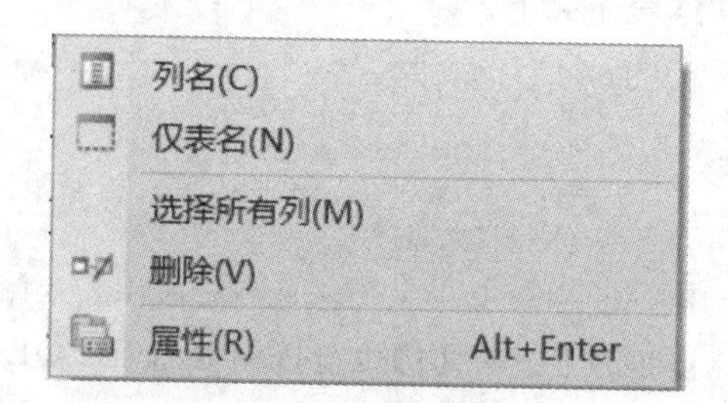

图 5-51　删除表命令

(4) 如果要修改其他属性，可在关系窗格中重新选择视图所需的列，在中间的条件窗格部分对视图的每一列进行属性设置。最后单击工具栏上的【保存】按钮保存修改后的视图。

2. T-SQL 语句修改视图

T-SQL 提供了 ALTER VIEW 语句修改视图，其语法格式如下。

```
ALTER VIEW [schena_name.] view_name [(column_name[,…n])]
[ with ENCRYPTION ]
AS { select_statement }
[ WITH CHECK OPTION ]
```

其中，参数的含义与 CREATE VIEW 语句中的参数相同，这里不再赘述。

◆ 5.2.4　使用视图

在视图创建完毕之后，就可以如同查询基本表一样通过视图查询所需要的数据，而且有些查询需求的数据直接从视图中获取比从基表中获取数据要简单，也可以通过视图修改基表中的数据。

1. 使用视图进行数据查询

用户可以在 SQL Server Management Studio 中选择要查询的视图并打开，浏览该视图的数据；也可以在查询窗口中执行 T-SQL 语句查询视图。

例如，查询陈沐的派修单信息，就可以在 SQL Server Management Studio 中右击【视图】，选择【编辑前 200 行】命令或者【选择前 1000 行】命令，即可浏览到陈沐的派修信息。

用户也可以在查询窗口中执行 T-SQL 语句：

```
SELECT *  FROM v_wxCM
```

同样可以查询陈沐的派修信息。

2. 使用视图修改基表数据

修改视图的数据其实就是对基本表进行修改，真正插入数据的地方是基本表，而不是视图，同样使用 INSERT、UPDATE 和 DELETE 语句来完成。但是在使用视图修改数据的时候要注意一些事项，并不是所有的视图都可以更新，只有对满足以下可更新条件的视图才能进行更新。

(1) 任何通过视图的数据修改都只能引用一个基本表的列。

① 如果视图数据是一个表的行、列子集，则此视图可更新；如果视图中没有包含某个不允许取空值又没有默认值约束的列，则不能使用视图插入数据。

② 如果视图所依赖的基本表有多个，则完全不能向该视图添加数据。

③ 若视图依赖于多个基本表，那么一次修改只能修改一个基本表中的数据。

④ 若视图依赖于多个基本表，那么不能通过视图删除数据。

(2) 视图中被修改的列必须直接引用表列中的基础数据，不能通过任何其他方式对这些列进行派生，如聚合函数、计算或集合运算等。

(3) 被修改的列不应是在创建视图时受 GROUP BY、HAVING、DISTINCT 或 TOP 子句影响的。

5.2.5 删除视图

在不需要某视图的时候如果想清除视图定义及与之相关联的权限时，可以删除该视图。删除视图不会影响其所依附的基本表的数据，定义在系统表中的视图信息也会被删除。

1. 图形界面删除视图

在 SQL Server Management Studio 中右击要删除的视图，选择【删除(D)】命令，如图 5-52 所示；进入【删除对象】对话框，单击【确定】按钮就可以删除视图。

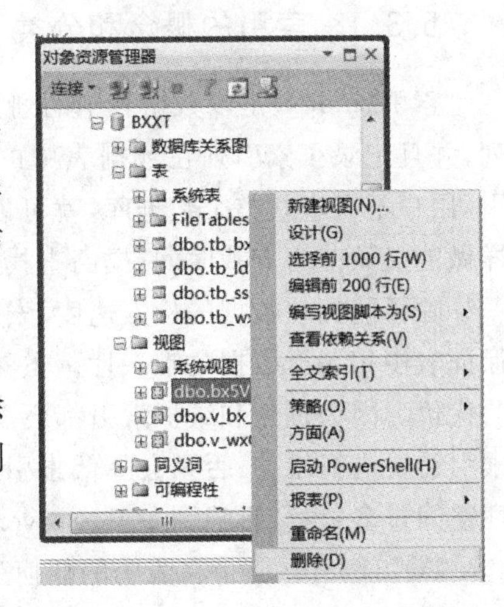

图 5-52 “删除视图”菜单

2. T-SQL 语句删除视图

T-SQL 提供了视图删除语句 DROP VIEW。其语法格式如下。

```
DROP VIEW view_name
```

> **说明：**
> 使用 DROP VIEW 命令可以删除多个视图，各视图名之间用逗号分隔。

【例 5-47】 删除之前创建的维修员陈沐的派修单视图以及 5 栋报修信息视图。

具体程序如下。

```
DROP VIEW v_wxCM,bx5View
```

5.3 创建与使用索引

后勤宿舍报修系统数据库中存储着大量的数据，随着数据库的日常不间断使用，报修数据量只会越来越庞大。在庞大的数据库中查询用户需要的那部分数据时，如果仍然逐条遍历所有记录，并进行比较，直到找到满足条件的记录为止，可想而知需要耗费大量的时间，也会降低查询效率，因此引入解决这一问题的方案——在表中创建索引。

任务描述与分析

在项目的每周例会上，由徐老师指导的第 2 项目小组模拟不同用户的信息查询需求，进行简单查询、连接查询、嵌套查询、集合运算和统计查询等项目的设计。经测试，基本实现预期目的。项目经理周教授认为第 2 项目小组完成基本应用设计后，应考虑“后勤宿舍报修系统”数据库在实际运行中，数据量与日俱增的条件下，如何加快获得查询结果的进程。

5.3.1 索引的概念和分类

索引(index)是以数据表中的列为基础的数据库对象，它保存着数据表中排过序的索引列，并且记录了索引列在数据表中的物理存储位置，实现了表中数据的逻辑排序。通过索引，用户不必查找整个数据库，就可以使数据库程序在最短的时间内找到所需要的数据，这样做能显著节省查找时间，提高查找效率，改善数据库的性能。

除了能加快数据的检索速度，索引还能加速表和表之间的连接。创建唯一性索引，还可保证表中每一行数据的唯一性。虽然索引有很多优点，但索引的存在也让系统付出了一定的代价。因为创建和维护索引都会消耗时间，当对表中的数据进行增加、修改和删除操作时索引需要进行维护，否则会降低索引的作用。另外，索引还会占用物理存储，如果占用的物理空间过多，也会影响到 SQL Server 系统的性能。

SQL Server 支持在表中的任何列(包括计算列)上定义索引。索引可以是唯一的，即索引列上不会有两行记录的值相同，这样的索引称为唯一索引。例如，如果在 tb_wx 表中的 wxname 列上创建了唯一索引，则以后输入的姓名将不允许同名。索引也可以是不唯一的，即在索引列上可以有多行记录相同。

如果索引是根据单列创建的，这样的索引称为单列索引，根据多列组合创建的索引称为复合索引。

根据组织方式的不同，可以将索引分为聚集索引(clustered index)和非聚集索引(nonclustered index)两种类型。

- 聚集索引：会对表和视图进行物理排序，所以这种索引对查询非常有效，在表和视图中只能有一个聚集索引，因为数据行本身只能按一个顺序排序。当建立主键约束时，如果表中没有聚集索引，SQL Server 会用主键列作为聚集索引键。用户可以在表的任何列或列的组合上建立索引，在实际应用中一般为定义成主键约束的列建立聚集索引。
- 非聚集索引：不会对表和视图进行物理排序。如果表中不存在聚集索引，则表是非排序的。在表或视图中最多可以建立 250 个非聚集索引，或者 249 个非聚集索引和一个聚集索引。

聚集索引和非聚集索引都可以是唯一索引。因此，只要列中的数据是唯一的，就可以在同一个表上创建一个唯一的聚集索引。如果必须实施唯一性以确保数据的完整性，则应在列上创建 UNIQUE 或 PRIMARY KEY 约束，而不要创建唯一索引。

创建 PRIMARY KEY 或 UNIQUE 约束会在表中指定的列上自动创建唯一索引。创建 UNIQUE 约束与手动创建唯一索引没有明显的区别，在进行数据查询时，二者的查询方式相同。如果存在重复键值，则无法创建唯一索引和 PRIMARY KEY 或 UNIQUE 约束。

如果是复合唯一索引，则该索引可以确保索引列中的每个组合都是唯一的，创建复合唯一索引可以为查询优化器提供附加信息，所以在对多列创建复合索引时最好是唯一索引。

5.3.2 创建索引

创建索引虽然可以提高查询速度，但是需要牺牲一定的系统性能。因此在创建时哪些列适合创建索引，哪些列不适合创建索引，用户都需要仔细考虑。

在 SQL Server 中创建索引主要有两种方式：一种方式是在 SQL Server Management Studio 中进行界面操作创建索引；另一种方式是在查询窗口中执行 T-SQL 语句创建索引。

1. 创建索引前应考虑的问题

(1) 对一个表中建大量的索引应进行权衡。

对于 SELECT 查询，大量索引可以提高性能，可以从中选择最快的查询方法，但是会影响 INSERT、UPDATE 和 DELETE 语句的性能，因为对表中的数据进行修改时索引也要动态地维护，维护索引耗费的时间会随着数据量的增加而增加，所以用户应避免对经常更新的表建立过多的索引，而对更新少且数据量大的表创建多个索引，这样可以大大提高查询性能。

(2) 对于主键和外键列应考虑建索引，因为经常通过主键查询数据，而外键用于表间的连接。

(3) 对于行数较少的小型表进行索引可能不会产生优化效果。

(4) 很少在查询中使用的列不应考虑建立索引。

(5) 如果索引列值较少，这样的列不应考虑建索引，如“性别”列。

(6) 在视图中如果包含聚集函数或连接，创建视图的索引可以显著提高查询性能。

2. 图形界面创建索引

在 SQL Server Management Studio 中使用向导创建索引是一种在图形界面环境下最快捷的创建索引的方式，其步骤如下。

(1) 在 SQL Server Management Studio 的【对象资源管理器】中选择要创建索引的表 tb_ld，然后展开表前面的【+】号，右击【索引】选项，在弹出的快捷菜单中选择【新建索引(N)】命令，如图 5-53 所示。

(2) 弹出【新建索引】对话框，在【常规】选择页中可以创建索引，在【索引名称(N)】文本框中输入索引名称【UK_tb_ld_ldname】，在【索引类型(X)】下拉列表中选择【非聚集】，勾选【唯一(B)】复选框等，如图 5-54 所示。

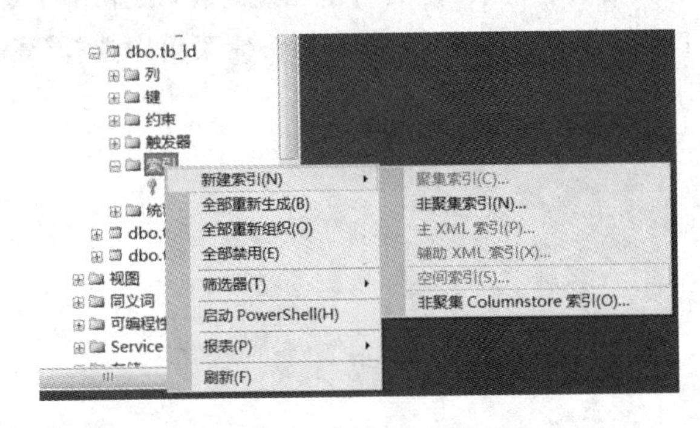

图 5-53　新建索引命令选项

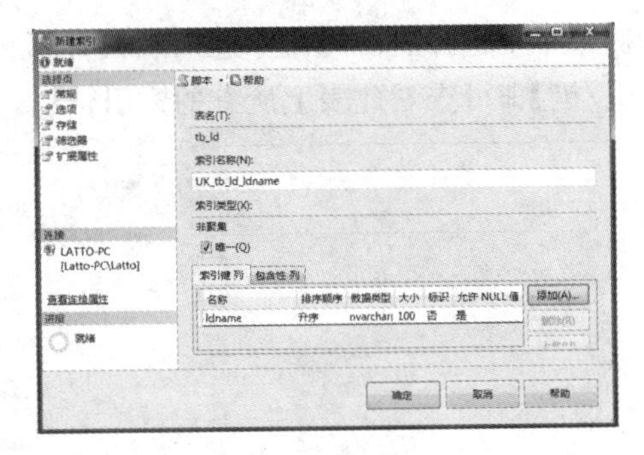

图 5-54　新建索引对话框

(3) 通过单击右侧的按钮可以对新建的索引进行添加、删除、移动索引列等操作。

（4）在索引创建完成之后，在 SSMS 的【对象资源管理器】中选择创建了索引的表，展开表前面的【＋】号，再展开【索引】选项前面的【＋】号，就会出现新建的索引【UK_tb_ld_ldname(唯一，非聚集)】，如图 5-55 所示。

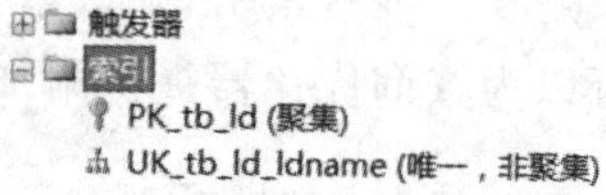

触发器
索引
PK_tb_ld (聚集)
UK_tb_ld_ldname (唯一，非聚集)

图 5-55　查看表的索引

3. TSQL 语句创建索引

使用 TSQL 语句创建索引的语法格式如下。

```
CREATE [UNIQUE][CLUSTERED|NONCLUSTERED ] INDEX index_name ON { table_name | view_
name }(column_name [ASC |DESC][,…n])
```

其中，参数的含义如下。

（1）UNIQUE：表示此索引的每一个索引值只对应唯一的数据记录。

（2）CLUSTERED：表示要建立的索引是聚集索引，也即索引项的排列顺序与表中数据记录的物理存储顺序一致的索引。不做特殊说明时，默认创建的索引为非聚集索引 NONCLUSTERED。

（3）table_name 或 view_name：指明建立索引所依赖的表名或视图名。

（4）column_name：指明索引列，可以是该表的一列或多列，各列名之间用逗号分隔。

（5）ASC 或 DESC：表示索引列值的排列顺序，默认为升序。

【例 5-48】　为 tb_ss 表中的宿舍名创建唯一索引，索引名为 UK_tb_ss_ssname，索引值降序排列。

具体程序如下。

```
CREATE UNIQUE INDEX UK_tb_ss_ssname ON tb_ss(ssname DESC)
```

索引一经创建，就完全由系统自动选择和维护，用户无须指定使用哪个索引，也不必执行打开索引或进行重新索引等操作，所有的工作都由 SQL Server 数据库管理系统自动完成。

5.3.3　查看索引信息

在实际使用索引的过程中，有时需要对表的索引信息进行查询，了解在表中曾经建立的索引。用户可以使用 SQL Server Management Studio 进行查询，也可以在查询窗口中使用 T-SQL 语句进行查询。

1. 图形界面查看索引信息

在 SQL Server Management Studio 中选择要查看的表，然后右击相应的表，从弹出的快捷菜单中选择【设计】命令进入表设计器窗口，右击任意位置，在弹出的快捷菜单中选择【索引/键】即可查看此表上所有的索引信息，如图 5-56 所示。

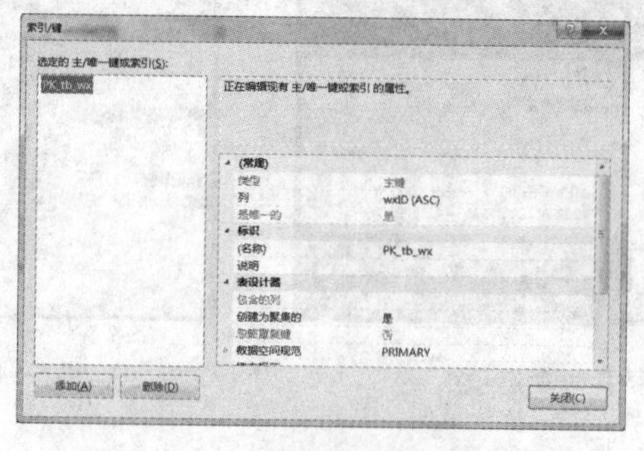

图 5-56　查看索引属性

2. TSQL 语句查看索引信息

用户可以使用系统存储过程 sp_helpindex 或 sp_help 查看索引信息。

1）使用系统存储过程 sp_helpindex 查看索引信息

```
sp_helpindex tb_ss
```

执行结果如图 5-57 所示。其结果显示了 tb_ss 表所建立的两个索引的相关信息，包括索引名称、索引描述和索引关键字等。

结果 | 消息

	index_name	index_description	index_keys
1	PK_tb_ss	clustered, unique, primary key located on PRIMARY	ssID
2	UK_tb_ss_ssname	nonclustered, unique located on PRIMARY	ssname(-)

图 5-57 利用 sp_helpindex 查看索引信息

2）使用系统存储过程 sp_help 查看索引信息

```
sp_help tb_ss
```

执行结果如图 5-58 所示。由结果可以看出，执行 sp_help 系统存储过程的查询结果比执行 sp_helpindex 显示的结果更加详细，除了索引信息以外，还包括当前表的基本信息及与此表相关的各种约束等。

结果 | 消息

	Name	Owner	Type	Created_datetime
1	tb_ss	dbo	user table	2019-04-26 15:41:07.927

	Column_name	Type	Computed	Length	Prec	Scale	Nullable	TrimTrailingBl...	FixedLenNullInSo...	Collation
1	ssID	nvarchar	no	20			no	(n/a)	(n/a)	Chinese_PRC_CI_AS
2	ssname	nvarchar	no	100			yes	(n/a)	(n/a)	Chinese_PRC_CI_AS
3	bednum	int	no	4	10	0	yes	(n/a)	(n/a)	NULL
4	remark	nvarchar	no	400			yes	(n/a)	(n/a)	Chinese_PRC_CI_AS
5	ldID	nvarchar	no	20			yes	(n/a)	(n/a)	Chinese_PRC_CI_AS

	Identity	Seed	Increment	Not For Replica...
1	No identity column defined.	NULL	NULL	NULL

	RowGuidCol
1	No rowguidcol column defined.

	Data_located_on_fileg...
1	PRIMARY

	index_name	index_description	index_keys
1	PK_tb_ss	clustered, unique, primary key located on PRIMARY	ssID

查询已成功执行。 LATTO-PC (11.0 RTM) Latto-PC\Latto (51) BXXT 00:00:00 12 行

图 5-58 利用 sp_help 查看索引信息

5.3.4 删除索引

当不再需要一个索引时，可以将其从数据库中删除，以释放当前占用的存储空间，这些释放的空间可以由数据库中的任何对象使用。删除索引时，系统会从数据字典中删除有关该索引的描述。

删除聚集索引可能要花费一些时间，因为必须重建同一个表上的所有非聚集索引。用户必须先删除约束，然后才能删除 PRIMARY KEY 或 UNIQUE 约束使用的索引。在删除某个表时会自动删除在此表上创建的索引。

1. 图形界面删除索引

与在 SQL Server Management Studio 中创建索引的步骤一样，选中要删除索引的表，选择索引选项，展开索引选项前面的【+】号，然后右击要删除的索引，选择【删除(D)】命令，如图 5-59 所示，弹出【删除对象】对话框，单击【确定】按钮。

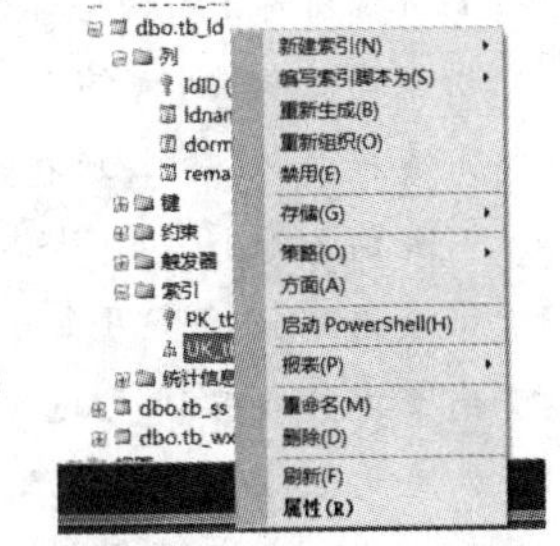

图 5-59 删除索引快捷菜单

2. TSQL 语句删除索引

删除索引的语句语法格式如下。

```
DROP INDEX table_name.index_name
```

【例 5-49】 删除宿舍表的唯一索引 UK_tb_ss_ssname。

具体程序如下。

```
DROP INDEX tb_ss.UK_tb_ss_ssname
```

注意：

删除索引时必须在索引名前注明表名称，指明是哪个表的索引文件，否则无法删除索引。如果要改变一个索引的类型，则必须删除原来的索引再重建一个。

本章总结

本章分为三部分，分别介绍了查询、视图和索引等内容。

查询是从数据表中逐行筛选符合条件的元组，最终将满足要求的记录重新组合成记录集，记录集的结构类似于表结构。用 SELECT-FROM-WHERE 查询块可以实现简单查询、连接查询、嵌套查询、统计查询，并且能进行集合运算。

在数据库的三级模式结构当中，基本表对应的是模式部分，视图对应的是外模式部分，索引是内模式部分。

视图是一张仅保存定义的虚拟表，它的数据来源于其他的表和视图，它向特定用户提供专门数据。视图的结构和数据是对基本表进行查询的结果，和真实的表一样，不仅可以查询其中数据，还可以进行插入、修改和删除操作，但会有一定的限制。

索引是为了提高查询效率而创建的，按照不同的分类方式可以分为唯一索引，聚集索引和非聚集索引，单列索引和复合索引等几种类型。通常对有一定数据量的表创建索引，并且经常建在能够排序、频繁查询的字段上。维护索引会占用时间和空间，因此建立索引不合理会影响数据的增、删、改效率。

习题5

已知 BookManagement 数据库中包含三张表，表结构如下，请用 T-SQL 查询语句实现下列查询要求。

图书(<u>图书编号</u>，书名，作者，年龄，出版社，单价)

读者(<u>借书证号</u>，姓名，性别，单位，职称，地址)

借阅(<u>借书证号</u>，<u>图书编号</u>，借阅日期，备注)

1. 查询所有图书的全部信息。
2. 查询图书馆中所有藏书的书名、作者和出版社。
3. 查找读者“赵刚”所在的单位。
4. 查询年龄小于 45 的作者所写的图书的信息。
5. 查询 2019 年 6 月 1 日后借阅的图书的借书证号。
6. 查询价格在 40 元到 50 元之间的图书信息。
7. 查询价格不在 25 元到 50 元之间的图书信息。
8. 查询“武汉大学出版社”和“华中科技大学出版社”的所有图书及作者。

9. 查询书名中包含“数据库”的图书以及作者信息。

10. 查询无备注的借阅信息。

11. 查询华中科技大学出版社出版的单价大于50元的图书信息。

12. 查询作者为“何炎祥”的图书信息，按出版社升序排列，同一出版社的图书按图书价格降序排列。

13. 统计各个出版社出版的图书册数。

14. 查询借阅了3本以上图书的借书证号。

15. 查询所有借阅了图书的读者姓名、所在单位和职称。

16. 查询读者“赵刚”所借的图书书名及借阅日期。

17. 查询价格在40元以上的已借出的图书，结果按价格降序排列。

18. 查询每个读者的基本信息及其借阅信息。

19. 查询“信工学院”的读者的借阅信息，要求列出读者的姓名、借阅的图书编号和借阅日期。

20. 查询“信工学院”借阅“数据库”书的读者的借阅时间，要求列出读者姓名、书名和借阅日期。

21. 查询与“赵刚”在同一个单位的读者的姓名、性别和所在单位。

22. 查询读者的借阅情况，包括借阅了图书和没有借阅图书的全部读者。

23. 查询在2019年6月1日后借阅图书的读者的借书证号和姓名。

24. 查询借阅了“数据库原理”图书的读者的借书证号和姓名。

25. 查询与“赵刚”在同一天借书的读者的姓名和所在单位。

26. 查询“华中科技大学出版社”出版的且单价高于该出版社平均单价的图书。

27. 查询没有借阅图书编号“C10016”的图书的读者姓名和所在单位。

28. 查询没有借阅任何图书的读者及其所在单位，结果保存到新表中。

29. 创建由“华中科技大学出版社”出版的图书信息的视图。

30. 创建男性读者借阅信息的视图。

31. 创建视图 v_count，统计各位读者借阅的图书数量。

32. 为读者表姓名列创建唯一索引。

33. 为借阅表创建聚集索引。

参考文献

[1] 苗雪兰,刘瑞新,邓宇乔,等.数据库系统原理及应用教程[M].4 版.北京:机械工业出版社,2016.

[2] 陈志泊.数据库原理及应用教程[M].4 版.北京:人民邮电出版社,2017.

[3] 赵永霞,高翠芬,熊艳.数据库原理与应用技术[M].武汉:华中科技大学出版社,2013.

[4] 范蕤,潘永惠.SQL Server 2012 数据库系统设计与项目实践[M].北京:清华大学出版社,2017.

[5] 潘永惠.数据库系统设计与项目实践——基于 SQL Server 2008[M].北京:科学出版社,2011.

[6] 崔巍.数据库系统及应用[M].4 版.北京:高等教育出版社,2017.

[7] 孟宪虎,马雪英,邓绪斌.大型数据库管理系统技术、应用与实例分析——基于 SQL Server[M].3 版.北京:电子工业出版社,2016.

[8] 王珊,萨师煊.数据库系统概论[M].5 版.北京:高等教育出版社,2014.

[9] 王珊,张俊.数据库系统概论(第 5 版)习题解析与实验指导[M].北京:高等教育出版社,2015.

[10] 高凯.数据库原理与应用[M].2 版.北京:电子工业出版社,2016.

[11] 尹志宇,郭晴.数据库原理与应用教程——SQL Server 2012[M].北京:清华大学出版社,2015.

[12] 雷景生,叶文珺,李永斌.数据库原理及应用[M].北京:清华大学出版社,2012.

[13] 赵玉刚.SQL Server 数据库系统应用设计[M].北京:清华大学出版社,2012.

[14] Stephens R K ,Plew R R . SQL 自学通[M].陈津利,王昱,李金岭,译.北京:机械工业出版社,1998.

[15] Codd E E. A Relational Model of Data for Large Shared Data Banks[J]. Communications of the ACM (CACM),1970,13,377-387.

[16] Zloof M M, Query-by-Example: A Data Base Language[J]. IBM Systems Journal 16, 4 (1977), 324-343.

[17] Valduriez P. Parallel Database System: Open Problems and New Issues[J]. Journal of Distributed and Parallel Databases, 1993, 1(2).